道德养成论

◎吴新颖　陆政成　著

本书为湖南师范大学道德文化研究中心、湖南师范大学马克思主义学院资助成果

湖南师范大学出版社
·长沙·

图书在版编目（CIP）数据

道德养成论/吴新颖，陆政成著. —长沙：湖南师范大学出版社，2022.9
ISBN 978-7-5648-4726-5

Ⅰ.①道… Ⅱ.①吴… ②陆… Ⅲ.①道德修养—研究 Ⅳ.①B825

中国版本图书馆CIP数据核字（2022）第179101号

DAODE YANGCHENG LUN

道德养成论

吴新颖　陆政成　著

出 版 人｜吴真文
责任编辑｜孙雪姣
责任校对｜谭静雅

出版发行｜湖南师范大学出版社
地址：长沙市岳麓区麓山南路36号　邮编：410081
电话：0731-88853867　88872751
传真：0731-88872636
网址：https：//press.hunnu.edu.cn/
经　　销｜湖南省新华书店
印　　刷｜天津画中画印刷有限公司

开　　本｜710 mm×1000 mm　1/16
印　　张｜15.25
字　　数｜288千字
版　　次｜2022年9月第1版
印　　次｜2024年8月第2次印刷
书　　号｜ISBN 978-7-5648-4726-5

定　　价｜58.00元

目 录

01

第一章 道德养成的逻辑前提：人

第一节 “人”的文化化

一、人的阐释

究竟什么是人，人为何物，古今中外关于人的说法历来是最为多样与分歧的，化学家可以把人抽象为碳原子等的化合物，生物学家可以把人定义为特定类型细胞聚集的生命体。而哲学家的说法就更多，诸如人是有理性、有思想的动物；人是驯化的或开明的动物；人是政治动物、社会动物、符号化的存在；人是一架结合得巧妙、能够自己运转自我的“机器”；人是披着文明外套、戴着法律枷锁的野兽；人是意识到了自我的本性而丧失了地位的神……这些说法可谓是五花八门，千奇百怪。显然，依据目前科学研究的成果，人是约 3 亿年前由古海洋中某种鱼类逐渐进化而来，因此“生物进化论”[1] 应当成为我们理解人的前提。人们依据这种理论而提出的关于人是高级动物的诸种说法，如人是“理性动物”“文化动物”“社会动物”等，有一定道理。尽管“人究竟是怎样从动物进化来的”至今仍是说不清楚的，但将人视为高级动物的说法有个优点，即它关于人的“定义”，比如说“人是富有理性的动物”[2] 这一定义，从形式逻辑上看还是有道理的，符合“属 + 种差”公式的要求，例如“语言动物”“符号动物”“经济动物”等等，而“动物 +X（附加值）”的这种公式几乎成了表述“人”之定义的经典思维模式。但是，这里存在着一个根本性的问题，即人作为人的特质以及人之为人的优越性和崇高如何显现，还有以这种方式理解的“人”，如何能同动物真正区别开来。

我们应该如何面对“人”这个概念？之所以存在这样的问题，其核心依然是：什么是人？什么是人的本质？其实，人在地球上已有了几百万年乃至上千万年的

[1] 达尔文. 物种起源［M］. 周建人，叶笃庄，方宗熙，译. 北京：商务印书馆，1963：3.
[2] 亚里士多德. 工具论［M］. 刘叶涛，等，译. 上海：上海人民出版社，2018：502.

历史，并在这漫长的历史中创造了巨大的物质和精神财富，现代人在宏观方面已经可以认识从太阳系到银河系以及比银河系更大的空间，在微观方面人也可以认识电子、中子、质子、光子等一系列粒子，但是，还有许多未知领域等待人类去认识。究竟什么是人及其本质？哲学家思考这个问题，历史学家、文学家、社会学家、人类学家等也在思考。进化论认为：人是从动物古猿进化来的，人与动物具有一样的本质，即生存的本能，这从起源上说明人的来源问题，可以作为一种代表学说。其实,关于人的来源,我国古代也有人与万物“混生”说或“俱生”说(《淮南子·精神训》)，“所谓的阴阳相成，万物乃形，烦气为虫，精气为人”[1]，说的是阴阳二气生万物、生男女，人的本质就是元气、精气。

到了现代，随着生物遗传学、人体解剖学以及社会生物学、社会学、心理学、行为科学的发展，许多学者从自然科学和社会科学两个方面阐释人的结构及其功能并说明人的本质，如美国社会生物学家威尔逊在《社会生物学：新的综合》中从个体、群落、基因群、基因序等结构性变化说明人性、人的行为的本质。在我国，也有学者从人的主体性结构（认知结构、意志结构、情感结构）分析人的心理机制和社会环境（主要指社会关系）相互作用的功能过程——自然历史过程和社会进化过程，说明人的意识的发展及人的本质。[2]尽管如此，这些研究也没有找到人与动物的根本区别，因为高级动物也存在着低级的意识，在不同程度上存在着“记忆、注意、联想乃至少量的想象和推理的各种能力”[3]。应该说，关于人的探究依然存在许多未解之谜。

何为人？这里借用高青海先生的关于人的基本观点：人就是“人”。人就是“人”这个判断，看起来好像什么也没有说明。如果把这样的回答用于具有特定规定性的事物，如说“水就是水”“树就是树”“矿石就是矿石”，这当然是一种同义反复，但对人来说却不一样。人就是“人”这一论断的意义就在于，它引导人们只能“按对人的方式”理解人,意味着人先天具有人的本性,只能按照人的本性、从“人本身”去理解人。那么人是从何而来的？我们可以从进化论的角度看，人应该是这样一种存在：它什么都是，什么都可以是，作为自然进化的最高产物，它经历了从最低级到最高级发展的一切阶段，这一过程是极其漫长的，只是到了最后才进化为人，而人一旦成为真正意义上的人，就同动物有了本质的区别。

[1] 刘安，等. 淮南子·精神训［M］. 长沙：岳麓书社，2015：55.
[2] 肖君和. 论人［M］. 杭州：浙江人民出版社，1986：40–71.
[3] 达尔文. 人类的由来［M］. 潘光旦，胡寿文，译. 北京：商务印书馆，1983：125.

西方曾流行一句话语："人的一半是天使，一半是禽兽。"[1] 在我们看来，人就是"人"，人就是天使，人就是万物的精华，正如莎士比亚所赞美的那样："人类是一件多么了不得的杰作！多么高贵的理性！多么伟大的力量！多么优美的仪表！多么文雅的举动！在行为上多么像个天使！在智慧上多么像个天神！宇宙的精华！万物的灵长！"[2]

关于人，中国古代思想家孟子说："万物皆备于我矣。"（《孟子·尽心上》）。这句话意味着，凡是自然所有的，人身上都有，所以人才被称为"人"，更重要的是，因为人的存在，万物才有意义。而荀子提出："水火有气而无生；草木有生而无知；禽兽有知而无义；人有气、有生、有知，亦且有义，故最为天下贵也。"（《荀子·王制》）。可见，我国古代思想家觉察到人的高贵性，认为人与其他动物有着本质差异。

这里，若从中医学角度看，人体生命这个系统可分为意化系统与物化系统。意化系统（脑髓系统）和物化系统（五脏六腑）联系在一起，且意化系统也由人体组织器官组成，人体机体组织活动亦存在意识活动的影响。例如，患者通过输血，造成性格上的改变以及生理上出现某种不同以往的反应等情况时有发生。意化系统（脑髓系统）和物化系统（五脏六腑）的关系，是人的生命体意识和生命体物质的关系，两者之间的相互作用的原理至今还未被人们完全掌握。物化系统（五脏六腑）为保证人的生长发育及维持生命，需从外界吸收物质，所吸收的物质包括空气、水分、各类食物、光等，并通过本系统的吸收和转化作用，将经过处理的物质以一定的特殊方式传送给意化系统（脑髓系统），意化系统只是接收由物化系统（五脏六腑）传送过来的营养物质，从而保证本系统的成长发育，不直接从外界吸收营养物质。意化系统（脑髓系统）通过自然反应现象和意识作用现象，向物化系统（五脏六腑）传送自然反应产生的内分泌物质和经过脑处理后所转化的意识信息。

同时，人有相对独立且独特的脑髓系统，通过静脉向动物体内注射亚甲蓝之类的生物色素，以给有生命的细胞染色，色素从毛细血管渗出，扩散到组织中，把动物全身染成蓝色。但是，有的部位却没有被染成蓝色，这就是脑和脊髓，而动物其他器官都变成了蓝色，只有脑和脊髓不受色素影响，依旧呈白色。这是因为脑和脊髓的血管对向其渗透的物质要进行严格的选择，使得脑和脊髓远离有害

[1] 诺夫乔伊．存在巨链——对一个观念的历史的研究［M］．张传有，高秉江，译．南昌：江西教育出版社，2002：248.
[2] 莎士比亚．莎士比亚全集（第9卷）［M］．朱生豪，译．北京：人民文学出版社，2014：49.

物质的侵袭。这表明，脑髓是一个相对独立的系统，它的特征表现在它吸收物质或能量的方式与脑髓系统以外的人体有着根本的区别。脑髓系统是为生命提供意识的物质系统，只是脑髓系统的物质属性与和它对应的五脏六腑系统的物质属性不同，至今脑和脊髓的生理机制仍然有着深广的探究空间。

显然，人类经过几百万年乃至上千万年的进化，才形成人的独特脑髓系统或者说是大脑。在中国古代社会，包括中医在内的许多人认为心脏具有精神、意识、思维、思想、感觉、知觉、情感、认识、记忆功能，同时，古代中国在确立心的重要地位的同时也对脑给予了极高的评价，并且认为除了心脏外，脑具有精神意识和思维功能。“人始生，先成精，精成而脑髓生，骨为干，脉为营”[1]，这句话简练地说明了脑的生成过程。“脑为元神之府，精髓之海，实记性所凭也。”[2]“夫五脏者，身之强也。头者，精明之府，头倾视深，精神将夺矣。”[3]“刺跗上，中大脉，血出不止死。刺面，中溜脉，不幸为盲。刺头，中脑户，入脑立死。”[4]“人之智愚，系脑之清浊。”[5]

其实，我们研究人、研究人的本质，是不能离开有意义的文化现象世界的。只有从文化世界的存在中才能说明人的本质的存在，才能说明人区别于动物的本质。人为何成为人？人与动物有着什么本质区别？答案就在于人有区别于动物的文化心理结构。李泽厚先生于 1982 年说过这样一段话：“人类不但制造、积累、发展外在世界的物质文明，从原始石器、陶器到今天的航天飞机，而且同时也在不断创造、积累、发展内在世界的精神文明。除了物态化的作品（波普尔的世界Ⅲ）之外，它还表现为人的精神、心灵本身的结构状态（世界Ⅱ）。人的心理不同于动物，人有着区别于动物的人性。这就是建筑在动物性生理机制上的社会性的心理结构和能力。文化心理结构使人区别于动物，它即是人性的具体所在。”[6]可以说，正是由于人创造了文化，创造了文化环境，才改变了人的纯粹的动物性心理机制，发展出人的心理机制和文化心理结构。人有了这种文化心理结构，才产生了区别于动物本能的意志和意识，也正是在这个意义上，有意识的生命活动的人同动物的生命活动直接区别开来。

[1] 史崧．黄帝内经灵枢（经脉篇）［M］．北京：学苑出版社，2014：35.
[2] 林珮琴．类证治裁·卷之四［M］．太原：山西科学技术出版社，2010：239.
[3] 田代华．黄帝内经素问·脉要精微论篇第十七［M］．北京：人民卫生出版社，2005：30.
[4] 田代华．黄帝内经素问·刺禁论篇第五十二［M］．北京：人民卫生出版社，2005：95.
[5] 刘思敬．彻剩八编：内镜·头面脏腑形色观［M］．北京：中医古籍出版社，2005.
[6] 李泽厚．中国古代思想史论［M］．合肥：安徽文艺出版社，1994：252.

人的意识活动首先是无意的自然意识活动，其次是有意的意识活动。有意的意识活动在人类社会文化环境与生产中最为复杂，反映在外，即表现为人的思想、语言，也包括由意识所产生的行为、智力活动等;反映在内，则表现在人的思维、气质、精神状态等。无意的自然意识活动，是人不受自己的意识控制所表现出的生理机能的反应，比如人饥饿感的反应、感冒时免疫系统自动启动时产生的发热反应、伤口自动愈合结痂现象等，这都是无意的自然意识活动（这应与其他动物没有区别）。

显然，人与动物不一样，当人类进化到一定阶段，便具有有意的意识活动，更关键的是人有自我意识，且可以表述自我意识，这些自我意识可统称为思想。人的思想活动是自然世界及人类社会行为通过感受器官存储于自身意识器官内，由意识器官进行意识活动的表现过程，思想的产生过程是对这些存储的记忆进行提取、加工、整理总结，从而使人形成自己对自然世界和人类社会表现行为的看法。思想区别于意识的关键之处，在于主体总是力图让他人感受到自己的思想，并且希望通过语言、行为等形式让他人理解、认识自己的思想并使其作用于他人；而意识则是主体的意识器官对自身的理解、认识和作用。意识是内在的，是头脑中的意识器官作用于自己的思维意识，可以让他人知晓，也可以不被他人知晓。当意识通过自身有目的的行为（如语言、文字等形式）让他人知晓时，就转化成了可对外界产生影响的思想。

人先天具有人的本性，又有动物习性，但人不是动物，且人的生存与成长亦离不开一定的文化环境，否则人将不称其为人，狼孩及野孩子就是例证。现实社会中还有一类人是被遗弃或者乱入荒原、森林，靠自己的力量生存下来的年龄稍大一点的野生孩子。1977 年，有 3 个猎人曾在法国南部阿威龙县的森林里发现并捕获了一个年约十一二岁的孩子，这个野孩子被捕获不久后便逃走。第二年他被关在巴黎，收养在国立聋哑学校。这个野孩子的行为和精神状态近乎痴傻，经过专家鉴定，他的痴傻并非天生的。在接受 6 年的训练和教育之后，这个野孩子的智力才有所恢复，达到 6 岁儿童水平，直到 40 岁死亡时，其智力仍然停留在这一水平上。这就说明，人就是“人”是不够的，人性只有在社会文化环境中才能够显现，人才能成就为人。从这个意义上看，人是文化化的人。由此，人之为人不仅意味着人是具肉身的生命体（这同其他动物没有太多差别），更重要是人类社会诞生文化，尤其是语言、文字的产生使人的意识可以外显、外化。这就是人类创造了文化，文化也塑造着人。

二、人的文化化

1.何为文化

关于“文化”，中国古代典籍《易·贲卦》曰：“观乎天文，以察时变；观乎人文，以化成天下。”在这里，“天文”与“人文”相对，“天文”指天道自然，“人文”指社会人伦，意思是治国者必须观察天道自然的运行规律，以明耕作渔猎之时序，又必须把握现实社会中的人伦秩序，以明君臣、父子、夫妇、兄弟、朋友的等级关系，使人们的行为合乎文明礼仪，并由此推及天下，以化成天下。在这里，文化一词本身便有明确的文明教化之义，与自然、朴野、武功相对，取其人伦、人文之义。这种“以人文化成天下”的思想蕴含着中华先哲对文化的独到理解，也是中国人论述“文化”之始。在中国人的观念中，所谓文化即通过了解人类社会的各种现象，用教育感化的方法治理天下。到汉朝，“文化”一词正式出现，刘向《说苑·指武》篇中说：“凡武之兴，为不服也，文化不改，然后加诛。”晋人束皙也讲“文化内辑，武功外悠”（《补亡诗·由仪》）。这些都是指与国家军事手段相对的人文教化概念，即国家的文教治理手段。唐代大学问家孔颖达则独到地阐释《周易》中的“文化”一词，认为“圣人观察人文，则诗书礼乐之谓”（《周易正义》），这里的“文化”主要是指文学、礼仪、风俗等。先哲对文化的这种定性从汉唐起一直影响至清代，因此明末清初的大学问家顾炎武在《日知录》中说：“自身而至于家国天下，制之为度数，发之为音容，莫非文也。”人自身的行为表现和国家的各种制度，都属于“文化”的范畴。

西方人对“文化”一词的理解与中国古人略同，“文化”一词来源于拉丁文“cultura”，具有耕种、居住、练习等多重含义，后来演变为英语“culture”一词，即有耕种、培育、教化、文明、修养等多种意思。这与中国古代典籍中所记载的“观乎天文，以察时变；观乎人文，以化成天下”（《易·贲卦》）的含义十分相近。文化可分为广义和狭义两种。罗森塔尔与尤金在其所编的《简明哲学辞典》中认为文化“是人类在社会历史实践过程中创造物质财富和精神财富的总和”[1]，这就是所谓“广义的文化”，而与之相对的“狭义的文化”则专指精神文化，通常对应着典章制度、政治和社会组织、风俗习惯、学术思想、宗教信仰、文学艺术等。除以上各种解释外，尚有符号说、限定说等各种说法。美国人类学家 A.L. 克鲁伯和 C. 克

[1] 罗森塔尔，尤金 . 简明哲学辞典［M］. 北京：人民出版社，1955：54–55.

拉克洪于 1952 年出版的《文化：一个概念定义的考评》一书在统计了 1871—1951 年间的 164 种文化定义的基础上指出：文化存在于各种外显和内蕴的模式当中，借助符号的运用得以学习和传播，并构成人类群体的特殊成就。这些成就包括他们制造物品的具体式样，由传统思想观念和价值组成的文化基本核心，其中尤以价值观念为最重要。[1]

2.文化即人化

文化即是人化来的，是人类社会发展到一定程度和阶段才产生的。文化可分为物质文化和精神文化。物质文化又称器物文化，是指人类创造的一切物质产品，物质文化是文化的具体有形部分，是人类智慧的物化，不仅具有能满足人们某种需求的使用价值，更具艺术价值。物质文化标志着人类把握自然的程度，也标志着技术发展的阶段，人类社会在对历史的时代进行划分时，有的是以使用的生产工具作为标准的，如石器时代、青铜器时代、铁器时代、机器时代、电器时代、信息网络时代等。物质文化是人类财富的化身，是社会存在与发展的物质基础。而精神文化是指人类创造的一切非物质产品，可以分为制度文化和观念文化两大类。制度文化可称为规范文化，是人类智慧在制度中的凝结，制度文化不仅为人们提供了若干行为模式，调节人与人之间的关系，而且还以制度的形式规定了各种社会组织的职能，使整个社会按一定秩序运行，习俗、道德、法规、法律等都是制度文化的主要组成部分。观念文化则是文化的核心部分，是人类智慧在观念中的凝结。价值观念是观念文化的灵魂，既是观念文化的核心要素，也是人们判断是非、选择行为方向和行为目标的准则。从这个角度看，人是观念集合体。文化是人类的生存方式，是人类为生存、发展而逐渐形成的一套适合人的生活方式，文化应包括反映人与自然之关系的物质形态文化。只要和人类相关的一切，诸如语言文字、宗教信仰、伦理道德、思想观念、教育、科学、文学、艺术、政治制度、社会风俗乃至日常生活中的行为态度，都属于文化的范畴。文化的本质是人化，是历史发展过程中人类物质和精神力量所达到的程度和方式，它是一种共同体的主观精神和创造力的历史凝聚与积淀。美国人类学家摩尔根认为："人类是从发展阶梯的底部开始迈步，通过经验知识的缓慢积累，才从蒙昧社会上升到文明社会

[1] 刘豪兴 . 社会学概论［M］. 北京：高等教育出版社，1992 : 117.

的。”[1]摩尔根所说的“经验知识”就是文化。

3.文化即化人

与文化结合后，人才是完善的人，一个有人的全面本质的人。人既是社会的主体，也是文化的载体。文化是“人化”，即它是人的主体性或本质力量的对象化，而文化是“化人”，即教化人、塑造人、熏陶人。也就是说，人是文化的创造者，也是文化的创造物。文化是人类创造的，人类创造了一个文化世界，从这个意义上说，相对人而言，文化世界属于先于个人经验的存在，且这个世界一旦被创造出来，它的存在及其价值和意义也就不为尧存、不为桀亡，而是成为一个超有机体的文化世界，存在于整个社会群体和历史活动中。

另外，文化世界具有总的稳定价值体系，世界各族人民生存的环境不同，形成的对外部世界各种事物的价值思维不同，因此所创造的文化世界也不同。不同文化世界的风俗、习惯、伦理、文学、艺术、哲学、语言、制度等构成了一种稳定文化价值体系，它不仅超越个体的心理，也超越个别时代，尤其是文化价值体系中的核心观念，是不为个别时代、个别人物所改变的，有些核心观念可以跨时代，超越种族、民族，甚至会成为人类社会的永恒存在。中华民族有独特的传统文化、价值体系及核心价值观念，这些文化观念，如孔子所倡导“仁”的观念等，就具有恒久性，对人类社会、个体精神世界建构产生恒久影响。

中国古代社会中儒家重视教化，尤其注重社会文化环境对人的影响，这其实就是人的文化化过程。荀子关于教化之“化”字有较为详细的论述，认为“化”多是指社会文化环境对人的潜移默化。“人虽有性质美而心辩知，必将求贤师而事之，择良友而友之。得贤师而事之，则所闻者尧、舜、禹、汤之道也；得良友而友之，则所见者忠信敬让之行也。身日进于仁义而不自知者也，靡使然也。今与不善人处，则所闻者欺诬、诈伪也，所见者污漫、淫邪、贪利之行也，身且加于刑戮而不自知者，靡使然也。”（《荀子·性恶》）“靡”是“摩”，即观摩、模仿，强调受别人行为的影响。荀子还引用古人的话说：“‘不知其子视其友，不知其君视其左右。’靡而已矣！靡而已矣！”（《荀子·性恶》）荀子还进一步指出：“注错习俗，所以化性也。”“习俗移志，安久移质。”“居楚而楚，居越而越，居夏而夏，是非天性也，积靡使然也。”（《荀子·儒效》）“蓬生麻中，不扶而直；白沙在涅，与之俱黑。……所渐者然也。”（《荀子·劝

[1] 摩尔根．古代社会［M］．杨东莼，马雍，马巨，译．北京：中央编译出版社，2007：3.

学》）这即是说，随着文化环境的变化，人的观念、性格、行为习惯等会有悄然变化,甚至人的本性也得到改变。中国以儒家为核心的传统文化有着稳定的价值体系，引领、塑造一代又一代中国人，中国传统文化已经融入了中国人的基因中。当然，随着时代变更，尤其是制度变革，人的价值观念、生活方式、行为习惯也会发生相应变化。

三、制度使文化成为人的"第二自然"

马林诺夫斯基认为，经由制度的安排，人的文化需求代替本能需求、文化活动代替本能活动，这即是制度使人的活动各要素结合为一个整体。这样，人的世界就转变为制度的世界，因为人只能在制度的安排下生存。制度的环境代替了自然的环境，文化成为人的第二自然，即人是文化化的人，"人性的由来就是在于接受文化的模塑"[1],此后人的一切活动都被先天地置于文化的"模塑"之下。而人类社会发展到一定阶段，更以制度形式存在，社会上有各种各样的制度，包括道德、法律等等。任何个体从一出生就以其所处的文化，以及文化中的一切制度作为其生存的基础，这样，制度成为人不可或缺的必需物。同时，由制度所"模塑"的人也使其欲望得以调控，且是有条件的释放，这种有条件的释放也构成了对人的文化压力，而这被压制的欲望也可转换成文化的创造力，即创新制度以满足这些不得实现的欲望。同时，制度还把对人的需求的满足设置为"有条件的满足"，这些条件就是文化或者制度的规范。另外，制度还提供了人的行为模式。"文化深深地改变人类的先天赋予，在这种作用中，它不但赐福人类，并且予人许多义务。要求个人为公共而放弃大部分自由。"[2] 人处于自身的紧张关系之中,便不能不感到焦虑、迷茫和困惑。因此人一直在制度中寻求着突破、超越和解脱。健康的文化便要提供相应的制度，以满足人的这部分需求，这构成文化内部的平衡机制，使人的紧张得以释放。还有，制度本身具有价值导向性，即引领着人的价值取向、奋斗目标及自我实现的路径，如中国古代社会长达千年的科举制度就对人影响至深。再有，"制度规则或规范则是由其成员所接受或被强加的后天习得技能、习惯、法律规范和伦理指令"。[3] 制度规范既是人的活动守则，也是传统的遗留，是人活

[1] 马凌诺斯基．文化论［M］．费孝通，译．北京：华夏出版社，2001：106–107.
[2] 马凌诺斯基．文化论［M］．费孝通，译．北京：华夏出版社，2001：109.
[3] 马林诺斯基 B. 科学的文化理论［M］．北京：中央民族大学出版社，1999：64.

动的智慧结晶。人先天地置身于制度之中，因而制度规范是人从出生就要面对和学习的文化结晶。制度规范可以是也可以不是成文的规范，但却总是体现在人的现实活动中，并通过人的活动来实现。这就要求制度也要顾及人的所有行为，要成为人的活动本身与人的存在形式，由此，制度使文化成为人真正的“第二自然”。

“制度”一词于19世纪由英国学者斯宾塞引入社会学研究领域，并在1862年《第一原理》一书中首次对制度问题做了较系统的社会学意义的研究。有的学者从人学的角度，把制度界定为“人们为了满足自身生存发展的需要而自觉建构的各种规范体系，如经济制度、政治制度、文化制度等。以制度为维度研究人，最根本的目的就是寻找一种制度，能够最有益于人的生存与发展，最有利于社会正义”[1]；还有的学者把制度理解为“人们在一定历史条件下的社会活动中结成的各种社会关系的抽象化、体系化，是社会运行的规则，是激励和限制人们行为的规范体系”[2]。

其实，制度是人类实践活动的结果，是在人的交往活动和社会关系中形成的。交往使个人获得现实存在和发展的条件，而社会关系的含义是指许多个人的共同活动，个体要实现自我目标，一定会与他人交往、合作，而交往、合作均需在一定秩序中才能顺利实现。同时，由于人们具有利益差别、技能差异、价值冲突等，有必要依据一定的规则规范把群体之间的冲突和矛盾限定在一定的秩序和范围之内，这即是需要以制度规范并约束人的言行，实现人与人之间关系的协调，把人的各种关系导入符合社会发展的轨道上。正如马克思所说：“社会——不管其形式如何——是什么呢？是人们交互活动的产物。”[3]“在生产、交换和消费发展的一定阶段上，就会有相应的社会制度、相应的家庭、等级或阶级组织。”[4]可见，从交往和社会关系中产生的社会制度，是具有规则或限制性功能的，引导着人们的价值观念，规范着人们的活动。因此，制度在确定了人们活动选择的范围的同时，也限定了人们活动选择的范围。人们在社会规定的界限内活动，社会就许可、鼓励和支持，否则就斥责甚至制裁。

一般来说，制度有三个主要特征：一是普遍性，即经济、政治、文化及教育、宗教等人类社会的主要制度，是普遍地存在于一切民族、国家和社会之中的。二是相对稳定性，制度总是随着社会发展以及时空条件的不同而变化的，但它又是

[1] 裴笑冰．制度层面人学研究初探［J］．青海社会科学：2003（2）：10.
[2] 徐斌．制度变革与人性发展［J］．北京师范大学学报（社会科学版），2005（6）：117.
[3] 马克思，恩格斯．马克思恩格斯文集（第10卷）［M］．北京：人民出版社，2009：42.
[4] 马克思，恩格斯．马克思恩格斯选集（第4卷）［M］．北京：人民出版社，1995：532.

相对稳定的社会价值观念和规范体系，一经确立，就会在相当长时期内激励和规范着人的言行。三是系统性，历史上的任何一种社会制度都不是单一存在的，除国家经济、政治、文化制度之外，还有其他制度，如宗教制度、教育制度、婚姻制度等，不同制度的相融构成了一套行之有效的制度体系。而如果从社会制度体系自身看，主要有两种：一是观念理念，这是制度的理论基础，是某种制度产生及施行的思想根据;二是规则规范，包括成文的和不成文的规范。显然，道德是制度，既有价值观念也有规范规则。

第二节　人的道德

一、道德及分类

何为道德？在中国古代“道”与“德”是一字一义，金文中“道”字由首、行两部分组成，或由首、行、止三部分组成，均含有表示头颅的“首”字部和表示行路或脚的“止”字部。这说明“道”最初在表示人所行的道路时，已经内含有人的思想和行为。当“道”的关注对象指向人的现实生活，即是为人处世的准则与规范。而“德”从字面看是“从心从直”,《大学》中有“欲修其身者先正其心”(《礼记·大学之道》),带有“心”字符的“德”需个体参与体悟,所谓“自得于内谓之德”。因此，“德”可以指人在体道、得道后对“道”的一种理解与把握。中国古代社会中“道”与“德”在伦理层面上分别相当于社会层面的道德规范和个体的道德品质。“道德”一词始于荀子，所谓“故学至乎《礼》而止矣！夫是之谓，道德之极”(《荀子·劝学篇》)，也就是说按照礼制的规定去做，个体就能完善自我的道德品性。在西方，“morality（道德）”源于拉丁文“mores”，古罗马思想家西塞罗从“mores”一词创造了形容词“moralis”，指国家生活中的道德风俗和人们的道德品性。可见东西方关于道德的界定基本相同，至少有两个层面，一是外在社会规范方面，二是个体自我道德品性方面。其实，道德规范最终要被个体认知、认可、认同并践履，即由外在道德规范内化为个体人的德性品行，这一过程可称道德养成，而道德养成在中国古代社会中有着丰富的理论探究与实践经验。易见，道德作为人类社会的一种文化现象，作为一种制度规范、引导人类社会和谐有序的发展，是人类社会发展不可或缺的一部分，所谓“四维不张，国乃灭亡”(《管子·牧民》)，道德对于国家生存与个人发展至关重要。

道德的具体分类有以下几种：

1.职业道德、公共道德及家庭美德

这是道德最基本的分类，所谓职业道德是指从业者在特定职业活动中的正确职业观念、操守和品质德行以及在其内在驱动下，自觉遵守的职业道德要求、行为准则和规范。职业道德以社会舆论、传统习惯和内心信念等形式来调节行业中的各种关系。职业道德不同于一般道德的显著特征是其特定的职业性或行业性。一般道德调整的是整个社会中人们之间的关系，而职业道德调整的是行业职业之间、职工之间、从业者与服务对象之间的关系。职业道德具有行业差异性、横向行业性、纵向发展性、历史实践性及个人本位性等，其中：横向行业性是指特定的职业道德对应某一特定行业从业者、职员；纵向发展性是指随着社会发展变迁，职业道德的内容也会不断演变;历史实践性则是指职业道德在职业劳动中孕育、形成、发展和体现；个人本位性是指职业道德不仅是行业及其从业人员对全社会的道德义务，也应兼顾从业者的个人利益，不仅要通过外在规章制度约束人们的职业行为、操作标准，更要使从业个体自我由内而外、发自内心地认同践行某种职业道德。职业道德应是道德中较高较具体的要求，所谓较高，即有些特殊职业，如公务员的道德具有较高要求，其核心观念即全心全意为人民服务，其价值指向是无私奉献，并且与普通人相比，其个人生活空间度更小、个人自由度更少。还有的职业如教师就是“春蚕到死丝方尽，蜡炬成灰泪始干”，需要有一种“捧着一颗心来，不带半根草去”的奉献精神；而医生的职业道德则是“医乃仁术”“救死扶伤”等。

所谓公共道德，从内容上看，主要内涵有两点：一是不伤害他人或公众利益；二是协助他人并为公众创造利益。这个层面的社会公德主要涉及个体自我在公共生活领域与不确定的他人之间的伦理关系，可以理解为社会日常生活中应有的道德。社会公德成为一种习惯用法，涉及的主要是全体公民社会层面的义务，主要是指“全体公民在社会交往和公共生活中应该遵循的行为准则，涵盖了人与人、人与社会、人与自然之间的关系”[1]，其主要内容是“文明礼貌、助人为乐、爱护公物、保护环境、遵纪守法”[2]。公德是人类社会最基本的道德要求，是维护社会正常

[1] 中共中央关于印发《公民道德建设实施纲要》的通知［EB/OL］.（2001-09-20）［2021-09-20］.http：//www.gov.cn/gongbao/content/2001/content_61136.htm.

[2] 中共中央关于印发《公民道德建设实施纲要》的通知［EB/OL］.（2001-09-20）［2021-09-20］.http：//www.gov.cn/gongbao/content/2001/content_61136.htm.

秩序的最基本水准，也是最能显现出公民道德水准与文明素养的最基本要求，在现代社会中，是个体道德养成的最基本要求。

关于家庭美德，首先，家庭是社会的基本细胞，细胞的健康发展是社会文明进步的前提和基础，“家庭是社会的细胞。家庭和睦则社会安定，家庭幸福则社会祥和，家庭文明则社会文明”[1]。家庭美德是孕育个人品行的摇篮，也是维系家庭和睦的重要因素，更是稳定社会秩序的有力保障。“家是最小国，国是千万家”，家庭是一个国家、一个社会最基本的组成单位，清代刘蓉在其所著《习惯说》中写道：“一室之不治，何以天下家国为。”只有先将小家建设好才能推动国家的建设发展。家庭美德即是指个人在家庭生活中作为家庭成员应当遵循的道德行为准则以及应当履行的责任义务。家庭美德中，家风很重要，而良好的家风家教会辐射到整个社会，从而营造良好的社会风气，使得整个社会呈现一片祥和、团结友善的景象。“修身齐家治国平天下”（《礼记·大学》）则揭示了个人品德和家庭美德之间的关系，良好的个人品德是家庭幸福美满的前提条件，而优良的家风家教则会促进个人品德素养的提升，两者相互促进，相得益彰。同时，家庭美德的弘扬也是促进个人品德养成的关键因素。

2.社会道德与个体道德

其实，刚出生的人只是一个自然的个体，还不是真正意义上的人，并没有什么道德意识，也就没有个体道德而言，但是人一生下来便是社会中人。正如马克思所说：“人——无论如何也是一种社会的动物。”[2]“人的本质并不是单个人所固有的抽象物。在其现实性上，它是一切社会关系的总和。”[3]即人就处在一定的社会之中。道德作为规范具有客观规定性、社会历史性，对具体的现实的个人具有既定性和先在性。对于个体而言，道德总是一个既定存在的客观现象，个体一出生就处于特定的社会道德文化之中，受到特定社会道德的影响和制约，这是个体所无法选择与逃避的。在论及个体道德的时候，这里的个体，不是抽象的个体、纯粹的精神理性的人，也不是完全被动的没有自我意识的人，而是在社会历史文化中的独特个体，是集理性与非理性于一身的个体。因此，这样的个体“是一个特

[1] 新华社．习近平出席第一届全国文明家庭表彰大会并发表重要讲话［EB/OL］.（2016-12-12）［2022-05-07］. http：//www.gov.cn/xinwen/2016-12/12/content_5147050.htm.

[2] 马克思，恩格斯．马克思恩格斯全集（第 23 卷）［M］. 北京：人民出版社，1972：363.

[3] 马克思，恩格斯．马克思恩格斯文集（第 1 卷）［M］. 北京：人民出版社，2009：501.

殊的个体，并且正是他的特殊性使他成为一个个体，成为一个现实的、个性化的社会存在物”。[1] 与个体道德相对，社会道德指一定社会文化环境中独有的道德规范，也可以指较为系统、较为完备的道德价值观念与道德体系。“社会道德主要目标和意义在于社会整体价值关系的和谐。个体道德是指作为社会实践主体的个体，为了自我发展、自我完善的目标，通过对社会道德的学习和认同，将其转化为自身内在的行为准则和价值目标进行践履，从而形成相应的个体道德品质和道德人格。”[2] “人的一种特殊的社会规定性，是社会的一种特殊的人的价值观念。道德既是社会调节的一种特殊手段，又是人实现自身统一、精神完善的一种特殊方式，它始终根植在人和社会不可分割的联系之中，是一种特殊的社会价值形态。”[3] 个体道德是个体走向自我完善的个体要求，个体道德的完善需要自我道德养成。

3.乱世之德与治世之德

中国，一个有着悠久历史的国度。然而，在这历史发展的长河中充满了“治世”与“乱世”的更迭。治乱兴衰的更迭，推动着历史的车轮向前迈进。所谓治世，指国家治理的一种理想形态，就国家治理的水平而言，其特征是政治风气良好，社会秩序稳定，百姓对国家政权充满信心。治世社会中还有盛世，而所谓盛世，指社会发展的一种理想状态，代表国家治理的成果，主要特征是在国家统一和社会稳定的基础上所表现出的经济上的发达和文化上的繁荣。而乱世则具有政治混乱、社会动荡不安、民心不稳等社会特征。董仲舒从天道和人治关系的角度阐释了“治世”与“乱世”，他说:“天出此物（春夏秋冬）者，时则岁美，不时则岁恶。人主出此四（与春夏秋冬相对应的好恶喜怒）者，义则世治，不义则世乱。是故治世与义（按：义当作美，形似而误）岁同数，乱世与恶岁同数。以此见人理之副天道也。”（《春秋繁露·王道通三》）他又说：“世治而民和，志平而气正，则天地之化精，而万物之美起。世乱而民乖，志癖而气逆，则天地之化伤，气生灾害起。”（《春秋繁露·天地阴阳》）中国古代社会有治世、盛世如文景之治、光武中兴、贞观之治、开元盛世、康乾盛世等。显然，在治世、盛世中，整个社会道德规范与治理表现出较高水准，同时，治世、盛世中个体自我的道德修养也较高。而中国古代社会

[1] 马克思，恩格斯．马克思恩格斯文集（第 27 卷）[M]．北京：人民出版社，1972：478.
[2] 章羽．非理性在个体道德养成中的作用 [D]．上海：复旦大学，2018:17.
[3] 唐凯麟．伦理学 [M]．北京：高等教育出版社，2001：30.

也出现过许多动乱局面，即乱世，如七国之乱、安史之乱、八王之乱、三藩之乱等。乱世时期，执政者往往丧失了前代勤政爱民、励精图治的传统；相反，他们贪图安闲、骄奢淫逸，其中一些人为了一己私利勾心斗角、相互倾轧、结党营私、团团伙伙，而置国家、民族利益于不顾。显然，乱世之时，人心叵测，道德方面很难形成良好的风尚，道德风气差、道德约束力弱，常出现失范失信现象。在个体自我道德遵守方面也存在失德、失范、失信等不足。

4.底线道德与理想道德

底线道德是人类社会的普遍遵循，也是对道德的最低层次要求，它规定了一个人为人做事应该遵守的起码的道德规范。底线道德是人之为人的最基本坚守，也是社会生生不息的最基本规范。自古以来，中西方各民族的道德具有某种共识，存在各民族、各文化公认的道德，如“己所不欲，勿施于人”（《论语·颜渊》），还有“勿偷盗”“勿抢窃”等。并且随着各民族文化交流的发展，各民族的道德共识也会逐渐增多。千百年来儒家道德文化早已浸润到中国人的精神血脉之中，几千年来积淀的最基本价值观念，如“仁”已经成为中国传统道德文化场域的基调和中国人文化心理结构的基质。相对于最基本的底线道德，人类社会还有许多理想道德反映着人类的大爱，如无私奉献等。从古至今，理想道德是人类社会的永恒追求，是个人渴望形成的高尚道德品格和对未来社会的美好道德的向往，是个体的最基本追求，而人类社会尤其是中国古代社会中的圣人、贤人以及民族脊梁都是理想道德的典范。

二、属人的道德

1.道德是人的一种存在方式

人是一种具有生理、心理、思维和社会活动等综合特征的生命有机体，是一种自然属性和社会属性相统一的存在者。人不仅有生理需求，也有对于安全、财富、权力、地位等物质的利益需求，更有对于荣誉、美德、不朽等精神价值层面的追求。人类对于道德的追求也是人的精神层面的追求，可以说，道德是内在于人性的。由此，道德是人的一种存在方式，人应当有道德的生活是一种内在的人生要求。

人为什么要有道德？这是因为道德本身是人性的内在构成部分，它不仅能够调节个体与社会的各种关系，使个体自我与社会、他人和谐共生，从而形成“人人为我，我为人人”的良好局面。同时，道德还是个体自我在社会生活中安身立命的必要条件，也是个体自我生存价值和意义获得提升的必要条件。

显然，人区别于动物，就在于人不仅仅是一种肉体性的存在，还是一种精神性的存在。正是精神生命使肉体的生命具有了意义，使人成为真正意义上的人。人之为人的根本，就在于人对生命意义的精神性追求，而对道德的追求是人类独有的精神文化现象。道德精神作为一种实践精神寓于个体的生命中，它表达的是个体生命存在的价值追求。尽管精神生命以自然生命为基础，但道德不属于自然生命，它不是本能的满足。弗洛伊德曾提出将人分为三部分：本我、自我和超我。本我是一种原始的本能，遵从快乐原则行事，是无意识的，只为追求个体的舒适和快乐；自我代表一种理性，是自己可以意识到的，去执行自己的思考、感觉和判断的部分，个体主要是要协调好自我与本我的关系，并时刻关注社会的要求而进行自我调整；超我从道德角度看是人格结构中较完美的、较理想的那部分，其通过内化的道德监督自我与本我。自我利用理性约束本能，超我则利用道德约束本能。因此，道德以自然生命为物质基础，但道德不等于放纵本能，而意味着对自然生命存在的超越和提升，对人的肉体欲望的调节与约束。个体对生命价值和意义的追求，也就是个体对精神生活的需要，这种需要在现实社会中即意味着个体自我渴望得到社会与他人的评价与认可，并对社会与他人有着强烈的归属感。个体与社会息息相关，个体作为社会的一员，不能脱离社会而存在，只有共同参与到社会生活中，成为社会所需要和接纳的成员，才能在社会上得以生存。这就要求个体要学习并且从内心接受社会要求的道德规范，参与社会道德生活，按照社会道德的要求生活和塑造自己，获得相应的社会认同。当个体的行为符合社会规定的道德要求时，他就能因此获得社会的认同，从而产生一种归属感和安全感乃至荣誉感，感受到人的价值和尊严；反之，当个体的行为背离相应的社会道德要求时，他就不能获得社会的认同和接纳，因而也就不能顺利地参与社会生活，甚至会感受到社会的疏离和排斥，并产生一种被社会忽视或遗弃的失落感、孤独感和羞耻感。在这种情况下，个体自我会深感自责、自羞，并觉得有失为人的尊严与价值，因而会按照自我内心原则、规矩不断调适自己的行为以求重新得到社会尊重，并进一步得到社会的认可和接纳。同时，个体因害怕偏离社会而产生焦虑和恐惧，能促使自我按照社会要求尤其道德规范而修养身心，这即是道德养成。

2.道德是调节个体自我与社会关系的总和

所谓道德即个人与个人、个人与集体、个人与社会乃至个人与自然的关系的规范的总和，也称为道德规范。而在个人层面上，道德即指人的德性或品德，它是个体自我在现实生活世界中相对稳定且有一定约束力的自我行为准则与德性。同时，由于人是社会化、文化化的人，因此人与道德之间的联系是必然的。道德也指人的品德或德性，人类社会的生存，既有人的生产，也有物的生产，而物的生产及产品交换都不是单个人能完成的，都必须通过与社会上其他成员共同协作才能完成。在这基础上既结成了一定的生产关系，同时也形成了一定的社会关系。对此，马克思曾说，“人不是单个人所固有的抽象物，在其现实性上，它是一切社会关系的总和。”[1]易见，人的存在是为了自身的存在，每一个个体都是自然生命体，有自我独特的生存需要、欲望、爱好；但同时人又是社会的一员，总是生活在一定的社会群体中，这点与动物界有相似之处。但是，人类社会与动物界有别，人类个体总是生活在一定的社会文化环境中，这样，个体与社会总会有各种关系，总会有各种矛盾，而人能够自觉意识到这些矛盾，并且能够自觉协调这些矛盾。道德作为调整人与社会关系的行为规范，同样也可以调节个人利益与社会利益的关系。通过道德这样一种柔性的规范来指导人的行为和目的，最终能使人形成正确的行为方式，进而提高人的道德品质，实现人自身的发展。由此可见，人作为社会的产物，作为从事社会实践活动中的人，必须要把道德作为内心最基本的行为规范，通过道德的约束力量调整好人与社会以及人与人、人与自然的关系。

3.道德即人的德性

在中世纪的西方，如何处理人与上帝的关系成为了道德关注的重点。人生的终极目的是通过尘世生活的磨炼而获得进入天堂的门票，达此目标的关键则在于对上帝的信仰、爱、遵从。其实，人的道德最终应该落实到个体道德，并通过道德养成以形成个体的道德品质，也就是人的德性。关于德性，麦金太尔在他的《德性之后》一书中写道：“我对德性的论述有三个阶段：第一，把德性看作是获得实

[1] 马克思，恩格斯．马克思恩格斯文集（第 1 卷）[M]．北京：人民出版社，2009：501.

践的内在利益的必需的品质；第二，把德性看作是有益于一整体生活的善的品质；第三，把德性与对人而言的善的追求相联系；这个善的概念只有在一种继续存在的社会传统的范围内才可得到解释和拥有。”[1]这里麦金太尔把德性看作人的内在品质，且是善的品质，他还说：“德性是一种获得性人类品质，这种德性的拥有和践行，使我们能够获得实践的内在利益，缺乏这种德性，就无从获得这些利益。”[2]可见，麦金太尔凸显了人的德性与人的内在利益之间的关系，并强调了人的德性在人类实践生活中的地位。如果没有人的德性，那么人类实践生活不可能持续下去，而更重要的是德性体现在一个人的整体生活中。为此，麦金太尔对德性又作了阐释：“德性必定被理解为这样的品质：将不仅维持实践，使我们获得实践的内在利益，而且也将使我们能够克服我们所遭遇的伤害、危险、诱惑和涣散，从而在对相关类型的善的追求中支撑我们，并且还将把不断增长的自我认识和对善的认识充实我们。”[3]麦金太尔认为人的德性不仅是利益获取，其对善的追求也支撑着人、充实着人。进而，他又说：“如果要获得实践的多种内在利益的话，德性就要维持那些必需的关系……而且在维持那些把必然的历史关联条件提供给实践和个人的传统中有它的意义和作用。”[4]总之，德性即人的德性。而人的德性既是个体自我的必需，也是成就自我、完善自我的必需。

三、柔性的道德规范制度成就人

文化的核心是价值观念，但只有价值观念不足以维持社会正常运转。与其说人是文化化的人还不如说人是制度化的人，而制度既包括刚性法律法规，也包括柔性的道德规范，道德规范这种柔性制度更能涵化人、成就人。在中国古代社会，儒家之所以能发挥这样巨大而持久的影响，与儒家价值的普遍建制化有密切的关系，上至朝廷礼乐、国家典章制度，中至学校与一般社会礼俗，下及家庭和个人的行为规范都是一种制度。史学家陈寅恪指出：“夫政治社会一切公私行动莫不与法典相关，而法典为儒家学说具体之实现。故二千年来华夏民族所受儒家学说之

[1] 麦金太尔. 德性之后［M］. 龚群，等，译. 北京：中国社会科学出版社，1995：234.
[2] 麦金太尔. 德性之后［M］. 龚群，等，译. 北京：中国社会科学出版社，1995：235.
[3] 麦金太尔. 德性之后［M］. 龚群，等，译. 北京：中国社会科学出版社，1995：240.
[4] 麦金太尔. 德性之后［M］. 龚群，等，译. 北京：中国社会科学出版社，1995：241.

影响最深最巨者，实在制度法律公私生活之方面。”[1] 足见，儒家的价值观念最终外化成细化的制度，而道德是一种柔性的规范制度。

在中国古代社会，柔性的道德规范制度更多体现在礼制与礼治上，礼治即德治。“礼”即广义的礼，为道德原则与各种规范，所谓“德又为礼之本”（《四书集注·论语集注》），这是儒家的一贯主张。礼治的思想可以追溯到周公，孔子强调礼在治理国家中的重要作用，所谓“为国以礼”（《论语·先进》），“道之以德，齐之以礼，有耻且格”（《论语·为政》），可见孔子是儒家中奠定礼治为治国策略的第一位思想家。在先秦儒家中谈礼最多、把礼的地位抬得最高的是荀子。荀子在《性恶》《礼论》等篇中，多次肯定“古者圣王”“圣人”“先王”为礼制。荀子不仅有《礼论》专篇之作，而且对礼的起源、地位、作用及其与法关系等问题，都有详尽而深入的探讨。“礼者，法之大分”（《荀子·劝学》），已将法纳入礼之中。以礼入法，是荀子所大力倡导的，这一思想为中国古代社会治理做了基本设计，即重制度，这不仅意味着重法律制度（当然中国古代法律与现代意义上的法律还是有差异），更意味着重礼治，即以德治国，也就是以德成就人。在荀子看来，由于人性本恶，造成了人们欲求多而物质生活资料少的矛盾，礼的制定就是确定各人所应分得的物质生活资料的度量分界，使大家都能有所节制，都能得所应得，并使社会、人类实现可持续发展。荀子对此予以肯定：“天地以合，日月以明，四时以序，星辰以行，江河以流，万物以曷，好恶以节，喜怒以当，以为下则顺，以为上则明，万变不乱，贰之则丧也。礼岂不至矣哉！立隆以为极，而天下莫之能损益也。”（《荀子·礼论》）。在荀子看来，“至哉”而又“不能损益”的礼，是支配一切的基本原则，它也应当指导人的立法活动。“礼者，法之大分，类之纲纪也”（《荀子·劝学》），“礼以定伦”（《荀子·致士》），可见礼虽是法制的纲纪，又是规定人们之间伦理关系的准则，礼是法权关系和伦理关系的总纲。朱熹说：“愚谓政者，为治之具；刑者，辅治之法。德礼则所以出治之本，而德又为礼之本也”（《论语集注·为政章》）。礼不仅主宰了天地、日月、四时、星辰，使它们能按规律运行，按顺序运转，而且主宰着万物的生长，制约着人类社会与人们的行为。此一“万变不乱”的礼是主天地、生万物、使人类社会秩序得以稳固的最高准则。恩格斯在论及逻辑与历史相一致的原则时说：“历史从哪里开始，思想进程也应当从哪里开始，而思想进程的进一步发展不

[1] 冯友兰. 中国哲学史（下）[M]. 上海：华东师范大学出版社，2000：440.

过是历史过程在抽象的、理论上前后一贯的形式上的反映，这种反映是经过修正的，然而是按照现实的历史过程本身的规律修正的，这时，每一个要素可以在它完全成熟而具有典范形式的发展点上加以考察。”[1] 恩格斯还在《论权威》一文中，以资本主义社会中生产活动的组织工作和协调行为为例，认为“把权威原则说成是绝对坏的东西，而把自治原则说成是绝对好的东西，这是荒谬的”。[2] 可见，人类社会需要秩序，需要制度，需要规范。

[1] 马克思，恩格斯．马克思恩格斯全集（第 13 卷）[M]．北京：人民出版社，1962：532–533.
[2] 马克思，恩格斯．马克思恩格斯全集（第 18 卷）[M]．北京：人民出版社，1964：357.

第三节　人的道德养成及历史考量

一、人性与道德养成

1.基于人的道德养成

中国古代社会贤哲们都对个体道德养成十分关注，而且常从人性的角度对其进行思考。对于人性问题,贤哲们倡导了不同的人性观,如“性善论”“性恶论”“性无善无恶论”“性有善有恶论”“性善恶混论”。综观中国古代社会这些理论，“性善论”应该是中国古代社会的主流价值观。孟子是“性善论”的代表，并依此阐释了道德养成论。他认为人先天具有“四心”，即恻隐之心、羞恶之心、辞让之心和是非之心，这“四心”是人的道德本能，是人们先天具有的道德素养。由这种先天的道德本能又能滋生出“仁义礼智”四“善端”：“恻隐之心，仁之端也；羞恶之心，义之端也；辞让之心，礼之端也；是非之心，智之端也。人之有四端也，犹有其四体也。”（《孟子·公孙丑上》）同时，孟子把“四心”比为“四德”之“端”，认为恻隐、羞恶、辞让、是非这“四心”只是一种最初的道德本能、道德意识与道德情感，是潜在的“四德”，而“仁、义、礼、智”这“四德”则是由“四心”发展而来的道德理性。他还认为，道德本能向道德理性的发展只是一种潜在的可能，并不是所有人都能意识到，依此便有了圣人与众人之别。由此，他主张每一个个体应反思，应该把自我内心善端扩而充之，找回善心，更重要的是见之于行动。在此基础上，孟子还提出了较为系统的向内心反求的个体道德养成理论，他认为重要的是要找回良知、存其本心，即“存心养性”，他还认为要对这些良知和自己的道德行为进行反思，将善端进行扩充以获得德性。他还强调，人首先要“知耻”，只有“知耻”才能对自己的不道德行为感到羞耻、惭愧，从而对内心的道德动机和行为进行反省，并最终促成自我的道德养成。

宋明理学家则强调，人可以“参赞天地之化育”(《礼记·中庸》)，或认为人是道德的主体，道德本原在“心”不在天。宋明理学家相信人、肯定人，并强调人的主体性、主动性、自觉性，认为人能够自我修养、自我提升，且系统化、理论化地探究了道德养成问题。周敦颐坚信“惟人也，得其秀而最灵，形既生矣，神发知矣，五性感动，而善恶分”(周敦颐《太极图说》)；邵雍运用象数学阐述“即物而穷其理”“以物观物”(邵雍《观物内外篇》)；朱熹论断“性即理”(朱熹《朱子语类·卷四》)，张载提出“民胞物与”(张载《西铭》)；二程认为“所以谓万物一体者，皆有此理，只为从那里来……皆完此理”(《河南程氏遗书》)；“苟此心之存，则此理自明，当恻隐处自恻隐，当羞恶，当辞逊，是非在前，自能辨之”(《陆九渊集·卷三十四·语录》)。陆九渊直言“心即理”“吾心即是宇宙”……“人之道德生命之所以能够达成，其根据就在于人自身，在于人的自然道德情感，在于人自觉的理性认知和不懈追求。”[1] 在中国古代社会，宋明理学家对道德养成思想与实践做了较为广泛而深入的研究，体现了那个时代的精华。“任何真正的哲学都是自己时代精神的精华”[2]，宋明理学家构建的依循秉彝，差异施教，引领自觉，诗教熏陶，精神宣畅，义理渐开，事上磨练，专心谨慎，整齐严肃，敬义兼持的道德养成教育等观点价值体系，既是方法，也是境界，对后世乃至今天依然起着重要作用。

西方道德养成以理性论和性恶论为主导，古希腊是西方文明的发源地，是理性精神开始张扬的源头。自普罗泰戈拉提出“人是万物的尺度”[3] 之后，人的理性地位就得以迅速提高。而苏格拉底则认为神灵赋予人“判断的能力”和“理性的灵魂”，因此，“人生来就比其他的动物高贵”[4]，这就肯定了人的理性。苏格拉底认为，理性是知识与德性是统一的。德性是建立在理性基础上的，有德性的生活是理性的生活，即是思考自己生活价值的生活，是探求善的生活，而思考和探求就是获得知识，这里的知识不是一般的知识，是在理性指导下对德性及善的认识。这样，知识与德性相互联系并统一于理性。在这之后，柏拉图又提出，人的灵魂有理性、激情和欲望三部分，其中理性处于领导地位，制约着激情和欲望。进而，他认为，一个有道德的人，就是一个理性控制了激情和欲望的人。柏拉图的“理念论”将善的理论视为道德的本性，他认为，人先天具有善的理念，而人来到现实生活中，

[1] 于欣．先秦儒家德育主体性思想的逻辑理路［J］．思想政治教育研究，2020，36（4）：117.
[2] 马克思，恩格斯．马克思恩格斯全集（第 1 卷）［M］．北京：人民出版社，1956：151.
[3] 北京大学哲学系外国哲学史教研室．古希腊罗马哲学［M］．北京：生活·读书·新知三联书店，1961：138.
[4] 色诺芬．回忆苏格拉底［M］．吴永泉，译．北京：商务印书馆，1984：11–13.

在后天社会环境的影响下，人的欲望、冲动及情感可能遮蔽人先天的善，但是，人却能克服、排除欲望、冲动及情感的诱惑。人能克服肉体障碍，排除欲望、情感和冲动，进而净化灵魂的本性，从而找回善的理念，这一点与孟子关于性善的论述十分相似。其实，这个过程即个体自我的道德养成。亚里士多德则继承了苏格拉底和柏拉图的理性概念，坚持并弘扬理性。他认为，人与动物的最大区别是理性，理性是灵魂中的最高贵者，是人之为人的本性。其实这就是人性，也可称为人独有的文化心理结构。这种理性可以支配人的行动，进而使人养成善德的习惯与品性。关于个体自我的道德养成，他还提出通过练习、陶冶而相互协调、涵容、化通等方法。他曾说："德性是由于先做一个一个的简单行为而后形成的……由于实行公正，而变为公正的人，由于实行节制和勇敢而变为节制的、勇敢的人。"[1]

西方中世纪基督教的人性理论是与原罪说联系在一起的，原罪说是一种性恶论，它认为人类的祖先亚当和夏娃因违背了上帝的意愿犯了"原罪"，其后代子孙，自从来到这个世界即负有深重的罪恶——"原罪"。因此，人要通过忏悔和工作以及服从某种禁忌、戒律等途径，得到上帝的宽恕与拯救。关于人性，教父神学家奥古斯丁吸收了新柏拉图主义者普罗提诺关于恶是缺乏存在本质的观点，把恶定义为"背离本体，趋向非存在的东西"，"倾向于造成存在的中断"的东西（《论摩尼教之路》）。奥古斯丁并不是简单地将"恶"等同于"非存在"，而是把它看作"趋向非存在"。由此，他主张人的恶是由"缺陷"造成的，即它的存在使低一级事物诱惑高一级事物，高一级事物可能会屈服低一级事物。这样，"恶"的起因是由于自身的"缺陷"，"恶"的性质是"趋向非存在"。

2.何为人性

《说文·心部》云："性，人之阳气性善者也。从心，生声。"《左传·昭公十九年》曰："民乐其性。"孔颖达疏："性，生也。"《论语·公冶长》"夫子之言性与天道，不可得而闻也"句，魏何晏云："性者，人之所受以生也。"（《论语集解》）梁皇侃疏云："人禀天地五常之气以生曰性。性，生也。"《论语·阳货》"性相近也，习相远也"句，皇侃疏云："性者，人之所禀以生也。"（《论语义疏》）宋那昺疏云："性，谓人所禀受以生而静者也。"（《论语正义》）可见，"性"字的本义是"生"，意思是人生来就有的特征、属性和能力。孟子认为，所谓人性就是人类所独有的、先天具有的、

[1] 周辅成 . 西方伦理学名著选辑（上卷）[M] . 北京：商务印书馆，1996：292.

内在的、对人的行为有着本源意义的性质。他说："君子所性，虽大行不加焉，虽穷居不损焉，分定故也。"（《孟子·尽心上》）徐复观说："孟子并不是认为人性应当是善的,而是认为人性实在是善的。"[1] 王海明先生在《人性论》中将人性分为三个方面："人性之事实如何""人性应该如何之标准""人性之应该如何"。王海明认为人性是先天无条件存在于所有人身上的东西，其主要观点如下。一是，人有四级本性：人与一切存在物共有的属性是一级本性；人的生物特性是二级本性，这是生理学的研究对象；人的三级本性是人与一切动物共有的本性，这是生理心理学研究的对象；人的第四级本性是人所特有的那些属性。二是，人性可分为质与量两方面：质是那些所有人不可或缺、先天固有的人之本质，而量则是在后天生活和学习中不断变化、可以选择的属性。比如仁爱之心，人皆有之，但多寡不同，这就是所谓性相近而习相远，是质相同而量不同的道理。但是对人性所有方面的研究绝不是一个学科所能胜任的，因此，王海明先生认为，应立足于最高层次的人性论。所谓人性论，粗略看来，是研究人性的科学；精确讲来，则是关于人的一切伦理行为事实如何及其应该如何的优良道德总原则的科学；最终说来，则是关于优良道德总原则的科学，亦即关于善恶原则的科学："人性论的目的全在于确立优良道德总原则。"[2] 王海明先生还提出人性是"人生而固有的普遍本性"[3]。可以说,人性即人之为人的本性，是人先天具有的，是其他动物不具备的，这也是人所独有的"文化心理结构"。主体自我可依此而进行德性修养。

西方的许多哲学家就人性论作了较为深入的探究。如萨特，他的哲学代表性命题之一就是"人性论是没有的"。舍勒也在批判了各种关于人的定义之后断言："迄今为止的有关人的学说错就错在企图在'生命'和'上帝'之间再嵌入一个固定阶段——可以定义为本质的'人'。然而这一阶段纯属子虚乌有，人的本质之一正是不可定义性。"[4] 而一些后现代哲学家更是把人、主体、本质等概念看作需要解构的本质主义和形而上学，意欲完全取消对这些问题的思考。但是，萨特先是反对给人做出规定——"人性是没有的，因为没有上帝提供一个人的概念"[5]，继而又用"自由"来说明人——"决定论是没有的——人是自由的"。[6] 舍勒同样在推翻了以

[1] 徐复观．中国人性论史（先秦篇）[M]．北京：九州出版社，2013：147.
[2] 王海明．人性论科学体系的建构和研究者的使命[J]．江西社会科学，2005（4）：53-63.
[3] 王海明．人性论[M]．北京：商务印书馆，2005：9.
[4] 舍勒．舍勒选集（下）[M]．上海：上海三联书店，1999：1297.
[5] 萨特．存在主义是一种人道主义[M]．周煦良，汤永宽，译．上海：上海译文出版社，2005：6.
[6] 萨特．存在主义是一种人道主义[M]．周煦良，汤永宽，译．上海：上海译文出版社，2005：11.

往哲学关于人的本质的所有规定后，提出“人的本质之一正是不可定义性”。[1] 应该说，这些看似取消“人性定义”的理论实际上是在一种新的解释原则的指导之下重新思考人性。其实，西方关于人性的思考是很丰富的，尤其是在十四、十五世纪人文主义兴起的背景下，关于人的探究有着丰富的理论资源。但总体上看，西方认为，人性有普遍性，人性普遍性可以超时空、超种族、超国家，这也就是人之为人且区别于动物的独特性。

关于什么是人性的问题，马克思、恩格斯指出：“在任何情况下……由于他们的需要即他们的本性……所以他们必然要发生相互关系。”[2] 换句话说，即人性或人的本性就是人的需要。马克思、恩格斯还认为，人只有通过生产自己所需要的物质生活资料才能生存。这就把人的需要与动物的需要区别开来了。动物是从自然界天然存在物中寻找自己食物，而人却必须通过创造性的劳动生产满足自己物质需要的东西。这里，人与动物有着根本差别：动物生存与繁衍后代，既也不会改变自己的生存状态，也不会产生新的需要；而人的需要则不同，当人的某种需要获得满足以后，又会产生新的需要，新的需要满足以后，又会产生更新的需要。同时，人还有一个特点，当他的基本需要得到满足之后，就会追求高层次的精神生活需要。所以，马克思说人在吃、喝、住、穿等基本需要获得满足以后，就会从事哲学、宗教、文学、艺术和科学等活动，后者的发展趋势是无止境的，因而人的发展也是无止境的。另外，人的本质是产生出人和人的各种类特性并使之逐步得到发展的根本属性。马克思说：“可以根据意识、宗教或随便别的什么来区别人和动物。一当人开始生产自己的生活资料的时候，这一步是由他们的肉体组织所决定的，人本身就开始把自己和动物区别开来。人们生产自己的生活资料，同时间接地生产着自己的物质生活本身。”[3]《关于费尔巴哈的提纲》中提出的“人的本质不是单个人所固有的抽象物，在其现实性上，它是一切社会关系的总和”[4]，简单地说，就是指人的现实本质是一切社会关系的总和。而在《德意志意识形态》中，马克思、恩格斯指出：“在任何情况下……由于他们的需要即他们的本性……所以他们必然要发生相互关系。”[5] 简单地说，就是人的需要即人的本质。显然，这里的需要是人的需要，而这恰恰是因为人创造了文化，这些文化既有物质的也有精神的。之所以如此，

[1] 舍勒．舍勒选集（下）[M]．上海：上海三联书店，1999：1297.
[2] 马克思，恩格斯．马克思恩格斯全集（第3卷）[M]．北京：人民出版社，1960：514.
[3] 马克思，恩格斯．马克思恩格斯全集（第1卷）[M]．北京：人民出版社，1995：67.
[4] 马克思，恩格斯．马克思恩格斯文集（第1卷）[M]．北京：人民出版社，2009：501.
[5] 马克思，恩格斯．马克思恩格斯全集（第1卷）[M]．北京：人民出版社，1995：56.

还是因为人有人之为人的本性，即是人有独特“文化心理结构”。

而从心理学角度看，人是身心一体的，人所遗传的各种生理特性虽然不是人性本身，但它们是人性倾向的生物基础，准确把握它们，有助于我们更好地发现人性发展的可能性与方向。瑞士心理学家荣格认为在人类心灵最深处，拥有一个超越所有文化和意识的共同基底，这个基底就是集体无意识。集体无意识由先天遗传和进化得来，包含着人们世世代代的活动方式和经验留在人脑中的遗传痕迹。另外，现代基因学研究亦指出：“性格也会被基因控制由遗传获得，并提供了相应的生物学依据。”[1]人的基因所荷载的本能不仅包括类似动物的维持生存需要的各种低级本能，也包括人类在进化中获得的高级本能，如追求自我实现的学习潜能，追求高级情感和思维的本能，追求安全和谐、价值的本能等。虽然，人与动物无疑均有新陈代谢、物种的延续的需求，但是人与其他动物表现根本不同，同样是“食”与“吃”，但是人类社会演变出“食文化”。人与动物都有种的延续功能，但人讲伦理亲情，讲规矩（如不能近亲婚姻），更重要的是人类的两性因有文化而得到提升，自文字产生以来，诞生了许许多多关于爱情的诗篇，有的缠绵悱恻、荡气回肠，有的让人无限向往。总之，人性即为人之性，是个体自我道德养成的可能性与必要性的统一。

3.圣人凡人同性

钱穆在谈及儒家思想传统特征时说：“圣人只是一个共通范畴，一个共通典型，只是理想中的普通人格在特殊人格之实践与表现。圣人人格即是最富共通性的人格。……理想上最高人格，即是最普通的人格。圣人只是人人皆可企及的一个最普通的人。”[2] 如北宋李觏就从圣人与众的“形”与“性情”之相同去论述两者的平等：“形同则性同，性同则情同。圣人之形与众同，而性情岂有异哉？”[3]

颜元秉承原始儒家“人皆可以为尧舜”（《孟子·告子下》）、“涂之人可以为禹”（《荀子·性恶》）的传统思想，认为凡人同圣人一样具有善质，只要努力去习行实践，凡人也可由凡入圣。他认为圣人同凡人一样，不是生而即知、生而即能的，而是在后天社会生活中成就圣性的：“圣人亦人也，其口鼻耳目与人同，惟能立志用功则与人异耳。故圣人是肯做工夫的庸人，庸人是不肯做工夫的圣人。”[4] 他强调了圣

[1] 章波．人类基因研究报告：关于疾病、情智、形貌与行为的遗传学新发现［M］．重庆：重庆出版社，2006：71–98.
[2] 钱穆．中国知识分子 // 汤学智，杨匡汉．台湾暨海外学界论中国知识分子［M］．郑州：河南人民出版社，1994：5–6.
[3] 李觏．李觏集［M］．北京：中华书局，1981：234.
[4] 颜元．颜元集［M］．北京：中华书局，1987：628.

人凡人共同生活于现实社会，是在现实生活中成就圣性的“人”。颜元还认为自然生命承载着善性而非恶性，人的形体是成圣的“材质”，凡人也有成圣的可能，其关键在于是否“立志用功”。

荀子观凡人与圣人之性同，即圣人也有恶的一面，但圣人注重学而至善。荀子还主张“涂之人可以为禹。……凡禹之所以为禹者，以其为仁义法正也”。(《荀子·性恶》) 人人都可以为尧、舜，但是能否成为尧、舜、禹一样的圣人，就看他是不是他人勉强使之然的。“曰：圣可积而致，然而皆可积，何也？曰：可以而不可使也。故小人可以为君子而不肯为君子，君子可以为小人而不肯为小人。小人君子者，未尝不可以相为也；然而不相为者，可以而不可使也。故涂之人可以为禹，则然；涂之人能为禹，未必然也。”(《荀子·性恶》) 荀子旨在教人积而致圣，学以成圣。从“性一”的观点自然会引出人人皆可成尧舜的结论。荀子说：“今使涂之人者，以其可以知之质，可以能之具，本夫仁义之可知可能之理，可能之具，然则其可以为禹明矣。今使涂之人伏术为学，专心一志，思索孰察，加日县久，积善而不息，则通于神明，参于天地矣。故，圣人者，人之所积而致矣。”(《荀子·性恶》) 按荀子的观点，凡人虽有人性恶的一面，但注重自我修养，那么“涂之人皆可为禹”。显然，这段话还有一层意思，即指普通人的智力与理性同“圣人”差不多，也就是说如果普通人也具有懂得“仁义法正”的智力与理性，那么他们也可以成为大禹。除“性一”外，荀子还有一个立足点，那就是每个人的材性智力是相当的：“材性知能，君子、小人一也”(《荀子·荣辱》)。从人人在“知能”也即智力平等的角度，去论证“涂之人”与“圣人”的平等，这在儒家传统中具有鲜明特点。

儒家重视人禽之辨，犬马虽对其父母“皆能有养”(《论语》)，但缺乏“敬”这么一个人类特有的文化现象。孟子以为，麒麟之类的走兽，凤凰之类的飞鸟，都同属禽兽这一类；“圣人”与“民”亦为同一类，属人这一类，人先天具有仁义礼智的善端。有了仁义礼智这样的意识，人的社会生活就是有序的，而不像禽兽动物那样只以满足生理需求与生存本能为目的。对此，孟子说：“人之有道也，饱食暖衣，逸居而无教，则近于禽兽。圣人有忧之，使契为司徒，教以人伦：父子有亲，君臣有义，夫妇有别，长幼有序，明友有信。”(《孟子·滕文公上》)“人伦”即人之规则，“民”和“圣人”具有共同的属性，都可以归入“人”这一类，孟子称：“圣人与我同类者也。”(《孟子·告子上》) 同时，“民”和“圣人”之间不存在无法逾越的鸿沟,“民”只要以尧之言行为表率并身体力行践履之,那么“人皆可以为尧舜”(《孟子·告子下》)。这一点,后世哲人们也多有论述,陈确说:“圣人非人耶?亦人也。使圣而非人也则可,圣亦人也,则人亦尽圣也。”[1]皮日休说:“或曰:“子之道,有以迈千人,子之貌,固不足加于众。何哉?曰:亦何异哉?伊、皋亦人耳!孔、颜亦人耳!”[2]显然,这些都承袭着孟子关于“圣人”与“民”是同类的观点。

易见,人性即人的本性,也就是为人之性,具体讲就是人有其独特的“文化心理结构”。同时,凡人与圣人同性,“圣人”与“民”是同类同性,这一点也是人作为人与其他动物的根本区别。但是,人如果向善、变善则需要个体自我的道德修养,这也就是道德养成。而圣人则更能自觉进行自我修养,因此他们可被称为道德养成的楷模。

二、传统文化中的道德养成核心观点

在中国古代社会,尤其是宋明理学家重视探究道德养成,编纂童蒙书籍促进儿童道德养成,并且通过各种教育方法和手段引导道德养成。例如运用学规、学则规范受教育者的道德行为,通过道德榜样的感召力引领民众的道德发展,还通过家训、家教、家风涵养个体道德。宋明时期思想家注重及早、及时、长期,即道德养成须尽早开始,因为儿童时期心思纯净,记忆力强,认知能力敏锐,易形成正确的道德认知,养成良好的行为习惯。宋代的杨亿在其所撰《家训》中提出:“童稚之学,不止记诵,养其良知良能,当以先入之言为主。日记故事,不拘今古,必先以孝弟、忠信、礼仪、廉耻等事,如黄香扇枕,陆绩怀橘,叔敖阴德,子路负米之类。只如俗说,便晓此道理,久久成熟,德性若自然矣。”(杨亿《家训》)南宋陈淳也认为:“人自婴孩,圣人之质已具,皆可以为尧舜。如其禁之以豫,而养之以正,无交俚谈邪语,日专以格言至论薰聒于前,使盈耳充腹,久焉安习,自与中情融贯,若固有之,则所主定而发不差,何患圣途之不可适乎?”[3]同时,道德养成还应“当其可”,即抓住在成长过程中涉及道德抉择的生活事件,以此为道德养成教育的重要契机。更重要的是,道德养成教育应该持之以恒,贯穿人生命的始终。

[1] 陈确.陈确集[M].北京:中华书局,1979:151.
[2] 皮日休,萧涤非.皮子文薮[M].上海:上海古籍出版社,2017:114.
[3] 陈淳.北溪大全集(第十六卷)[M].台北:台湾商务印书馆,1983:624.

1.养正于蒙，讲习于幼稚之时

宋明时期思想家强调应从童蒙时期开始对孩童的德性、德行进行培养，而且主张蒙以养正，即"'蒙以养正'，使蒙者不失其正，教人者之功也。尽其道，其惟圣人乎"（张载《正蒙·中正》）。他们还认为"人自孩提，圣人之质完"（《二程遗书》），这就是说，一个人在孩童时期具有道德养成的潜质，有着道德养成的天然优势，"勿谓小儿无记性，所历事皆能不忘"（《习斋四存编·上》），孩童时期心思强、记忆力强，尤其是易受外界环境影响，古代社会即有"昔孟母，择邻处"（《三字经》）的故事，张载主张"进德修业，欲及时也"（《易经·乾卦》），援引古人进德修业的做法，认为人在孩提时候就应该被教导礼仪之事，明白为人的道理。"今世学不讲，男女从幼便骄惰坏了，到长益凶狠，只为未尝为子弟之事。"[1]同时，思想家们还注重运用多种方法、多种手段助推孩童的道德养成，他们根据儿童认知和行为特点编纂适合其学习的蒙养教材，如朱熹编纂、修订了《论语训蒙口义》《训蒙绝句》《童蒙须知》《近思录》等多部童蒙教材和读物，这些具有代表性的童蒙教材对于中国古代社会人的教育起过重要作用，今天依然有着借鉴价值。

2."知礼仪"的行为规范日常训练

宋明时期的思想家们不仅主张道德养成应从小培养，而且还认为要从生活细小之事入手。中国古代社会教育家们注重对孩童的细微教育，并根据孩童特点，提出了一些具有可适用性、可操作性的方案。蒙书通过儒家伦理道德约束规范蒙童言行，以故事典籍中的人物和行为指导儿童，具有较强的可行性，利于蒙童认识与践行道德。如小学阶段，童蒙重点学习的内容包括"洒扫、应对、进退之节，爱亲、敬长、隆师、亲友之道"（《小学》）。朱熹在《童蒙须知》中要求，"夫童蒙之学，始于衣服冠履，次及语言步趋，次及洒扫涓洁，次及读书写文字，及有杂细事宜，皆所当知"，就儿童的举止方面，要求蒙童必须做到"凡著衣服，必先提整衿领，结两衽纽带，不可令有缺落""凡脱衣服，必齐整折叠箱箧中，勿散乱顿放，则不为尘埃杂秽所污"。这主要对蒙童的生活细节与衣着做了细致入微的甚至有点繁琐的规定。而在语言交流方面，蒙童应做到"语言详缓，不可高言喧哄，浮言戏笑。父兄长上，有所教督，但当低首听受，不可妄自议论"。即使自己的兄长、父亲言行并不合理，也不可直接告知，而应认为这是兄长或者父亲一时疏忽而致，这点

[1] 张载．张载集［M］．北京：中华书局，2017：280–281.

今天看来既不合适也行不通，因为人与人之间是平等的。同时，思想家们还注重通过洒扫涓洁来促成蒙童的道德养成。在学习知识（包括道德知识）上，朱熹也很重视蒙童的学习习惯，如读书一定认真，要学会朗读且声音洪亮，还要反复诵读，最终熟记于心。朱熹特别强调，学习有三到，即心到、眼到和口到，他表示："三到之法，心到最急，心既到矣，眼口岂不到乎？"（《训学斋规》）而在蒙童的道德养成上，朱熹还规定了其在饮酒、如厕、饮食、夜行等方面的细节。

明代屠羲英在《童子礼》中就儿童在家中应有的举止也有详细规定，包括盥栉、整服、叉手、肃揖、拜起、跪、立、坐等。另外，《管子·弟子职》中就学生对待老师时应有的行为举止，比如受业、应客、馔馈、洒扫、执烛、退习等，都有所规定。显然，在中国古代社会，对于蒙童的有些规定非常严格，甚至严苛。如塾课方面，相关的典籍包括《家塾常仪》《塾中琐言》《变通小学义塾章程》等，所制定的规矩非常繁琐且严密。清代崔学古在《幼训》一文中，单单针对童蒙的吃饭就有详细的要求——"毋先，毋后，毋择，毋翻，毋邻（谓取邻簋食也）"，吃饭不要翻动菜肴，不要挑拣，更不可越过别人去取旁人之餐。吃饭不可把筷子含在口中，不可伸出舌头接食物，要做到"嚼无声，咽无疾，啜无流"，吃完要把筷子收好才可以起身。这即是把抽象的道德说教融入日常细微生活之中，易于蒙童道德养成，但是过于细微的要求在蒙童道德养成中效果不一定很好，相反有可能压抑蒙童个性。同时，即便是再详细的规范也不可能涵盖生活的方方面面。"非知之实难，将在行之。"（《左传·昭公十年》）其实，通过细微礼节规范对蒙童进行训练是必要的，但是要真正促成蒙童的道德养成，必须经历长期的、复杂的过程。另外，思想家们还主张在蒙童道德养成中不浮华并用心去体悟、去践行。《弟子规》告诫蒙童"不力行，但学文，长浮华，成何人"。《重订增广贤文》也指出，"学不尚实行，马牛而襟裾"，即强调蒙童应注重依据典籍践行礼仪道德而不仅仅停留于知，不然就如同给牛马穿衣服，是不能形成德性的。总之，中国古代社会尤其是宋明时期的传统蒙学注重以礼仪促成道德养成。

3. "仁智勇"君子的人格养成

人不仅有人禽之别，还有君子与小人之别。显然，人与动物有着本质区别，人是世间最高贵的物种，但是能否成为真正的人就在于人本身是否重视教化与修为，从而呈现出君子与小人之别。对"君子"一词的具体阐释始于孔子，孔子对于君子的论述，不限于“君子”一词，“士”“仁者”“贤者”“大人”“成人”“圣人”等都与“君子”相关。“君子”一方还有“大人”“仁者”“有道者”“贤人”“善者”“圣人”;“小人”一方，有“不仁者”“残贼”“暴”“谗谄面谀之人”“幽”“厉”等。如果从这个角度去理解君子与小人，在《论语》中关于“君子”的论述较多，“君子”是孔子的理想化人格，以行仁、行义为己任。而与“君子”相对的即是“小人”。孔子还认为守住善性的叫“君子”，失去善性的叫“小人”。“君子”与“小人”之别在春秋战国时期有等级含义，但自西周末年起“君子”与“小人”之间多是政治及品性的差别。

其实，在孔子那里，“君子”与“小人”虽然也有社会等级含义，但更多指道德与政治层面的品质。而在孟子那里，“君子”与“小人”更是成了人的德性层面的区分标准，孟子认为，君子与小人的分别在于前者“尽心”“存性”，后者“放心”“从欲”。“君子所以异于人者，以其存心也。君子以仁存心，以礼存心。”(《孟子·离娄下》)“养其小者为小人，养其大者为大人……从其大体为大人，从其小体为小人。”(《孟子·告子上》)“大人者，不失其赤子之心者也。”(《孟子·离娄下》)孟子这里所说“大人”可以等同于“君子”，并且在孟子那里，“君子”是善性的人格化，“小人”是感官欲的人格化。感官欲的发展是对心性的否定。孟子还说：“欲知舜与跖之分，无他，利与善之间也。”(《孟子·尽心上》)君子在于求善，小人在于求利。当然，君子也要求利，但重要的是能守住善。孟子提出：“广土众民，君子欲之，所乐不存焉；中天下而立，定四海之民，君子乐之，所性不存焉。君子所性，虽大行不加焉，虽穷居不损焉，分定故也。君子所性，仁义礼智根于心，其生色也睟然，见于面，盎于背，施于四体，四体不言而喻。”(《孟子·尽心上》)还有他讲到王道之师时说：“其君子实玄黄于篚以迎其君子，其小人箪食壶浆以迎其小人。”(《孟子·滕文公下》)篚，盛物的竹器。玄黄、黑黄两种织物，用作礼器。又说：“无君子，莫治野人；无野人，莫养君子。”(《孟子·滕文公上》)这里的君子与小人显然也是指不同等级的人，更重要的是指具有不同修养、品性的人。孟子还提出：“人之所以异于禽兽者几希，庶民去之，君子存之。”(《孟子·离娄下》)同时他还主张人的德性有先知先觉与后知后觉的之别。他说：“天之生此民也，使先知觉后知，使先觉觉后觉也。”(《孟子·万章上》)魏晋时期“竹林七贤”之一的阮籍，在其著名作品《大人先生传》里，借大人先生之口说当时的“君子”是“服有常色，貌有常则，言有常度，行有常式。立则磬折，拱若抱鼓，动静有节，趋步商羽，进退周旋，咸有规矩”“束身修行，日慎一日；择地而行，唯恐遗失。诵周、孔之遗训，叹唐、虞之道德。唯法是修，唯礼是克”。性格张扬的阮籍关于君子的描写有些嘲讽色彩，但这却是古代君子依礼行事的写照。

春秋战国时期，以儒家为代表的贤哲们更多是在德性修养层面讨论“君子”与“小人”。在他们看来，君子注重自我修养因而德性较好，小人则疏于修养因而德性弱些。《论语·宪问篇》曾记载，子路请教孔子何为君子，孔子认为，君子应当是“修己以敬”“修己以安百姓”的人，为什么君子有这个素养呢？因为君子的最大特点就是仁民爱物，所以，君子是能“博施于民而能济众”（《论语·雍也篇》）的人，君子也是能为天下立法的人，可以为天下做表率，所谓“是故君子动而世为天下法，言而世为天下则”（《礼记·中庸》）应含有此意。荀子在肯定人最贵的前提下，认为君子与小人在天性上是一样的，但是他们追求功利目标所采取的手段、途径不同，也就出现君子与小人的区别。“材性知能，君子、小人一也；好荣恶辱、好利恶害，是君子、小人之所同也。若其所以求之之道，则异矣……君子注错之当，而小人注错之过也。故孰察小人之知能，足以知其有余，可以为君子之所为也。譬之越人安越，楚人安楚，君子安雅，是非知能材性然也，是注错习俗之节异也。”（《荀子·荣辱》）荀子又提出：“谨注错，慎习俗，大积靡，则为君子矣；纵性情而不足问学，则为小人矣。”（《荀子·儒效》）荀子尽管以人性恶为理论基础，但他对人的完善始终是自信的，他认为“涂之人可以为禹”（《荀子·性恶》），并指出“君子敬其在己者，而不慕其在天者，是以日进也；小人错其在己者，而慕其在天者，是以日退也”（《荀子·天论》），即：君子“敬其在己者”，相信事在人为，充分发挥人自我的能动性，坚持修身养性；而小人“错其在己者”，是因为他没有充分发挥人的潜能且怨天尤人。这里，君子与小人之别，主要是主体自我认识、自我选择、自我修为的结果。荀子还说：“天地者，生之始也；礼义者，治之始也；君子者，礼义之始也。故天地生君子，君子理天地。君子者，天地之尽也，万物之总也，民之父母也。无君子，则天地不理，礼义无统，上无君师，下无父子，夫是之谓至乱。”（《荀子·五制》）即是说君子悟性好、修养高，并且是维护社会秩序与礼仪的执行者、维护者和传承者。

明儒陆象山就一般民众与君子达“道”的修养方式作了比较：“民之于道，系乎上之教；士之于道，由乎己之学。”（《陆象山集·论语说》）这里，陆象山认为，君子可通过自我学习、自我修养来完善德性修养，大众则需要在社会有组织的教化下，才能完善自我的德性修养。

君子是中国古代社会人格的写照，与贤人圣人相比还有距离，但是，这是众人可以追求并能达到的。对此，孔子曾言："圣人，吾不得而见之矣；得见君子者，斯可矣。"（《论语·述而》）孔子关注着君子，尤其是理想人格的培养。因此，君子成了中国古代社会理想人格的写照，其应具备的品性就是仁、智、勇。孔子曾说"君子道者三，我无能焉：仁者不忧，知者不惑，勇者不惧"（《论语·宪问》），意思是君子应从仁、智、勇三个层面进行自我修养，才能实现"天下之达德也"，才能成就理想的道德人格。孟子、荀子尽管没有对仁、智、勇"三达德"作详尽论述，但也都作了创新性论述。如孟子提出了大丈夫人格，这是对君子人格品性"仁、智、勇"的进一步概括与提升。对此，蔡元培在论述大丈夫人格和君子人格之间的差别时，曾经提到"孔子以君子代表实行道德之人格。孟子则又别以大丈夫代表之。其所谓大丈夫者，以浩然之气为本"。[1]蔡元培认为，孔子和孟子提出的人格既有相同之处也有不同之处。孔子提出的君子强调的是"君子矜而不争"（《论语·卫灵公》），"刚、毅、木、讷近仁"（《论语·子路》），"事父母几谏，见志不从，又敬不违，劳而不怨"（《论语·里仁》）等，这样的君子温顺而内敛，谨慎而谦让，是温和厚道之人。孟子所提出的大丈夫人格更多地呈现出刚烈的阳刚之气，是对君子人格的扩充。总之，以孔子为代表的儒家强调对君子人格的追求与培养，强调仁、智、勇"三达德"，而"仁"最能代表儒家核心价值观念，"仁"不仅是君子所求，也是一般人应有的品性。这些也是宋明时期思想家关于童蒙养成教育的应有之义。

三、中国古代社会道德养成考量

中西方个体道德养成理论相比，西方个体道德养成理论多受分析哲学的思维定式影响，即将个体道德养成的心理过程分为知、情、意、行四个部分并分别予以阐释。中国古代社会的道德养成，尤其是宋明时期思想家们的理论注重个体的道德认知、道德情感、道德意志与道德行为的整体性研究。但是，东西方的道德养成理论均以人性为基础，均突出人的主体性、自觉性，相信人能够自我修养、自我调控。

这里重点就中国古代社会的道德养成，尤其就道德养成核心观点作些分析与考量。"明人伦"是中国古代社道德的重要价值取向与核心观点。孟子云"夏曰校，

[1] 蔡元培 . 中国伦理学史［M］. 北京：中国书籍出版社，2020：3.

殷曰序，周曰庠。学则三代共之，皆所以明人伦也”（《孟子·滕文公上》），早在我国夏商周时期，所有学校的教育目的都是使学生“明人伦”。“人伦”之说则是由孟子明确提出的。孟子认为人与人之间的基本关系由人伦所约束，人伦正是对人的行为加以约束的道德规范。“人之有道也，饱食暖衣，逸居而无教，则近于禽兽。圣人有忧之，使契为司徒，教以人伦”（《孟子·滕文公上》），孟子认为，人伦是人区别于动物的重要标志，也是道德养成规范的首要问题，“明人伦”就是懂得做人的道理、明白事理。当然，在中国古代社会，“明人伦”也意味着强调等级、强调名分，即要求人必须严格遵守君臣上下的等级秩序，做符合名分之事，言符合名分之言。所谓“君子素其位而行，不愿乎其外。素富贵，行乎富贵；素贫贱，行乎贫贱；素夷狄，行乎夷狄；素患难，行乎患难。君子无入而不自得焉”（《中庸》，即强调人在其位应做好自己本分事，不求与之无关的事；也就是说，君子所言所行应合乎其名分，并依其名行其事。当然，人伦更多是人与人之间的关系。“人伦”即是“人道”，是传统社会当中基本的人伦关系，也是制约和约束人与人之间基本关系的道德规范。《尚书·舜典》记载舜有感于“百姓不亲，五品不逊”，使契为司徒，“汝作司徒，敬敷五教”，所谓“五教”即“父义、母慈、兄义、弟恭、子孝”（《左传·文公十八年》）。这里的“五教”与后世的“五伦”是有区别的，主要是指人伦关系中约束某一个体的道德规范。关于“五伦”，孟子赋予其道德规范之义，“父子有亲，君臣有义，夫妇有别，长幼有序，朋友有信”（《孟子·滕文公上》），这是孟子在“五教”基础之上提出的。关于“五伦”，儒家不同的经典对其阐释有一定差异。《大学》指出：“为人君，止于仁；为人臣，止于敬；为人子，止于孝；为人父，止于慈；与人交，止于信。”后世儒者将孟子提出的“五伦”学说视为定论。《礼记·丧服小纪》中记载：“亲亲、尊尊、长长，男女有别，人道之大者也。”这里既确定了“五伦关系”，也基本确定了中国古代社会的基本人伦关系。大儒董仲舒在“五伦”基础上又提炼出“三纲”。所谓“三纲”，即“君为臣纲，父为子纲，夫为妻纲”，其实就是把“五伦”之中的三种伦常关系进一步明确化、差等化、主属化、政治化甚至绝对化。“臣事君，子事父，妻事夫，三者顺则天下治，三者逆则天下乱”（《韩非子·忠孝》），“顺”即绝对服从，可见“三纲”被上升到影响国家兴亡的高度。

中国古代社会，尤其是宋明理学及清代朴学在蒙童教育上凸显“明人伦”观点，强化“五伦三纲”观念。但在对蒙童人伦方面的教育上，只要求让蒙童知道五伦概念及意义所在，不强调即行。如《幼学琼林》提出：“何谓五伦：君臣、父子、兄弟、朋友、夫妇。"《重订三字经》中简化表述为"五伦者，始夫妇，父子先，君臣后"，对"五伦"的先后次序作了规定。在蒙学读物中也有对"三纲五常"的简练表述，如《三字经》中也有"三纲者，君臣义，父子亲，夫妇顺""曰仁义礼智信，此五常，不容紊""父子恩，夫妇从，兄则友，弟则恭，长幼序，友与朋，君则敬，臣则忠。此十义，人所同"。

中国古代社会重视蒙童教育，重视人伦教育，并且以详细的具体规范告诉蒙童处理好最基本的人伦关系，这其中也包括如何孝敬父母、尊重兄长。而"孝"是中国古代社会的重要德目。"孝"的起点是在家庭，而后又扩展到国家，可以"移孝作忠"，后世多忠孝并举。所以，对蒙童进行"明人伦教育"时，贤哲们常常从"父子"这一伦抓起。《礼记·礼运》中有十义，即：父慈，子孝；兄良，弟弟；夫义，妇听；长惠，幼顺；君仁，臣忠。十者谓之人义。父子之亲重父慈子孝。父慈的具体表现是"爱、养、教"。父亲对子女的教育是其应尽的义务。《三字经》有"养不教，父之过"，即父亲应该教育子女，若只是养而不教，则是失职。而在中国古代社会，子女的首要德行即是孝。"首孝弟，次见闻""孝于亲，所当执"（《三字经》）；"孝弟为先务，本立而道生""万恶淫为首，百善孝为先""孝当竭力，非徒养身。鸦有反哺之孝，羊知跪乳之恩"（《重订增广贤文》）……诸如此类的蒙学读本详细地阐述了儿童在平时生活中应当怎样尽孝。其实，孝不仅仅是尽"孝"于双亲，同时还需要"敬"双亲，这一"敬"字，就将人与动物区别开来。"至于犬马，皆能有养。不敬，何以别乎？"（《论语·为政》）人之所以为人，就在于人与动物有着本质区别。孔子在解答子夏"何为孝"时称"孝"即是"色难"，意思是说孝敬双亲需要心怀恭敬。所以孝也就是孝敬，而敬就是无违，也就是顺，即顺从父母的要求与意愿。在传统社会中，违背父母的人会被视为"逆子"。在隋朝，"忤逆"长辈被列入法律之中，并且定为重罪。《论语》中强调的"父在观其志，父没观其行，三年无改于父之道，可谓孝矣"即是对"孝"行的具体表达。而孝在中国古代社会上升到政治层面。所谓，孝始于事亲，"中于事君"，以孝的心态和行动对待君主，便是忠。《小学·明伦第二》指出君主和臣子之间要讲究"义"，即君主要以礼对待臣子，臣子尽忠于君主。朱熹也指出，臣子应该以道为君主服务，假如君主的行为没有遵从道义，则臣子应该积极谏言，这也是尽忠的具体行为。总之，在蒙童德性教育上，传统文化有意强调孝与忠的观念，如"慷慨丈夫志，生当忠孝门"（《神童诗》）、"资父事君，曰严与敬，孝当竭力，忠则尽命"（《千字文》）等。

蒙童教育中除了孝，也包括忠观念的培养，还强调了长幼有序以及尊卑之别。孟子认为，蒙童在幼年时应该孝敬、尊爱自己的亲人，成年之后则应该尊敬比自己年龄大的长者。很多蒙学典籍也强调了这一点。比如《三字经》中的“融四岁，能让梨，弟于长，宜先知”。《幼学琼林》和《颜氏家训》也设置了具体的章节，告诉蒙童遵守长幼有序之道。《重订增广贤文》告诫蒙童“长幼内外，宜法肃词言”，《千字文》则提出“乐殊贵贱，礼别尊卑”。当然，中国古代社会中也强调男女、夫妇之别。朱熹认为男女有别意义重大。男女之间若无“别”，则近于禽兽。通过男女有别，父子有亲，而后礼义生，万物各得其分，“男女有别，然后父子亲；父子亲，然后义生；义生，然后礼作；礼作，然后万物安”（《小学·明伦第二》）。夫妇之间的“有别”表现为，丈夫负责处理家庭外部的事宜，妻子负责家庭内部的相关事宜。《礼记·内则》记载：“礼，始于谨夫妇。为宫室，辨内外。男子居外，女子居内。”基于性别差异的男女有别成为行为规范，从而逐渐形成了男主外、女主内的家庭模式。《小学诗礼》中便提到了“男女有别”的有关规定，比如“男正位乎外，女正位乎内”“男不言内事，女不言外事”等，又比如“三从四德”等。《闺训千字文》指出：“一切女子，都要懂得大道理，处世温婉尔雅，遵守四德三从。”另外还有《女儿经》与《女小儿语》强调“习女德、修女容、谨女言、勤女工”，这即是中国古代社会对女性的具体要求与规范。

易见，明人伦是中国古代社会道德养成的核心观点与价值目标，童蒙教育以“礼”为具体抓手，关注对各种人际关系的处理，目的在于让蒙童养成对伦常名分的道德自觉，显示出其强调蒙童对伦理纲常“天秩天序”的遵从。而明人伦重在五伦十义，尤以“三纲”为重点。这里主要就“三纲”作些考量。

中国哲学以人为本位，梁启超曾指出：“中国学术以研究人类现世生活之理法为中心。”[1] 这一论断适用于先秦哲学，因为先秦哲学的最大特点就是坚持以人为本位。人和天是相互沟通、相互联系的，先秦哲学以人事追求天意，又以天意附会人事，围绕着人的现实需要，并以政治治理为中心，去将自然理法化。同样，梁启超的论断也适用于秦汉以后的各期哲学。《序卦》说：“有天地然后有万物。有万物然后有男女。有男女然后有夫妇。有夫妇然后有父子。有父子然后有君臣。有君臣然后有上下。有上下然后礼义有所错。”这种子孙生成关系无疑包含了对统一性的认识，但也显示出天地自然与人事相对应的另一个特点。《系辞·上》说：“天尊地卑，

[1] 梁启超 . 先秦政治思想史［M］. 北京：东方出版社，1996：1.

乾坤定矣。卑高以陈，贵贱位矣。”乾是天，坤是地。天高，地卑:这种“高”“卑”不仅表示势位的不同，而且代表着“贵”与“贱”。荀子说:“君臣、父子、兄弟、夫妇，始则终，终则始，与天地同理，与万世同久，夫是之谓大本。”(《荀子·王制》) 这是对君臣、父子、夫妇这三种社会关系存在的普遍性的肯定。庄子虽追求个人自由，但也不得不哀叹作为人的自由的束缚的三纲是永恒、无法摆脱的。他借孔子之口说:“天下有大戒二，其一命也，其一义也。子之爱亲，命也，不可解于心。臣之事君，义也，无适而非君也。无所逃于天地之间，是之谓大戒。”[1] 韩非子则说:“臣事君，子事父，妻事夫，三者顺则天下治，三者逆则天下乱。此天下之常道也，明王贤臣而弗易也，则人主虽不肖，臣不敢侵也。”[2] 这里把臣、子、妻对君、父、夫的顺从看作国家政治的决定性因素。历史上，“三纲”的观念较晚见于儒家文献，出现时间大约是在孟子首次提出“伦”之德的百年以后。在朝廷的力推下，汉代儒士强化儒家伦理政治意识形态，并进行了系统化的努力，从而使“三纲”成为教育的重要内容。其实，“三纲”的观念最早见于《韩非子》:“臣事君，子事父，妻事夫，三者顺则天下治，三者逆则天下乱。”显然，汉代的思想家像法家一样，把“三纲”当作象征性的治理机制，以达到维持社会稳定的目的。由此，三纲是中国古代社会的核心观点，是童蒙道德养成的重要价值取向与伦常规范。

后世之所以将自汉代形成的“三纲”礼教斥为“礼教杀人”，是因为古代社会发展到后期，特别是宋明以后，随着中央集权的加强，对皇权的维护过于追求一种极端的稳定，将动态的和谐异化为静态的束缚，而这种偏执直接导致对荀子“礼治”思想的滥用和错用。原始儒家那种“礼之教化也微，其止邪也无形，使人日从善远罪而不自知也”(《礼记·经解》) 的润物无声，变成了靠权力、武力等外在强制力的灌输。也就是说，作为“三纲”之首的“君、父、夫”无所谓什么“应当”或“不应当”，义务仅仅是对作为“三纲”之末的“臣、子、妻”而言的，“臣奉君命、子奉父命、妻奉夫命”是天经地义的事情，否则就是“不奉顺于天”(《春秋繁露》)，其罪当死！尤其是明清专制社会，过度强化单方面的权力，对社会及个体造成伤害。对此，毛泽东就深刻地指出:“政权、族权、神权、夫权，代表了全部封建宗法思想和制度，是束缚中国人民特别是农民的四条极大的绳索。”[3] 早期共产党人陈独秀和李大钊批判“三纲”，目的在于打破传统的偶像专制，解除套在民众身上的精神

[1] 王叔珉．庄子校诠·人间世 [M]．台北：台湾“中央研究院”历史语言研究所，1999：138.
[2] 王先慎．韩非子集解（卷二十）[M]．北京：中华书局，1998：446.
[3] 毛泽东．毛泽东选集（第 1 卷）[M]．北京：人民出版社，1991：31.

枷锁，从而实现国民精神的根本变革。他们力倡民主、自由、平等、科学等理念。陈独秀就此指出："吾人宁取共和民政之乱，而不取王者仁政之治。盖以共和民政为自动的自治的政制，导吾人于主人地位，于能力伸展之途，由乱而治者也。王者仁政为他动的被治的政制，导吾人于奴隶地位，于能力萎缩之途，由治而乱者也。倘明此义，一切旧货骨董，自然由脑中搬出，让自由新思想以空间之位置，时间之生命也。"[1] 因为，礼教"三纲"之说不会引导出新的人格，无法帮助国人自立于世界民族之林，"吾人所不满意者，以其为不适于现代社会之伦理学说，然犹支配今日之人心，以为文明改进之大阻力耳"。[2] 基于以上理由，以"三纲"为核心的礼教当因时而废，再没有存在的理由，若其"实行于今之社会，不徒无益而且有害，吾人当悍然废弃之，不当有所顾惜。"[3] 这种批判是有根据且符合历史规律的。

在中国古代社会，"三纲"与"五常"合用，即为"三纲五常"。"五常"即是仁、义、礼、智、信，具有恒久的价值意义。"三纲"立足于主从关系，强调社会等级是维持社会秩序的神圣原则，它关心的不是处于这些对应关系中的个人幸福，而是更多关注对人的行为的严格约束，以期维持社会稳定。纲常论在中国古代社会存在的缘由主要有三点：一是一家一户的小农经济；二是相对封闭的社会，信息传播不畅、交通不便；三是以血缘为纽带的家庭、宗族聚族而居成为十分普遍的形式，中国古代的村落基本上都是同姓、同宗的家庭聚集在一起形成的。在中国古代社会文化结构之下，祖宗之法是不容怀疑的，并且在中国古代社会尤其是早期起着重要作用，这是因为古代社会是家国同构的结合体，实行大家庭、家族社会管理，由此构建出"三纲模式"。其中的弊端到明清之际尤为明显，由于过分突出单方面的义务，少数君主品性专制、残酷，社会也压抑着女性。到了近现代社会，随着一家一姓的君主专制的消失，大家庭、大家族的解体，以及城市化进程的加速推进与教育的普及化，"三纲"制度设计已成为历史。当代社会已没有一家一姓王朝帝制，也没有了君臣关系，而父子、夫妻之关系依然存在，这些关系转向追求互敬互爱、互尊互重。应当说，"三纲"是中国古代社会的一种社会制度、一种社会治理规范，也是一种历史事实，对于中国古代社会的长久发展，对于中国古代社会每一个阶段人的成长都起着不可低估的作用。

[1] 陈独秀 . 陈独秀书信集［M］. 北京：新华出版社，1987：84.
[2] 陈独秀 . 陈独秀文章选编：上［M］. 北京：生活·读书·新知三联书店，1984.
[3] 陈独秀 . 独秀文存·四答常乃德［M］. 合肥：安徽人民出版社，1987：678.

02

第二章 道德养成的基石：德真、德善、德美

第一节　道德之真

一、道德本身要“道德”

道德是一种文化现象，是一种柔性的规范制度，是全体成员在社会实践活动与社会交往过程中形成的行为准则与规范，而这些道德规范、准则的制定则是具体的，道德有历时性共性，也有时代性个性，在人类的历史长河中，道德观念、规范是不断变化的，当然，有些具有恒久性。这里就有一个道德规则、规范本身是否为真的问题，即道德规则、规范是否为当时社会人情、人性及人的生存福祉的真实反映。

在历史长河中，中国创造了无数物质文明与精神文明的丰厚成果，在道德领域中也创造了许多永恒的道德观念，诸如“皇天无亲，唯德是辅”(《尚书·蔡仲之命》)，孔子的“仁者爱人”思想，以及“仁、义、礼、智、信”五常观，还有“上有立德，其次有立功，其次有立言”(《左传·襄公》）三不朽观。更有宋明理学创造的辉煌学术思想、道德文化，如张载“民胞物与”及“为天地立心，为生民立命，为往圣继绝学，为万事开太平”(张载《横渠语录》)。当然，也有一些思想家提出“饿死事极小，失节事极大”(《河南程氏遗书》）的观点，更有甚者对此作了更为苛刻的解读，从而影响了当时社会思潮、社会政策、法律及道德的制定，对后世起着负面影响。特别是明清时期,理学家的道德思想在其发展过程中几经过滤，其中关注现世生活、关注人性的思想湮没无闻，而强调对道德的绝对依从的思想则被保留。具体来看，在道德养成内容上以“纲常名教”为内容，注重以礼教立人。思想家们最初的构思是好的,但几经阐释后,往往实质上成为约束个人的枷锁，更成了扼杀自由、平等、理性等近世精神的桎梏。而在道德养成教育方式及话语表述上，因以“去欲存理”为目标，忽略受教育者能力水平的高低，所以其著作的语言晦涩，即便是如蒙童教材一样的大众读物也存在这种现象。以上这些现象，即可表述为道德本身“不道德”。

改革开放以来，我国经历了由计划经济到社会主义市场经济的剧烈变革。社会的道德建设、社会主义精神文明建设取得巨大成就，人的精神状态及人的精神面貌都为之一新，然而在社会主义建设发展过程中，尤其在社会主义市场经济发展过程中，在道德领域出现了拜金主义、享乐主义、极端个人主义等现象，也存在损人利己、损公肥私、造假欺诈等问题。应该说，在社会转型过程中，在市场经济大潮下，少数人舍弃了基本的道德遵循，甚至缺少了基本的良知，导致大众层面显现出道德复杂性。在这些问题引起社会关注的情况下，道德层面问题在那一时期就有"道德爬坡论"与"道德滑坡论"之争，有的慨叹今不如昔，有的则认为是社会进步。其实，这里涉及的是道德评判标准问题。换句话说，即对道德本身问题及道德本身是否"道德"的考量，也即道德的构建是否依据实事求是的原则，是否依据当时社会文化环境和经济发展状况及当时人们的觉悟水准出发，是否有民众基础，更重要的是这些道德是否对广大民众要求过高，是否存在着"假""大""空"等现象。这就回到道德自身上来，即道德本身要"道德"。

二、见德更要见人

一段时间以来，我国的教育，也包括道德，在以"苏联的今天就是我们的明天"等"以苏为师"口号的影响下，深受以苏霍姆林斯基、凯洛夫为代表的苏联教育学家的影响，而苏联教育学的主要哲学基础就是知识论，如凯洛夫认为"学生是在掌握知识的过程中认识客观世界的"[1],但"学生并不负有发现新的真理的任务"[2],学生的任务是要把"知识牢牢地记在自己的脑子里"[3]。以知识论为基础,让受教育者掌握知识很重要，但问题是，在实际教育领域中，过于强化了知识几近僵化，导致教育者与受教育者间的关系变成了"以知识为纽带的授受关系"[4]，使得"教"与"学"的关系变成了对知识"传递"与"接受"的关系。同时，"教学认识论"的前提是默认"知识是确定无疑的"且"教师是真理在握的"，这种观点不仅在一般性的教育教学上，而且尤其在道德教育上割裂了教育者与被教育者间的关系，更重要的是割裂了知识与人，尤其是与人的生存的关系，即是见物不见

[1] 凯洛夫．教育学［M］．陈侠，朱智贤，邵鹤亭，等，译．北京：人民教育出版社，1957：132.
[2] 凯洛夫．教育学［M］．陈侠，朱智贤，邵鹤亭，等，译．北京：人民教育出版社，1957：132.
[3] 凯洛夫．教育学［M］．陈侠，朱智贤，邵鹤亭，等，译．北京：人民教育出版社，1957：132.
[4] 张华．研究性教学论［M］．上海：华东师范大学出版社，2010：32–33.

人，见德不见人。其实，人是真实存在。西方哲学中有“存在论”(ontology)，其“泛指一切有关存在的哲学研究，是这种类型或这一领域哲学的一个总名称，是一个属概念”。[1] 在西方还有本体论，而本体论与存在论是相通的，二者只是不同时期不同的哲学理论形态表达而已。具体而言，本体论主要表现为某种“超验实体”的哲学理论，它以寻求“终极存在”和“终极价值”的方式，为人类自身的存在寻找“根据”和“尺度”，并以自己所承诺的“本体”作为依据和尺度，批判地反思人类一切活动和全部观念的各种前提,从而为人类的“生存”和“生活”提供“安身立命之本”或“最高的支撑点”。而在现当代西方哲学中，存在论哲学则完成了由认识论向生存论的转向，其特点是突出以人为根本的人本存在论。西方当代哲学家把人解释为某种非理性的“人”。如尼采认为人实际上是一种“意志”，海德格尔认为人是一种意向性的“此在”，萨特认为人是一种“主观性”，因此，他们的存在论应属于非理性的人本存在论。而马克思提出人是“现实的人”，这种“现实的人”在现实实践活动中是具体的。同时，马克思指出“一切关系都是由社会决定的,不是由自然决定的”[2],“全部社会生活在本质上是实践的”[3]。显然,西方以人为根本的人本存在论，还是非理性的人本存在论，也包括马克思把人的问题定为实践问题的“实践人本存在论”。可见，尽管论述视角不同，但人本存在论都把人理解为现实的、具体的、鲜活的人。这就是说在人的教育上，尤其是道德教育上应该坚持以人为根本的人本存在论，一定要将教育活动对象视为鲜活的、具体的人，即在道德教育领域要见德更要见人，而不是“无人”的教育。

三、道德教育的实效

道德教育与一般知识教育不同，道德教育不仅强调知，还要使受教育个体自我信仰、追求、践履道德并养成道德习惯。

道德教育是一个复杂的、系统的过程，教育与被教育之间的关系尤为重要，在道德教育上也存在实际效果问题。其中道德教育方法、方式较重要，在一段时期内灌输被视为一种重要方法，传统道德教育在认识上把道德教育与知识教育等同起来，认为道德可以像知识一样，通过传授和灌输就可以获得，从而使人成为一个有德性

[1] 杨学功 . 传统本体论哲学批判：对马克思哲学变革实质的一种理解 [D] . 北京：中国社会科学院，2011：55.
[2] 马克思，恩格斯 . 马克思恩格斯文集（第 1 卷）[M] . 北京：人民出版社，2009：501.
[3] 马克思，恩格斯 . 马克思恩格斯文集（第 1 卷）[M] . 北京：人民出版社，2009：501.

的人，然而，若仅有道德上的知，并不能实现由知而行。传统的以灌输为模式的道德教育方法是一种居高临下的教育方法，有“强制灌输”倾向，即把既定的规范、价值观强加给个体，试图让个体成为服从规范、循规蹈矩的人。这种方法忽视个体的主体地位、积极性、创造性以及主观价值选择的特殊性，忽视价值引导和个体道德观的自主建构，会导致人的道德主体地位的失落。换句话说，在这种“命令式”“填鸭式”的，强制的、权威的灌输中，只见“德”而不见“人”。而作为道德教育方法的灌输应该重说服、规劝，应该是动之以情、晓之以理，从而使个体养成良好德性。

上述这种灌输式的道德教育方式方法，是对道德教育方法的误解或偏狭理解，忽视了道德价值教育与知识教育的区别，很容易陷入“唯知识论”的泥潭。更重要的是，这种方法排斥了其他道德心理因素如道德情感、道德理性、道德意志等应有的作用，把知与行简单等同起来，最终导致了人们知德而不守德、知德而不行德的局面，也即“知而不行”。当然，个体自我由知而行是一个复杂的长期过程，即便教育方法得当，也很难取得良好效果。换句话说，个体自我由知而行，不仅是社会的道德教育问题、道德教育方法问题，而且与个体自我及整个社会环境之间也有关系。如社会风气不良、社会制度不完善，即讲德者、有德者并没有获得相应地位、荣誉及利益，这是现实社会中不公正的社会利益关系在人们的道德生活中所制造的最严重悖论，这一悖论很可能在一定程度上影响着人们的道德践行和总体的社会道德状况。其实，外在道德规范只有在被人们真心诚意地接受，并转化为人的情感、意志和信念时，才能得到实施。其实，人是社会文化中的人，是一定社会关系中的人，是一定社会生活中的人，个体自我德性修养会因社会环境、社会制度、社会风气的影响而致个体自我知而不行。在道德活动中，有的人的道德认知水平很高，但是道德践行程度却很低；有的人虽然具有一定的道德践行能力，但是当面临复杂的道德冲突时，其道德认知水平不足以助其作出合理的道德选择。现实生活中的个体道德的知行不一有两种基本类型：“知而不愿行”和“知而不能行”。“知而不愿行”是道德生活中最为典型的知行脱节现象。这种现象主要是个体自我虽然对一定的社会道德规范、准则以及观念拥有一定的认知与认识，但是受实际生活情境的影响，某种程度上可能知德而不愿行德，从而使知与行出现了脱节。因此，道德教育是一个复杂的系统工程，要想使道德教育取得实际成效，不是依靠简单甚至是枯燥的说教就能够实现的。

第二节　道德之善

一、善乃中国传统文化重要价值取向

“善”，属宗教、哲学和伦理学范畴，有“吉祥”“美好”“圆满”之意；“德”，即道德、品行，属伦理学范畴，特指好的品行。“善”“德”二字同时出现，始于老子的《道德经》：“圣人常无心，以百姓之心为心。善者，吾善之；不善者，吾亦善之，德善。”圣人常常是没有私心的，以百姓的心为自己的心。对于善良的人，我善待于他；对于不善良的人，我也善待他。这样就可以得到善良了，从而人人向善。《国语·晋语》说得更加明确：“善，德之建也。”意思是善就是道德的主旨。这里的德不仅是指个体道德，也是指道德规范，其宗旨即是善，同时，从更广义上看，德更是道德本身的善。中国古代社会崇尚善并形成了善文化，具体体现在中国传统儒、释、道的核心思想上。善德文化产生于善卷生活的上古时期，儒道文化产生于春秋晚期，释家文化产生于东汉时期。从产生时间上看，善德文化比儒道文化早了1500多年，比中国本土化了的释家文化早了2000多年。

善德文化是儒家文化的重要源头。儒家经典《礼记·大学》曰：“大学之道，在明明德，在亲民，在止于至善。”这里的“德”“善”是儒家的核心理念，也是先于儒家文化产生的善德文化的核心思想。善德文化对儒家代表人物特别是荀子、董仲舒、朱熹等人的影响比较大。西汉董仲舒这样高度评价善卷：“尧舜德彰而身尊，善卷德积而名显。善在是，则尧舜之道在是；尧舜之道在是，则善亦在是。”（李焘《善卷先生祠堂记》）

善德文化在助推释家文化本土化上起到了积极作用。佛教自东汉初期传入中国后，为适应本土化，借助了包括善德文化在内的中国隐逸文化。善德文化是中国隐逸文化的主要源头。隋朝时期，秘书监柳顾言的《天台国清寺智者禅师碑文》

中记载："是故命驾崆峒，纡光善卷，箓图宣业，赤诵弘风。"大意是天台国清寺智者禅师已经入了崆峒仙山，与善卷做伴去了。释家文化借鉴了善德文化的思想精髓。唐朝高僧宣鉴禅师非常赞赏善卷及其所开创的善德文化。在善德文化的启发下，他在德山大力进行宗教改革，以"善"为中心，培养"善根"，广结"善缘"，"行善"积德，以求"善果"，产生了很大影响。北宋高僧释重显用释家思想诠释善卷的美德，并在其《送善暹首座》一诗中将善卷轻名务实的高风亮节与释家教义有机联系起来。明朝著名文学家袁中道还找出了佛家与善卷之间的共同之处，那就是佛家和善卷都强调自我修为而淡泊名利。

善德文化是道家文化的主要源头。唐朝徐坚《初学记》记载："三山居道士，许由、巢父之比也。"[1]这里，善卷被列为我国古代最早的道士之一。东晋葛洪《抱朴子·释滞》曰："夫北人、石户、善卷、子州，皆大才也，而沉遁放逸，养其浩然。升降不为之亏，大化不为之缺也。"文中的善卷"沉遁放逸，养其浩然"，也完全符合道家文化的基本理念。所以，"道家理论的源头在上古，道家精神的原型就是善卷等上古高士所创造的注重自我修为、尊重自然选择的精神"[2]。道家文化吸纳了善德文化的"尊重自然""逍遥自得""轻名"等思想。《庄子·让王》记载："舜以天下让善卷，善卷曰：'余立于宇宙之中，冬日衣皮毛，夏日衣葛絺。春耕种，形足以劳动；秋收敛，身足以休食。日出而作，日入而息，逍遥于天地之间而心意自得。吾何以天下为哉！悲夫，子之不知余也！'遂不受。于是去而入深山，莫知其处。"从中可以看出，善卷是一个有道之人，他尊重自然，遵守客观规律和自然法则，生产、生活都非常有规律，逍遥自在而心意自得。这些品质被后来的道家文化所吸纳。善卷不慕权贵，不求名利甚至回避名利。《庄子·盗跖》记载："善卷、许由得帝而不受，非虚辞让也，不以事害己。此皆就其利，辞其害，而天下称贤焉，则可以有之，彼非以兴名誉也。"在此基础上，道家提出了"轻名"的思想。

二、善法的借鉴

法律与道德都是一种规范，都是人类社会独有的社会文化现象。法律是由国家强制力保证实施的，是维护社会正常运转的最必要的制度规范。法律存在良法、

[1] 徐坚，等.初学记·下卷［M］.北京：中华书局.1962：552.
[2] 周友恩.德山［M］.北京：团结出版社，2010：104.

善法与恶法之别。过去一段时间内，我们对于法律的认识受“法是统治阶级意志”观点的影响，过多强调了法律是服务统治阶级需要的“意志性”，而忽视法律是有着自身规律的人类社会独有的社会文化现象。有时，我们过多注重法的统治功能、强制功能，而忽视了法的社会调整功能、利益平衡功能、进步激励功能。其实，法自身有着科学性，即注重人类社会物质生活条件对法形成的决定作用，力求使法律准确反映出人类社会形成、发展的自立性特点。这种科学性也是人性，反映着人作为人最基本的需要与最基本的权利，渗透着最基本的法哲学思想或法理学思想，如自由、平等、民主。这种科学性也是善法或法的善。善法为实现“真实的集体”提供法律援助，善法应包含“公理”“人性”“人权”等价值取向。善法尊重人权，尊重公民作为社会、国家主人翁的独立意识、独立地位、独立人格。善法充分体现了“现代法一些价值要求。法实施结果的社会心理承受能力。法在阶级社里有善恶之分是因为法代表了不同的阶级利益，而在统治阶级内部有善恶之分是因为法的实施所带来社会心理承受力的大小不同。社会心理承受力是指社会群体及个体对社会政治、经济、文化生活中的重大变动在心理上的可接受性、适应性及耐受性”。[1] 就法本身而言，法律的制定与实施有一定的社会成本，且对当事人及社会大众心理承受能力有一定影响。一般而言，当法实施的结果在社会大众的心理承受能力范围之内,往往被称为善法;反之,则被称为恶法。善法本身“蕴涵了人们的希望和要求,符合人们的道德观念和价值判断”[2],因此能“得到人情和道德的广泛支持，让人们心甘情愿地遵守法律、成为法律的顺民”[3]。

善法的“善”不仅体现在内容上，也体现在形式上，如语言精确、条文具体、内容易懂、结构合理、体系统一等，同时，还当周而不密、疏而不漏、详略得当、繁简适当。中国古代社会就法律详密问题也有讨论，主张善法当权衡简繁之利弊，从而实现周而不密、疏而不漏。“周”可解为各环节有法可依，各环节所依之法协调统一、无冲突、无矛盾、无重叠,所谓“德周化宇”“法周为善”,强调“周全”“周正”。法律也不应过于详密，这样可能会使法律显得庞杂混乱，让人感到不知所措，进而产生对法律的抵触情绪，甚至让人们失去自觉遵守法律的信心和勇气。因此善法当疏不当密,疏而不漏,保证其“周”。显然,公平公正是法律尤其是司法的灵魂。在法的实施过程中应该坚守司法运作与裁判的公正性，这是最大、最根本的善法。

---

[1] 李平，夏邦水 . 再谈善法与恶法之争［J］. 商，2015（17）: 247.

[2] 杨翔 . 完善我国法治运行过程若干问题探讨［J］. 中国法学，1999（3）: 47.

[3] 何兵 . 大义与灭亲［N］. 法制日报，1999-12-05.

中国共产党的十八届四中全会通过的《中共中央关于全面推进依法治国若干重大问题的决定》指出："明确各类司法人员工作职责、工作流程、工作标准，实行办案质量终身负责制和错案责任倒查问责制，确保案件处理经得起法律和历史检验。"当代社会正义论集大成者罗尔斯对正义问题做过系统全面的研究，他把正义分为：实质正义、形式正义和程序正义。程序正义是动态法治立法环节在程序设计中要实现的价值目标，也是执法、司法环节在程序操作过程中所要实现的价值目标。程序公正是实现实体公正的保障，程序公正亦可补充实体正义之不足，纠正实体正义之偏差。

良法也就善德，善德与德善有一定的区别，德善是道德本身的好，不仅指道德本身的善，也指道德核心价值理念或价值最高取向为善。道德是属人的道德，因此，道德或者说善德引导人向善。当然，人自身也有善恶问题，为此，康德认为人天生是善的或者天生是恶的无非意味着"人，而且是一般地作为人，包含着采纳善的准则或者采纳恶的（违背法则的）准则的一个（对我们来说无法探究的）原初根据，因此，他同时也就通过这种采纳表现了他的族类的特性"[1]。对此，他认为，人的本性中有三种向善的原初禀赋，即动物性的禀赋、人性的禀赋和人格性的禀赋，也有三个趋恶的倾向的层次，即人性的脆弱、人心的不纯正和人心的恶劣或人心的败坏。而孟子提出的"人性之善也，犹水之就下也"（《孟子·告子上》）主张人性本善；荀子则认为人性本恶，不仅批判了孟子的性善论，还对恶作了系统探究。关于善与恶的问题，恩格斯在《反杜林论》中也说，"完全是在道德领域中，也就是在属于人类历史的领域中运动"[2]，"善恶观念从一个民族到另一个民族、从一个时代到另一个时代变更得这样厉害，以致它们常常是互相直接矛盾的"[3]。显然，善与恶问题是人类社会的一种文化现象，但同时善与恶确实存在着，而且善也是人类社会尤其是道德的核心价值取向，这样的道德也是善的德。

由此，道德的制定也存在一个科学问题，即道德的制定能够实事求是地依靠当时社会发展情况，鉴别普通民众觉悟及可接受程度。具体说来：一是，有正确理念指导，诸如人性、人权、公平、公正等；二是，制定规范过程除了专家、政府部门的参与外，还应有广泛的民众参与；三是，道德体系也应该是完备的，是周而不

[1] 李秋零. 康德著作全集（第6卷）：纯然理性界限内的宗教道德形而上学［M］. 北京：中国人民大学出版社，2007：19.
[2] 中共中央马克思恩格斯列宁斯大林著作编译局. 马克思恩格斯选集（第3卷）［M］. 北京：人民出版社，2012：469.
[3] 恩格斯. 反杜林论［M］. 吴亮平，译. 北京：生活·读书·新知三联书店，1980：132.

密的，语言上也应是鲜活的、接地气的；四是道德实施上应注重因才而教、因人而教，注重潜移默化。

三、善德是公平正义人性体现

立法执法应要公平公正，而道德的制定、施行也应坚守公平公正。公正不仅是社会治理的价值目标，也是个人修养的重要目标。对于公正的重要性，《荀子》强调："故上者下之本也……上公正则下易直矣。"明代吕坤在《呻吟语·应务》中主张："以至公无私之心，行正大光明之事。"对于公正的保障问题，法家则主张将公正思想渗透到法律实施中，如《韩非子·有度》曰："法不阿贵，绳不挠曲。法之所加，智者弗能辞，勇者弗敢争。刑过不避大臣，赏善不遗匹夫。"《吕氏春秋·下贤》记载："尧论其（即善卷）德行达智而弗若，故北面而问焉，词之谓至公，非至公其孰能礼贤？"尧认为自己的德行、智谋都不如善卷，自己应该像学生一样向善卷虚心求教，这就叫公正，否则谁又会礼遇贤者呢？善卷所生活的时代，"大道之行也，天下为公"(《礼记》)，在那样一个早期人类社会，天下为公就是一个公平公正的社会。当然，这是一个原始的公平公正的社会。在那样一个社会中，善卷作为道德模范，不仅是善德的化身，而且也是公平公正的典范。善卷努力以天下为公，秉德无私，公而忘私。善卷这种善德善行、公正无私之心也感动了尧。应该说，他开启了那个时代的崇尚善德之风。

制度的公正保障社会正常运行、人类可持续发展，而如果一个社会不能够有效调节社会上的各种利益关系，不能够有效调适人的欲望，导致物欲横流，所谓"利之所在，无所不趋"(《初刻拍案惊奇》)，那么这个社会很难有效运转，也很难发展。而公正的制度即公正的法律制度与道德制度，其目的在于协调利益关系，避免社会利益之争的激化，使各个社会阶层共赢共荣，共享社会发展进步的成果。从道德层面看，公正制度引导并促进人的共同价值观念的形成，从而使个体自我自觉调节人与人、人与社会、人的自我理欲的关系，进而使整个社会和谐有序发展。公正的社会制度可以使每一个社会成员都能接受必需的教育，从而使个体自我获得道德调适能力。因此，亚当·斯密在谈到社会公正的作用时这样说："正义犹如支撑大厦的主要支柱，如果这根柱子松动的话，那么人类社会这个雄伟而巨大的建筑必然会在顷刻之间土崩瓦解。”[1] 他还进一步强调：“与其说仁慈是社会存在的基础，还不如说正义是这种基础。虽然没有仁慈之心，社会也可以存在于一种不很令人愉快的状态之中，但是不义行为的盛行却肯定会彻底毁掉它。”[2] 易见，道德是一种柔性规范制度，公平公正也是道德的要求。道德中的公正，即公平公正的价值观念，表现为在道德中融入伦理规范以确认和维护社会成员的伦理权利与道德义务；其衡量尺度在于行为或思想是否符合社会发展规律，是否满足社会多数成员的道德准则。当然，公正的法律制度与公正的柔性道德制度是相辅相成的，各有作用，而公正的道德会引导人自觉遵守规范。

总之，人性是人的道德起源，是生命体中最为稳定和普遍的存在，善德即是基于鲜活、具体的人，在具体的人性基础上对人的欲望、行为进行调适的道德准则。同时，善德或德善能够引导人在精神价值层面形成有意识、有良知的道德判断，促进人与人之间的合作、互助和利他等正向价值观和行为选择的形成。

[1] 斯密．道德情操论［M］．蒋自强，等，译．北京：商务印书馆，1997：106.
[2] 斯密．道德情操论［M］．蒋自强，等，译．北京：商务印书馆，1997：106.

第三节　道德之美

一、德之美在于“人是目的”

德真即道德真实地反映现实情况，是对人类社会、人的生活状况的基本反映。德善则是公平正义的柔性制度显现。而德美，即道德自身本就美，也即人性之美的外显，指的是道德体现着人性美的光辉。德美的重点在于“人是目的”，即人世间万事万物服务于人，以凸显人的独特性。对此，拉兹认为，“说以人应该被对待的方式来对待人，意味着有一种作为人应该被对待的方式，也表明人的某些内在属性使得他们应该以某种方式被对待”。[1] 拉兹还认为，人不仅有价值，而且还具有特殊价值——人是目的，具有终极性的内在价值，这是其他动物不具备的，人有着人之为人的特有属性、特有价值，即“它的重要性在于它是某种能够被评价的东西，是能够被实现的价值”。[2] 在拉兹看来，我们要尊重人，因为人是有价值的。同时，我们更应该尊重人本身。“在考虑尊重他人的义务的时候，尊重的对象是人，而不是他们的生命。”[3] “尊重他人涉及以某种方式思考他人、谈论他人、与之交谈，等等，而这些与他们生存的前景是没有关联的。这些方面都是有关尊重他人的，而不是尊重他人生命的。”[4] 同时，人是理性的存在，人本身的自在就是目的，而不是被使用的手段。康德在《道德形而上学基础》中指出，任何时候都要把自己和他人当作目的，而不是手段。每个理性存在的人作为目的本身具有不可替代的绝对价值，他不是作为手段依附在其他目的之上的条件性价值。人是物的价值的评价主体，因此人是条件性价值的创造者，人的生命与理性的价值是无条

[1] 拉兹 . 价值、尊重和依系［M］. 蔡蓁，译 . 北京：商务印书馆，2016：130.
[2] 拉兹 . 价值、尊重和依系［M］. 蔡蓁，译 . 北京：商务印书馆，2016：160.
[3] 拉兹 . 价值、尊重和依系［M］. 蔡蓁，译 . 北京：商务印书馆，2016：124.
[4] 拉兹 . 价值、尊重和依系［M］. 蔡蓁，译 . 北京：商务印书馆，2016：118.

件的，不依赖于任何授予价值的特殊环境。人的存在先验地赋予了理性行动的能力，他的生命包含的价值不可估算、不可限制。

另外拉兹还指出："价值的本质就意味着，一个东西只要是有价值的，它要么对有价值的某物或某人具有价值，要么本身就具有价值。"[1] 这就是说，他还从更广泛的角度论述人是目的，这并不意味着人能够为所欲为，而意味着人与自然界中的万物之间的关系中蕴含着道德问题，人与自然万物处在一个系统中，也共处一个价值链条。在这个链条上，"有条件的善的链条必须终止于某些无条件的善"[2]。拉兹还说："许多不是道德行动者的其他物种成员，极有可能也是目的自身，是自身就有价值的，而且还有一些其他的东西可能也是这样。"[3] 这就是人的道德之美，即不仅关注着人，而且还关注大自然万物。

二、德之美在于"以人为本"

"以人为本"，最早出现于春秋时期的《管子·霸言第二十三》："夫霸王之所始也，以人为本。本理则国固，本乱则国危。"这里的"以人为本"与今天的意义有差异，指的是以百姓民众为本，但也表现出了对人的关注。今天的"以人为本"即"在思考和解决一切问题时，都要把尊重人、解放人放在首位，要以人为目的"[4]。

中国古代社会的贤哲们关注着、探究着人，关注着人与动物的差异，所谓"人最为天下贵"（《荀子·王制》），尤其在道德理想人格上做出了许多建设性探究。孔子曾说，"三军可夺帅也，匹夫不可夺志也"（《论语·子罕》），即肯定每一个人都具有独立人格。孟子还提出"大丈夫"人格理想，所谓"富贵不能淫，贫贱不能移，威武不能屈"（《孟子·滕文公下》）。庄子则用神龟作比，以"吾将曳尾于涂中"（《庄子·秋水》）为由，拒绝楚威王请自己为官的邀请，并以回归自然的方式，保持自身独立人格。魏晋时期，以嵇康为代表的竹林七贤，追求独立人格，主张按照自身意愿实现自己的人生价值。李贽肯定人自然的性情，提倡人格独立，提出"童心"说，即不为外物所左右、所污染。汤显祖在作品《牡丹亭》中，倡导"为情而生、为情而死"，赞美人的独立人格，认为人对真情尤其是对爱情的向往与追求是任何

[1] 拉兹．价值、尊重和依系［M］．蔡蓁，译．北京：商务印书馆，2016：137.
[2] 拉兹．价值、尊重和依系［M］．蔡蓁，译．北京：商务印书馆，2016：138–139.
[3] 拉兹．价值、尊重和依系［M］．蔡蓁，译．北京：商务印书馆，2016：144.
[4] 张传齐．论"以人为本"及其与人本主义的关系 [J]. 学术界，2005（2）：29–37.

礼教都不可阻挡的。百科全书《红楼梦》描写人类万千种种，但是其中对于爱情、对于女性命运所做出的“千红一窟”“万艳同悲”的描述，都是对礼教的批判，其实质也是倡导人的幸福，主张追求人格独立。这些，对中国古代社会道德层面的人性之美做出了较深的探究，为现代社会“以人为本”的理念打下了基础。

同时，人有着独特的主体地位，中国社会思想家亦从道德层面指出在人与大自然的关系中，人是天地宇宙的核心。对此，北宋理学家张载认为只有人才能够“为天地立心，为生民立命，为往圣继绝学，为万世开太平”（《横渠语录》）。

现代社会“以人为本”的理念，就是要在道德制定、道德教育中秉持尊重人、关心人、理解人、鼓舞人的原则，始终明确在道德教育中要看到人，并且这个人是具体的、鲜活的有着个体差异性的人，而不是抽象的、一般的、泛泛的人，要以成熟而健康的心智追求完美的人生，以理性思维与情感灵动来润泽生命。“道德的真实存在以个体的认可和自觉的服膺为前提，那么，那种认为可以不关注人的内在心向和自主意志，道德可以单独存在的观点就是错误的。”[1] 因此，教育者应坚持平等的观点，关心、关爱每一位受教育者，了解其个性、尊严、需要、意愿，尊重每一位受教育者的个体差异，将每个教育对象视为个性化、生活化、多元化的个体，依据受教育者的道德实际情况与素养而有针对性地实施教育，同时突出教育者与被教育者的主体间性，注重培养受教育者自我教育、自我管理、自我约束的能力，同时，坚持“以人为本”的理念，即在道德教育中注重受教育者的个体生命状况，把关爱生命视为道德教育主线。道德教育内容应在启发与回溯受教育者生活经验的基础上，努力探究生命的意义，寻求人的生命价值。注重人文教化，让受教育者在人文精神的熏陶下，以理性思维与情感灵动来润泽生命，并以成熟而健康的心智追求完美人生。另外，要在“以人为本”思想理念的指导下，注重教育方式方法，即注重贴近人的身心发展规律、贴近人的生活方式。道德教育不只是道德规范的讲解，而且应侧重以灵活多样、针对性强的道德活动来实践。

近代以来，以康德为代表的哲学家们试图把普遍主义作为个体道德构建的不证自明的预设性前提。康德明确把是否具有普遍性作为道德的前提条件：“所以，定言命令只有一条，这就是：要只按照你同时认为也能成为普遍规律的准则去行动。”[2] 康德认为道德都是一样的，人性也普遍相同。基于此，道德普遍主义试图在

[1] 戚万学，唐汉卫．以人为本的道德和以学生为本的道德教育［J］．中国教育学刊，2003（1）：8.
[2] 康德．道德形而上学原理［M］．苗力田，译．上海：上海人民出版社，2002.

全世界推行同一种道德理论，将其作为不同民族和不同文化道德教育与个体道德构建的理论基础。麦金太尔则对这种普遍主义持有不同观点："任何形式的筹划都必定失败，因为在他们共有的道德规则与训诫的概念和他们的人性概念中共有的东西（尽管他们的人性概念也有较大的差别）之间，存在着一种根深蒂固的不一致。这两个概念都有各自的历史，并且它们之间的关系只有依照这种历史才可以理解。"[1] 麦金太尔看到普遍主义的弱项，意识到人类社会中不同历史时期、不同国家、不同民族存在着道德上的差异性。对此，正如麦金太尔所言，道德具有民族性和历史性。这主要是因为人是文化化的人，而道德是一种文化现象，是一种柔性规范制度，世界范围各民族、各地域文化呈现出一定的差异，即在价值观念、规则规范及风俗习惯上有着差异，同时，生活于不同文化环境中的个体自我会形成不同的文化心理结构，这种已经形成的或先在的文化心理结构决定着他接受什么样的道德观念。显然，康德所坚持的人性相同的观点，是在价值理念上以"人是目的""以人为本"为基础对道德的理解。

三、德之美在于凸显天人合一

德之美不仅在于肯定"人是目的"，不仅在于"以人为本"，还要凸显天人合一。

中国古代社会的贤哲们认为，人与天地同"道"同"德"，"德"贯通于天、地、人，这即是说人实现了"与天地合其德"（《周易》），并因此能"与天地参"，这种与天地齐高的道德追求、参与使人获得了生命的安顿，完成了人生的最高使命，成就了人生的最高尊严与价值，并给人以无限的力量。其实，人"与天地合其德"，是一种可能、一种潜在，而如果要实现"人与天地合其德"，人首先自己要有德。人要有"德"，就必须终生自觉地按天道行事，不断加强自我修养，同时，也只有坚持遵从天道并践行人道，才能实现"与天地合其德"，才能实现"与天地参"。

天人合一是我国古代贤哲明确提出的，它是中国古代社会的道德理论和个体道德构建的本体依据。天人合一不仅仅是哲学命题，更是一个道德命题，是中国古代哲学和中国传统文化之核心精神。道德是中国传统文化的核心，天人合一的思想也正是基于道德和为了道德而提出的："释氏语实际，乃知道者所谓诚也，天德也。其语到实际，则以人生为幻妄，以有为为疣赘，以世界为阴浊，遂厌而不有，

[1] 麦金太尔．追求美德：道德理论研究［M］．宋继杰，译．南京：译林出版社，2011.

遗而弗存;就使得之，乃诚而恶明者也。儒者则因明致诚，因诚致明，故天人合一，致学可以成圣，得天而未始遗人。”(《正蒙·乾称》) 这里，张载一方面肯定释家认为“诚”乃天道,另一方面又批评释家空言天道而脱离了人生,致使“以人生为幻妄”。而儒家克服了释家困境，立足于现实人生并追求天道之诚。对此，张载还指出，“天人异用，不足以言诚；天人异知，不足以尽明。”(《正蒙·诚明》) 如若任由这种思想发展，则“流遁失守，穷大则淫，推行则诐，致曲则邪，求之一卷之中，此弊数数有之”(《正蒙·乾称》)。这就是说，道德是天人合一的基础。在中国古代社会，贤哲把天看作是道德的根基与形上本体的根据。换句话说，只有依据天，道德才有力量，才能挺立。

当代社会特别崇尚科学，这对人类社会的进步与发展非常有益，但由崇尚科学走向科学主义可能具有极端性。如何看待中国古代社会道德层面的天人合一（关于此，后文还有详述）值得关注。其实，作为一种价值观念的道德，尤其是作用于人的心灵与意志的道德，其确立必须有形上本体依据，这已为众多学者所认可。如万俊人早在 2003 年就强调说：“我一直主张不能放弃道德形而上学……对伦理学来说，它是无论如何都必须保留的一块圣地，如果没有它，就不会有终极信仰。”[1] 近年来他又说：“道德伦理的定位应当是顶‘天’立‘地’。这里的‘天’是指宗教和社会信仰体系;这里的‘地’是指社会法规、法律和法治”。[2] 陈来从哲学层面指出：“对世界整体的把握是形而上学思考的需要，而价值观的确立也需要形而上学的基础”。[3] 杨泽波在分析古今中外一些道德理论后得出一个重要的结论：道德学说要保证自身成为可能，必须有一个形上的保证。[4] 道德是一种文化现象，一种柔性的规范制度，虽然我们也讲科学地立德，但是道德不等于科学，应该坚持从人文视野出发看待道德,这种人文视野体现在中国古代社会的“天人合一”哲学观念之中，彰显了人的道德之美。

---

[1] 彭定光，左高山．当代道德教育的困境与出路——访万俊人教授［J］．现代大学教育，2003（4）：3–7.
[2] 万俊人．我们时代的道德问题［J］．哲学评论，2020（2）：1–25.
[3] 陈来．仁学本体论［M］．北京：生活·读书·新知三联书店，2014.
[4] 杨泽波．天志明鬼的形上意义——从天志明鬼看道德学说中形上保证的重要作用［J］．哲学研究，2005（12）：47–51.

03

第三章 道德养成的内在机理：知、情、意、行

个体道德的养成有着内在机理与系统，由知、情、意、行构成：道德认知是基础，情感与意志在道德内化过程中发挥着重要作用，而炙热的道德情感与坚定的道德意志最终推动道德之知向道德之行转换。

第一节　道德认知

一、道德认知含义

道德的认知与认识同义，它是指人脑反映客观事物的特性与联系、揭露事物对人的意义与作用的心理活动。简单地说，道德认知以个人已有的知识结构来接纳新知识，新知识为旧知识结构所吸收。道德认知和一般的认知不同，是个体自我以道德理想为依托的价值取向，追求的是特殊的价值知识，其目的不是概括规律，而是指导行动。道德认知包括道德感知和道德印象的获得，包括道德概念及道德观的形成，包括道德信念的产生，也包括道德评价和道德判断能力的发展，还包括对道德行为的推测与判断等。道德认知是个体自我对社会道德现象、行为准则及其意义的综合认知过程，是指认知者、被认知者和道德情境等因素交互作用的复杂过程，是人们道德行为的基础。道德认知表现在两个层面：一是道德思维发展的水平；二是道德观念变化的程度。前者表现为道德认知的形式，如道德认知、道德判断和道德评价。当然，个体自我的思维能力也会影响道德认知水平。后者则主要表现为道德认知的内容，体现在包括道德是非观念在内的各种道德范畴的观念上，道德观念的变化正是对道德基本范畴，如善恶、良心、公正、幸福等认知的变化。

道德认知是在社会和教育的影响下，通过个体自我的道德实践逐步形成和发展起来的。在个体自我道德认知过程中，个体能将理智和情感结合起来，按照一定的道德原则和规范去行动，不但知道应该如何做，而且还知道为什么要这样做，从而体现了人的主体性、主动性及自觉性。具体而言，个体自我对道德现象有所感知并形成道德图式，即对道德现象有初步的“生动的直观”，意味着个体自我与道德现象间有着一种直接的感性关系。但这还不够，因为还没有从本质上把握道德现象，还需要个体自我进行修养与提升，即将自我初步的道德经验、看到的道德现象进一步提升为道德概念、观念及信念，形成更深更系统的道德图式。由此，道德认知即个体自我在道德实践活动中运用已形成的道德价值体系去评价道德现象与培育新的价值观念。道德认知过程即是道德观念、道德概念、道德归因、道德评价、道德信念形成发展的过程，是对社会道德现象与道德知识进行感知、记忆、思考的过程。道德认知是对道德对象的观念性把握活动，在这一过程中，道德认知一方面将道德对象内在化；另一方面将对象道德化。即通过善、恶、应当、不应当等范畴，对对象进行鉴别、评价、选择，并将对象纳入自己的价值体系之中。道德认知在道德心理结构中是一个关键性的因素，它是道德情感和道德行为的基础。

二、道德认知图式

图式由英文“schema”而来，意思为“图解、略要”，也被译作“格局”。第一位在心理学领域使用“图式”这个概念的是心理学家巴特利特（Erederic Charles Bartlett），他认为，图式是“过去反应或过去经验的一种积极组织”。心理学家考夫卡（Kurt Koffka）也指出：“假使有一种经验的现象，他的每一成分都牵连到其他成分；而且每一成分之所以有其特性，即因为它和其他部分具有关系，这种现象便称为格式塔。”[1] 易见，图式是一种认知范畴，是个体自我的先存心理结构。20世纪70年代后，以鲁墨哈特和明斯基为代表的现代图式理论还提出，图式是一种知识结构，这些知识是相互联系的、相互作用的。更重要的是，图式以存储一般概念为基础，而这些概念可以是以前的认知或体验，并且可以指导以后的认知。

在西方哲学史上，关于人的认知，哲学家各执己见。洛克提出“白板说”，认为人的心灵原本是一块“白板”。康德以“认识如何可能”为重点，对认识图式开

[1] 高觉敷. 西方近代心理学史［M］.2版. 北京：人民教育出版社，2001：324.

展研究。康德还提出，人的理性是认识论的中心，而人的理性是以先验范畴的形式展开的。皮亚杰则注重儿童心理学研究，他通过大量实验，提出人的认知是个体自我与外界交互作用的结果，从而使认知图式增加了可信度。皮亚杰还认为:“没有一个图式具有明显的开端，它总是通过连续的分化从一系列先行图式中产生的，而那些图式的起源可以追溯到反射或自发的本能活动。”[1] 在此基础上,库恩的“范式”引发了科学哲学的一场重大革命。显然，库恩提出的范式是康德先验论与皮亚杰认知图式的逻辑推演，但重要的是，库恩的范式关注到人的情感、意志等非理性因素，而弗洛伊德的无意识理论则拓展了人类的认知空间，即在认知图式中应该考虑人的无意识。由此，认知图式、范式以及无意识研究便为道德认知图式研究提供了基础理论与方法。

综上，道德认知图式是一种以存储一般概念为基础，代表着关于特定道德概念的成体系的认知结构。换言之，个体自我从社会文化环境与生活实践中获得知识经验，并形成一般的成体系的道德概念存储于头脑中，而存储于个体自我头脑中的各种道德概念是相互联系的，形成了具有一定心理结构的网络，这个道德心理网络结构就是道德认知图式。所有的道德意识、道德心理要素综合而成的稳定的结构及功能，直接影响着个体自我的道德认知、道德情感及道德意志等道德心理过程的各个方面，对个体自我的道德心理倾向，尤其是个体自我的道德养成，有着引导与制约的作用。在个体自我道德养成中，个体总会以已有的认知图式为参照，对新认知的社会道德规范进行解释、评价、择取并践履。道德认知图式有别于一般图式的地方主要在于，道德认知图式是在个体自我道德养成过程中生成的一种心理结构，从某种意义上看，这也叫道德思维定式。其实，道德认知图式也是一种价值关系的图式，即是指定客体属性与满足主体需要的效益关系，而主体的需要与客体的属性相结合，也就构成了道德认知图式不同于一般图式的另一个鲜明特点。

显然，道德认知图式是个体自我道德养成中的一种心理现象与过程，不是先天的，而是后天形成的对社会道德规范的认知，最终会呈现为一种较稳定的思维定式或精神状态。精神状态由意识和无意识构成，个体意识层面又包含认知、情感、意志因素。这样，道德认知图式亦包含三个相互渗透、相互联系又相互区别的子系统：一是无意识，在这里无意识与潜意识是相通的，在弗洛伊德看来，潜意识是

[1]J. 皮亚杰 . 生物学与认识［M］. 上海：生活·读书·新知三联书店，1989：9.

精神活动的最基本过程，对人的行为和思想起着关键的作用；二是个体意识，个体意识由认知、情感、意志构成；三是社会规范意识，社会规范意识包含着这个社会的价值观念。道德规范为个体自我道德认知、养成提供了择取标准。

三、道德认知功能

道德认知图式的结构一旦确定，其功能就开始显现。作为心理背景，道德认知图式在道德养成中的功能体现为以下三个方面。一是过滤功能，在道德养成过程中，道德主体总是依据自己的道德认知图式对外来道德信息进行选择和过滤。道德认知图式是一种先在于个体自我的心理结构，影响着个体自我对外界信息的择取，相当于一种特殊的过滤器。在道德选择活动中，如果外部信息与个体自我的道德认知图式一致，此信息就能通过这一过滤器，并触发个体自我的道德情感反应；如果外部信息与个体自我的道德图式相左，道德主体的道德认知图式就会对其呈现出高阻抗性，使其无法直接通过过滤器。在道德认知图式中，个体自我过滤功能的实现，主要依靠个体自我的内心价值尺度与法则，而这些尺度与法则是个体自我长期积累与认可的关于一个社会的基本道德原则与价值观念。依此标准，个体对外界有关道德元素与观念等予以衡量，将符合自己标准的予以接纳，不符合自己标准的予以拒斥。二是解释和评价功能，在道德认知过程中，个体自我总是依据已有内在价值准则去评判自己和他人的道德行为，去推断他人行为。个体自我总是从特定视角去解读社会上的一些道德现象，并对这些道德现象、信息做出整理、理解与评判。由此，尽管个体自我有差异，但如果有相同的或相近的道德认知图式，那他们就会对同一现象作出相同或相近的解释。相反，哪怕处于同一社会环境中，如果个体的道德认知图式不同，那么他们对外在道德现象的解释与评价也会有不同结果与判断。三是定向功能，即个体自我在道德养成中，自我总是依据内在道德认知图式来确定外在行为方向。换句话说，个体自我行为即是内在道德认知图式的外化。由此，道德认知图式具有双重品格，它既是心理模型，又是行为模型。

显然，在个体自我的道德养成中，已有的道德认知图式也会形成道德思维。这就是说，道德认知图式一旦形成，往往具有一定的稳定性，显示出较强的维持作用，而这也会导致个体自我在认知新的道德原则、规范以及面对新的价值观念时，可能会与固有的道德图式相冲突。当接受与道德认知图式相联系的新信息时，他们更倾向于选择那些与已有图式一致的信息，而忽视那些与已有图式不一致的信息。同时，个体自我在接受新的道德信息元素过程中，有时这些后填进去的信息不准确，因此，根据这些信息做出的关于个人、社会等的推论和解释也可能不准确。

另外，个体自我的道德认知是动态的而不是静态的，在面对新的道德原则、规范及价值观念时，个体自我显现出积极主动的态度，总是在原有道德心理框架上对新的道德信息进行判断、调整、接受，这就是个体自我对道德信息整理、接受和理解的过程，也是新旧图式之间的沟通和整合的过程。这个过程也可称为同化。生物学中的同化指的是有机体在摄取食物之后，经过消化和吸收把食物变成自身的一部分的过程。心理学中的同化指“把给定的东西整合到一个早先就存在的结构之中，或者甚至是按照基本格局形成一个新结构”。[1] 而在个体自我道德认知图式中，也存在着类似的同化过程，也就是个体自我依据已有图式去吸收信息的过程，在这个过程中，个体以已有的图式去丰富系统，因此个体自我在同化新的道德规范、道德信息时会呈现出更强的积极性、主动性，不断突破原有的局限性，从而构建一个更为合理的道德图式，最终助推个体道德养成。

[1] 皮亚杰 . 发生认识论原理［M］. 王宪钿，等，译 . 北京：商务印书馆，1981：25–26.

第二节 道德的情感与意志

个体自我的认知过程，显然不是单一、单层面的，而是一个个体与社会文化环境互动的过程，也是一个个体自我道德认知、认可、认同的过程。个体自我认知过程其实是一个非常复杂的心理过程，或者更准确地说是一个知、情、意综合的道德心理过程。尤其是其中的道德情感与道德意志，更是密不可分。道德认知中首先需要有情感，如没有个体自我的情感融入，就很难有道德认知。中国古代社会，原始儒家讲“道始于情”，讲“天地之大德曰生”“把世界情感化了”[1]，这凸显了中国传统文化尤其是道德文化“重情”的特点。在此基础上，李泽厚先生提出“情本体”的命题。“所谓‘情本体’也就是反对以心、性、天、理的同质化、标准化、抽象化的道德或理念或神为本体，而强调以现实的、人生的、多元的人的情感为根本、为依归、为最后。”[2] 当然，后者是建立在前者基础之上的，“正是承续着儒家的根本精神”[3]，即儒家对“情感”的强调和推崇。当然，道德认知过程不仅有情感，也有个体自我的道德意志。

一、因情而爱而责

1.道始于情

孔子曾说“发乎情，止乎礼”（《论语》）；《礼记·礼运》说“故礼仪也者，人之大端也……所以达天道、顺人情之大窦也”；郭店竹简《性自命出》中也提出“树（道）司（始）于青（情），青（情）生于眚（性），司（始）者近青（情），终者近义”。易见，中国传统道德教育或礼乐教化都重视人之“情”。

[1] 李泽厚．李泽厚近年答问录［M］．天津：天津社会科学出版社，2006：47.
[2] 李泽厚．李泽厚近年答问录［M］．天津：天津社会科学出版社，2006：297.
[3] 李泽厚．李泽厚近年答问录［M］．天津：天津社会科学出版社，2006：298.

在郭店竹简中,“乐教”则以“情”作为礼乐教化的根据:“乐,豊(礼)之深泽也。凡圣(声),其出于情也信,状(然)句(后)其内(入)拔人之心也铍(厚)。里(理)其青(情)而出内(入)之,肤(然)句(后)复以竽(教)。(教),所以生悳[德]于审(中)者也。豊(礼)复(作)于青(情)。豊(礼)因人之情而为之。豊(礼)生于情。”而理解郭店竹简乐教思想中“情”说的重要关键为:“衍(道)司(始)于青(情),青(情)生于眚(性)。司(始)者近青(情),终者近义。凡至乐必悲,哭亦悲,皆至其情也。青(情)出于眚(性)。”[1]这里即肯定了人是有情感的,情感可以表现为或爱或恨或悲或喜,而在个体自我道德认知中也总会有这些情感,这些情感乃是人性真实的外显。所谓“情生于性”,至于《性自命出》中“道司(始)于青(情),青(情)生于眚(性)。司(始)者近青(情),终者近义。”所谓“衍(道)司(始)于青(“情”)”。即强调礼乐教化建立在人之“情”上。而下文又谓“司(始)者近青(情),终者近义”(《性自命出》),饶宗颐先生在《从郭店竹简谈古代乐教》一文中以儒家乐教的理念为主,再参酌《五行》篇而论:“君子之为善也,又(有)与司(始),又(有)与冬(终)也。君子之为悳[德]也,有与始,无与终也。金圣(声),而玉晨(振)之,又(有)悳[德]者也。金圣(声),善也;玉音,圣也。善,人道也;悳[德],而(天)道也。唯又(有)恚[德]者,肤(然)句(后)能金圣(声)而玉晨(振)之。”饶先生从“始”“终”两字着眼,发现《五行》篇也有金声而玉振,始终条理之说,而这个说法亦见于《孟子·万章下》“金声而玉振,始终条理”之文。饶先生从《五行》篇整理出“善为人道,德为天道。人道之善有与始,有与终;而天道之德则有与始而无与终,由有而反乎无”的线索。又点示出唯“有德者”能体现“人道”通达“天道”的意义。如此一来,“司(始)者近青(情),终者近义”将可阐释为“情”是人道的起点。而丁原植先生在《楚简儒家性情说研究》一书中则提出:“简文称‘始者近情’,是说人道的完成,在于人文制度的确立,必须以人义的价值为归趋。因此,唯有‘深知人存之实情者’,能开启人道建构的肇始,唯有‘深知人义之价值者’,能包容人道建制的完成。”[2]由此可见,人是有情的,人非草木孰能无情,人情是人性的外显。这样,社会的道德、中国古代社会礼乐制度的建构应以人情为基础,同时,更重要的是,道德教育、个体自我道德认知与自我德性养成均离不开人之情。

---

[1] 李天虹. 郭店竹简《性自命出》研究[M]. 武汉:湖北教育出版社,2003:179-194.
[2] 丁原植. 楚简儒家性情说研究[M]. 台北:万卷楼图书公司,2002:53.

2.人情共通性

孟子提出性本善，并把它作为“仁”的心性根据，肯定“仁”是由人的“不忍人之心”发展而来的。他认为：“人皆有不忍人之心。先王有不忍人之心，斯有不忍人之政矣。以不忍人之心，行不忍人之政，治天下可运之掌上。所以谓人皆有不忍人之心者，今人乍见孺子将入于井，皆有怵惕恻隐之心。非所以内交于孺子之父母也，非所以要誉于乡党朋友也，非恶其声而然也。由是观之，无恻隐之心，非人也；无羞恶之心，非人也；无辞让之心，非人也；无是非之心；非人也……有是四端而自谓不能者，自贼者也；谓其君不能者，贼其君者也。凡有四端于我者，知皆扩而充之矣，若火之始然，泉之始达。苟能充之，足以保四海；苟不充之，不足以事父母。”（《孟子·公孙丑上》）他还认为：“人之所不学而能者，其良能也；所不虑而知者，其良知也。孩提之童，无不知爱其亲也：及其长也，无不知敏其兄也。亲亲，仁也；敬长，义也；无他，达之天下也。”（《孟子·尽心上》）这是说，每个人天生地具有对人、对物的怜悯同情之心（或“不忍人之心”），而“仁”也正是导源于这种人的天生的、固有的“不忍人之心”。

《孟子·公孙丑上》中说：“人皆有不忍人之心。”“恻隐之心，仁之端也。”这里的不忍之心、恻隐之心都是一种同情心，是每一个人都有的，它应是个体自我生命中先天就有的，它与外界对象有关系，但不是外界对象激发的结果。对此，法国哲学家罗兰·巴特就曾体验到这种无关的真实，他说：“就在我‘真诚地’为对方的不幸而痛苦时，我发现这不幸的发生与我无关，而且，对方由于自己的不幸而痛苦时，他／她也就抛弃了我；他／她并非因为我而痛苦，那就是说，我对他／她来讲无足轻重；他／她的痛苦造就出与我无关的对方，从这个意义上说，这个痛苦也就把我一笔勾销了。”[1]这难道不荒谬么？同情走向了同情的反面——麻木不仁。朱子便看到了这个症结，一方面，他承继了孟子的“不忍之心”，认为“仁便藏在恻隐之心里面”[2]；另一方面，他力主仁者须根除私心，他说：“才有私意，便间断了。所以要‘克己复礼’，便是要克尽私意。盖仁者洞然只是这一个人心。如一碗清水，才入些泥，有清处，有浊处。”[3]王夫之也看到了个中真意，他说：“仁之用在爱民，而其体在无私。”[4]由此可见，仁者也好，仁心也好，人的同情心关键

[1] 罗兰·巴特 . 恋人絮语·一个解构主义的文本［M］. 汪耀进，武佩荣，译 . 上海：上海人民出版社，1988：57–58.
[2] 黎靖德 . 朱子语类（第 3 卷）［M］. 杨绳其，周娴君，校点 . 长沙：岳麓书社，1997：1706.
[3] 黎靖德 . 朱子语类（第 3 卷）［M］. 杨绳其，周娴君，校点 . 长沙：岳麓书社，1997：577.
[4] 王夫之 . 读四书大全说（尽心下篇）［M］. 济南：山东友谊书社，1994：1421.

在无私，无私才能无我，无我才能情动于衷，发乎其外。

同时，同情心是推己及人的结果。推己及人就是设身处地地理解他人的处境，将心比心，把自己的心和他人的心接通，抱着人同此心、情同此理的态度，喜他人之所喜，忧他人之所忧。扶弱济困、乐善好施、解人急难，都是富有同情心的表现;而幸灾乐祸、嫉贤妒能、见难不帮，甚至落井下石，则都是没有同情心的表现。同情心与良心一样，都是人自身发展的产物，正如孟子所说："无恻隐之心，非人也。"（《孟子·公孙丑上》）人最初能体悟到与自己命运相关的，只是血亲，同情也就仅仅局限于这一狭小的范围。随着社会化的进程、视野的开阔和彼此交往的增多，同情的范围从血亲扩大到他人，于是就有了孟子所说的"老吾老，以及人之老；幼吾幼，以及人之幼"(《孟子·梁惠王上》)，以及古代君子"成人之美，不成人之恶"(《论语·颜渊》）的美德。可以看出，人的同情心的不断扩展与个体自我道德认知有关，与道德情感意志有关，也与个体自我德性修养或者说道德养成有关。

对此，也有学者提出同类意识，即人认识到自己作为人这个群体中的一员而存在，认识到他人是我的同类。同类意识表现为对同类中其他个体的同情、关心和爱护，如乍见孺子将入于井时的怵惕恻隐之心。"受同类意识支配的人，就能以自己的好恶趋舍本能地推想他人的好恶趋舍；自己喜好的事物，也希望别人同有；自己的东西，也不希望加之于人" [1]，这是以同类具有相似性为前提的。"故凡同类者举相似也，何独至于人而疑之" [2]，也是以同类的相似性为前提的。同类意识不仅是同情同类中的其他个体，而且意味着对与自己相关的不同类表示一种亲和与尊重，具有一种生命共同体的整体意识。人的意识是由近及远、由小到大的扩展和升华的过程，即"亲亲而仁民，仁民而爱物"，也即《中庸》中的"唯一至诚，唯能尽其性，能尽其性，则能尽人之性，能尽人之性，则能尽物之性"。

还有，从人伦层面看人情共通性，"人同此心，心同此理"，一个"同"字便先验地设定了"推"的理据，但它又不仅仅是先验的。孟子提出见孺子入井时人人皆有"恻隐怵惕之心"，此心便是推己及人的基础。除了这种人性层面上的"同"，人伦层面上的"同"就更为具体了。人人皆生于五伦关系之中，五伦关系又以家人关系最为基础，人或可无朋友，或可无兄弟，但必然有父母，于是"孝"便是人情之始，亦是学习人之为人的基础。以孝为例，一方面，孝要合乎不同年龄段

[1] 杨清荣. 孟轲性善论：一个自律伦理学体系［J］. 江汉论坛，2001（10）：51–53.
[2] 阮元. 十三经注疏·孟子·告子［M］. 上海：中华书局，1980.

的存在法则。如，赡养老人不同于抚育儿童，必须根据年长者的生理规律，做出适当调整。“五十始衰，六十非肉不饱，七十非帛不暖，八十非人不暖，九十虽得人不暖矣”(《礼记·内则》)，即反映出年长者特定的存在法则。另一方面，孝还要合乎礼仪规范。对于如何孝敬父母，如何与父母相处，父母去世后如何祭拜……儒家均有一整套具体规定，正所谓“生，事之以礼;死，葬之以礼，祭之以礼”(《论语·为政》)。除了合“理”外，孝的关键还需有“情”，即仅仅遵照存在法则和礼仪规范是不够的，只停留于“养”的层面是不够的，关键还需要对父母怀有真挚的道德情感，即“敬”。“今之孝者，是谓能养。至于犬马，皆能有养；不敬，何以别乎。”(《论语·为政》)这是说子女对父母只停留于养是不够的，对此，孔子慨叹“色难”。孔子与宰我关于“三年之丧”的讨论：守丧三年，如果只从时间上看，守三年是不够的，一定要发自内心真情。也就是“居处不安”。“人而不仁，如礼何？人而不仁，如乐何？”(《论语·八佾》)

事实上，古今人类有共通之情，即在人类社会发展演变过程中，尤其是人类社会进入文明文化时期，尽管有时代朝代更替，但人类基本的社会关系，如父子、夫妻、兄弟、朋友等关系，是长存甚至是永存的。同时，人永远有着相同或相似的需求、渴望及困惑。因此，人类社会中一直存在相同或相似的社会结构、社会关系与人际关系，也有面对与处理这些关系的经验。精神分析学是直到20世纪才开始发展的一门新兴学科，其许多论点得于古代的诗人和哲学家，他们也都具备古生物学和人类学的丰富知识。精神分析学家们为了探究原始民族与现代西方人心灵内涵的异同，曾访问许多原始民族，并与他们在一起生活，而这些知识恰好丰富了原始民族人的心灵，也使古老的智慧和启示在现代人的心灵中复活。正如阿德勒所说，在我们的心灵世界里，古代的预言家和哲学家与现代最有领悟力的作家一样，都是同时代的人。这里，可用大诗人谢灵运的两句诗做楔子：谁谓古今殊，异代可同调。

3.道德情感

道德情感不仅是个体自我知行转化的动力，也是个体自我道德养成的内在保证。情感（feeling）这个词，包括一个“感”字，有“感觉”“感受”之意，还包括一个“情”字。俄语、法语、英语中关于“情感”的阐释也有同“感觉”“感受”相联系的“感”字。同时,又包括与“同情”“体验”相联系的“情”字。因此,“情感”即是反映感情性方面的“觉知”，它集中表达了感情的体验和感受。所谓情感，是“具有稳定而深刻社会含义的感情性反映”，是“对事物的社会意义的体验”。

人类不仅有情感，也有情绪。情感与情绪是紧密联系的，都是个体自我特有、特定的主观体验与外显表情，但情绪具有较大的情景性、激动性和短暂性，而情感具有相对的稳定性和深刻性。情感和情绪的本质区别在于：情感具有社会性，而情绪是一种生理 / 心理反应。一般而言，情绪又可分为心境、激情和热情三种形式。心境是一种情绪体验，在一定时期内（有时在很长一段时间内）这种自我感觉影响着人的行为、意图和体验；激情是一种迅速爆发而又短暂强烈的情绪体验；热情是一种稳定而深厚的情绪体验。就情绪是一种体验而言，这一点与情感相同，因为体验也是情感发展的必不可少的因素，但情感绝不止于体验。体验仅是稳定情感的存在过程中多次发生的一种状态。情感是基于这种生理反应基础上而产生的一种非理性的精神状态，例如集体感、荣誉感、责任感、羞耻感、求知欲等，这些都是人们在社会生活条件下所形成的社会情感。

由此，道德情感也可以称为道德情绪，而道德情感既有积极正面的情绪，也有消极负面的情绪如羞耻感等。无论是积极或消极的情绪反应，都是由个体自我的道德或不道德行为而引发的。之所以这样，是因为道德情感本身包含着情感与道德认知因素，而这种道德上的情感与认知是紧密相连、密不可分的，当一定的道德环境或道德境遇刺激个体自我的情感时，往往伴随着个体自我的道德认知被感情所“充予”，而成为“感情充予”的认知。扎恩斯在 1980 年提出情感发生在认知之前的论断，认为情感编码比认知更加迅速有效，相似的境遇可以使个体将以往的道德认知提取出来，从而成为道德行为的动机。个体自我有了道德认知后不一定会有相应的道德行为，因此道德情感的参与很重要。道德认知中的个体自我可以明辨善与恶，也可以知道如何进行善恶价值判断，而个体自我的道德情感将善恶的认知转化为内在的心灵感受，使之表现为积极或消极的情绪体验，换句话说，就是个体自我表现出善或恶。总之，道德情感使个体自我的道德认知处于激活状态。这就是说，个体自我道德认知中的价值观念、规则规范如果没有被个体自我的心灵所感受、被情感所认同，那么其将会是一纸空文。换句话说，当外在道德规范与规则体系真正成了个体自我的内心认识，尤其是成为个体自我情感上的偏好，才能使个体自我道德认知转化为道德行为，使个体自我的认知处于激活状态，一定程度上保证了其道德认知和道德行为的统一。

关于情感与道德信念的形成，一般而言，情绪体验的性质和强度会对道德信念的形成产生重要的作用。苏联心理学家克鲁捷茨基指出："行为的重要动机是信念，信念与理想有密切的联系。信念是关于自然界和社会的某些原理、见解、意见、知识，人不怀疑它们的真理性，认为它们有无可争辩的确凿性，力图在生活中以它们为指针。信念的情绪方面是同对它们的深刻的感受联系着的。信念不只是容易明白的、可理解的，而且还是深刻地感受到的、体验到的。"[1]这就是说，个体自我的情绪对自我的道德信念形成有着重要的影响，积极的道德情感是个体自我由知到行并形成坚定的道德信念的必要条件。如果道德价值观念、原则规范在道德实践中使个体自我产生愉悦的、满足的情绪体验，这些相应的观念、规则规范就容易形成坚定的道德信念；相反，如果个体自我相应的道德观念、规则规范在道德实践中使个体自我产生消极的情绪体验，他的良好道德行为没有得到积极评价，那这样的消极情绪体验则不利于德行的实施，也不利于良好道德信念的形成。同时，个体自我的情绪体验强度影响着德行与道德信念的强化，情绪体验强度是个体自我融入道德观念、德行及道德信念程度的标识。此即是说，在道德实践中，如果个体自我对道德观念、规则规范体系的情绪体验较弱，那么个体就不能意识到规则规范的意义，就不可能对之有认同感，也不可能形成坚定的道德信念。

就情感而言，一般可分为知悟性情感、思维性情感和审美感，其中知悟性情感是就某种情境的感悟和知觉而言，其特点是不需要思考，也不需要中介的刺激，就能直接达到某种非理性精神状态，这也是个体自我内心世界非理性的精神体验。而思维性情感是人们在社会生活中理性意识的情感体验，如道德感，孟子的"孺子将入于井，皆有怵惕恻隐之心"（《孟子·公孙丑章句上》）以及"路见不平，拔刀相助"[2]都属于理性思维道德情感，这即是在救人的一瞬间，没有过思考与选择，而只是凭借着道德感做出选择。至于人的审美感不做过多论述。总之，道德情感是基于一定的道德认知，对于自身道德需要是否得到满足的一种情绪体验，道德情感与道德认知有着密切的联系，在情感的过程中就包含着认知因素。人的大脑内部结构和机理也证明了人的认知因素与非认知因素的统一。只有被认识到，道德现象才能从情感上得到个体自我的关注。更重要的是，个体自我的认知能力决定着情感的深度，对同一道德现象的不同认识会导致情感体验的不同。另外，不

[1] 克鲁捷茨基.B.A.心理学［M］.北京：人民教育出版社，1984：71–72.
[2] 杨显之.酷寒亭［M］.北京：中华书局，1912–1949：4.

同于心理学上将道德情感等同于情绪体验，在道德哲学视阈中，道德情感常被视为具有稳定人格特质的高级情感。理性主义道德哲学家如斯宾诺莎，则将情感视为一种欲望，个体道德养成即理性对情感的战胜。情感主义道德哲学家如休谟，将情感视为道德行为的动力和评价中介，认为理性是情感的奴隶。亚当·斯密则以情感共鸣为核心，认为个体自我的道德行为评价是以激发或支配行为的情感得当为标准的，其关键在于这种情感得当与否是由公开的第三者设身处地想象而得来出的，重点是他们是否有情感上的共鸣。这里，亚当·斯密是在论述个体自我道德养成中情感与理性都起着作用。在情感共鸣基础上形成的道德或者说美德，诸如"仁慈""公正""谨慎"等，虽然来自情感，但要将情感控制在适当的程度。中国古代社会的道德就是通过对人的天性情感加以引导而形成的。中国古代社会自秦以来力倡的"美德即仁爱"便有着明显的情感色彩。儒家创始人孔子的核心观念"仁"正是凸显以血系为主的情感的道德意识。而孟子的"恻隐之心""羞恶之心""恭敬之心""是非之心"等四种情感构成道德的逻辑起点。在中国古代社会，在现实世界中，历代王朝的执政者大都力推"孝道"，还提出"以孝为本""以孝治国"的主张，即是把人们的血缘亲情提升为伦理情感，又把这种伦理情感进一步融入国家社会治理层面。由此，中国传统社会充满着伦理情谊，充满着人情味，这也是中国古代社会德治的重要内容，更是中国古代社会乃至中华民族独有的道德文化现象，值得后人思考与借鉴。

4.情为爱

道德层面的情感，尤其是个体道德养成层面的情感，总是伴随着情感体验，或爱或恨，而爱的情感体验是最好的，是一种正向的情感。人因情因爱而有道德，因道德而有责任。爱首先是人与人之间的美好伦理情谊。人世间许多纠结、困惑，都可以用爱来化解。随着文明的发展，人对社会的依赖性就强，那些想离开人群的人，也许就是更需要依赖他人的人，也更需要他人的关心与尊重。孔子曾说："四海之内皆兄弟也。"(《论语·颜渊》)那么人与人之间应该保持一种什么样的关系呢？孔子的回答是"泛爱众"，也就是广泛地爱，即博爱。博爱这种品德与天地相印，与日月同辉。《吕氏春秋》讲："天无私覆也，地无私载也，日月无私烛也，四时无私行也。"爱就是对他人施以友情与友善，人是无法对自己施以友情和友善的，他必须有一个可以施与的对象。英国哲学家休谟说："我们的爱或恨永远指向我们以外的某个存在者。当我们谈及自爱时，那不是就爱的本身而言。有了个对象，也就有了一种关系，爱就寓示着一种美好的人与人之间的关系，它连结着、沟通着人与人的思想和灵魂。”[1] 人就是这么特殊：“爱人者，人恒爱之；敬人者，人恒敬之。”（《孟子·离娄下》）“以贵凌物物不服，以威加人人不厌（心服）。”（宋文帝语）人类秉性如此，几千年来没有根本改变。印度哲人奥修说：“它（爱）是使人要与整体在一起的很深的驱动力。这种很深的驱动力融合我和你变成一个整体，爱就是因为我们与我们自身本源的分离，出自这种分离，要回归那个整体的渴望产生了，渴望与它融为一个整体。”[2] 奥修深刻地道出了爱在个体与群体中的奥秘，每个人身上都有一种东西会把自身与整体相分离，然而通过爱，我们可以不断地返回那个整体。其实，在人类历史长河中，一个对人类社会理解深湛的人，一个把自己的命运与人类的命运密切联系的人，往往是个大爱者，一个博爱者，他对人类爱之弥深，爱之愈广，他就愈能产生大智慧、大悲悯，以至于他所发出的声音就是全体人类共同的声音。同时，这些人更是践行爱的道德典范，他们悲天悯人、大爱无疆，像孔子、孟子、荀子、朱子等就是这样的人，虽然其观点不尽相同，方法也各异其趣，但他们都称得上人类的大爱者与大智者。

爱不仅是人与人之间的真情真意，也是人与万事万物之间的关系，换句话说，爱还表现于对大自然的关爱、对大自然的一种道德情感。爱不仅有对人的爱、对大自然的爱，还有对祖国之爱。爱国是千百年来固定下来的人们对自己祖国的一种最深厚的情感。对祖国的情感虽然不是人的一种自然情感，却是源于人的自然情感的。因为这片土地是自己的亲人以及自己的祖祖辈辈繁衍、生长和生活的地方，所以我们把它称为“祖国”，这一个“祖”字里包含着丰富的情感。儒家重视祭祀祖先，主要是为了表达对祖先的纪念并满足自己的宗族情感。于是，由对父母双亲的爱出发，通过纵向的血缘亲情关系，推向对已经故去的祖先的爱。由爱自己的亲人、爱自己已故的先人进而升华至爱自己赖以生存的故土，这就是爱国主义道德情感。爱国主义是中华民族最核心的价值取向与道德规范，是一种发自内心的对祖国大好河山、祖国人民和祖国优秀文化的眷恋之情、赤子之情。正是这样的道德情感，以及中国古代历史长河中那些群星璀璨的爱国主义典范所表现出的真挚而强烈的爱国主义情怀，激励了无数中华儿女。如伟大的爱国主义诗人屈原，

[1] 休谟．人性论［M］．关文运，译．北京：商务印书馆，1983：365.
[2] 奥修．生命、爱与欢笑［M］．陶稀，译．上海：上海三联书店，1995：56.

还有西汉时期被拘留于匈奴19年，忍受饮雪、吞毡、食野菜的艰苦生活，但始终心系祖国的苏武。也正是这种炽热的爱国之情，使得东汉才女蔡文姬能忍受骨肉分离的剧痛而毅然回到她魂牵梦绕的祖国。

二、匹夫不可夺志也

道德认知、道德情感在个体道德养成中起着重要作用。道德意志也有着重要意义，道德意志与道德情感密不可分。中国古代先哲们强调意志对于道德理性和道德人格完善即道德养成的意义，孔子重志，“三军可夺帅，匹夫不可夺志也”（《论语·子罕》）；孟子尚志，“志不强者，智不达：言不信者，行不果”（《孟子·公孙五上》）；墨子强志，认为“夫志，气之帅也；气，体之充也。夫志，志焉；气，次焉。故曰：‘持其志，无暴其气’”（《墨子·鲁问》）。

在古代汉语中，意、志、志意、意志在不同语境中的含义尽管不同，但大都蕴含着志气、志向、决心、意志等方面的要求。在英语中，表示意志的词有“will”“volition”“purpose”等。人们普遍用“will”来表示意志。如法国哲学家保罗·利科尔的《意志哲学》的英译本名为“The Philosophy of Will”。《现代汉语词典》将意志解释为：决定达到某种目的而产生的心理状态。《中国大百科全书·心理卷》对意志的解释为：人有意识、有目的、有计划地调节和支配自己行为的心理过程。因此，我们可以把意志看作人为了实现某种目的，自觉地克服种种困难，根据预定的目的任务来支配和调节自己的行为，进而实现目的任务的心理过程。关于意志，黑格尔认为：“意志的活动不是指向自身，以便把一个已给定的规定纳入自身并使其成为自己所有，而不如说要建立自己的规定，借扬弃外在世界的规定，给自身以外的现实形式中的实现。”[1]“理念的工作仅在于认识这世界是如此，反之，意志的努力则在于使得这个世界应如此。”[2]“人的意志表现了人在活动中所特有的自觉目的性与选择性，表现了人的价值定向判断。”[3]

意志在道德信念中的作用表现为在同化、顺应过程中对思维定式的调控。意志是根据目的对思维进行调节支配的心理过程。在接受信息过程中，意志的作用表现为对注意力的调控。每时每刻都有大量超过人所注意到的信息符号进入感觉

[1] 黑格尔．逻辑学（下）[M]．杨一之，译．北京：商务印书馆，1976：523.
[2] 黑格尔．小逻辑[M]．贺麟，译．北京：商务印书馆，1980：420.
[3] 冯契．哲学大辞典[M]．上海：上海辞书出版社，1992：1675.

器官，而为了达到接受的目的，个体就必须依靠意志来控制注意的指向，使全部注意力能指向和集中在与认知目的保持一致的方面。在接受过程中，个体由于意志薄弱会使注意偏离了认知客体。作为非理性因素的意志是指人在社会实践的基础上，自觉地确定目的，进而根据目的积极地激活和调节自己的力量与活动，以掌握一切对象、实现预定目的的精神力量，它是人对自己的需要、欲望、要求等的一种集中和凝聚。相对而言，意志是最高层次的非理性因素，是非理性因素中比较接近理性的因素。意志本身并不等于理性，而是在理性引导下的意识趋向。同时，在某种意义上，意志又兼有理性和非理性的双重特性。意志在道德判断中对情感的调控表现为：通过意志力，克服由情感强度不适所造成的情感遮蔽。在道德判断中，意志对注意的调控是以对情感的调控为中介的，注意的稳定性直接受到情感的作用。在道德判断中，注意偏离价值客体的主要原因就是个体的情感的左右。

道德意志是在道德认知、道德情感的基础上形成的，是一个由道德认知、道德情感，再到道德意志，进而再到道德行为的过程。道德意志本身即是诸种意识成分（如认识、情感）相互作用而形成的，且又与道德认知、道德情感密切联系、相互融入、相互影响。但是道德意志又高于道德认知，高于道德情感，它不满足于个体自我的反映与体验，也不停留于静观与沉思，而是个体自我依据道德意志实现，由道德认知、道德情感向道德行为的实现。这是一个个体自我从心理、思想确定到实际实现的心理过程，也是一个个体自我克服内在与外在各种困境、障碍，将道德动机转变为行为的过程。现代西方唯意志主义伦理学的代表人物叔本华、尼采等都认为道德意志是个体自我的本质力量，其不受主体道德经验影响，同时，他们还认为道德意志的形成与作用也不受外在环境影响。这可称为道德唯意志论，有夸大意志作用的倾向。同时，叔本华、尼采等强调意志与行动是紧密关联的，认为意志调节、支配行动，又通过行动表现出来。受意志支配的行动叫作意志行动。这里的意志与意志行动是有区别的，意志只是个体自我内隐的心理过程，而意志行动则是显露于外的，意志支配着意志行动，但意志必须通过意志行动表现出来。

意志是个体自我在道德认知基础上，伴随道德情感，由知向行转变的心理过程，或者说是个体自我道德行为动机从确定到执行的完整的心理过程。这个过程可有两个阶段：一是个体自我确定道德行为动机的心理过程阶段，可称为“采取道德决定”的阶段，具体说是道德行为目的与手段的思想确定的阶段，这个阶段重点要确定好正确的道德动机，克服不良的道德动机。二是执行道德行为动机的心理过程阶段，也可称为“执行道德决定”的阶段，具体就是指个体自我的道德行为目的与手段的思想付诸实践的阶段。在“执行”这个阶段中，个体自我会面临各种困境，从自我内在角度看，实现道德决定的过程与道路是艰难的、曲折的、漫长的，自我的不良习惯、疲劳以及惰性都有可能妨碍自我的道德决定的执行。而从个体外在环境看，个体所处的道德境遇是复杂的，也包括他人不友好的态度。可见，个体自我的道德意志通过对在道德情感基础上形成的道德动机的调控，通过在执行道德动机过程中对所遇的各种困境与障碍的排除与克服，达到行为与动机的统一。可以说，没有道德意志，仅有道德认知、道德情感，很难将动机付诸行为，也就难以实现知行合一。

三、人的内心世界道德抉择

在个体自我养成过程中，道德认知、情感、意志实际上是密不可分且共同起作用的。道德认知是对道德现实、道德规则等的基本认知；道德意志即在认知的基础上预选一定的目的；情感是个体自我的内心体验，并赋予意志以动力。有时情感也会影响意志的实现，这时，意志作为一种精神力量与心理状态，可以使个体自我去实现目的，实现意志行动。其实，在个体自我道德养成过程中，或者说在个体自我将道德认知转向道德行为的过程中，道德情感尤其是道德意志起着重要作用。这就是为什么任何个体自我在内心世界中总会有要做什么及为什么去做的思考，这个过程可称为自我内在动机斗争。在这个斗争过程中，好与坏、善与恶、是与非等种种因素，都会在人的头脑中发生尖锐的矛盾，形成复杂的冲突。在这一转化过程中，意志起到了驱动主体克服困难和障碍的作用。当个体自我内心世界善的动机、欲望战胜了恶的动机、欲望，或者说层次较高且价值较大的欲望与动机战胜较低较小的欲望与动机时，便能表明个体有坚强的道德意志，相反，则意味着个体的道德意志薄弱。《二程遗书》里曾形象地描述过在面临两难情境时个体内心产生道德动机冲突的情景：“有人胸中常若有两人焉，欲为善，如有恶以为之间；欲为不善，又若有羞恶之心者。本无二人，此正交战之验也。持其志，便气不能乱，此大可验。”二程主张，若两种道德动机相冲突，则需依靠道德意志使道德动机战胜不道德动机。这表明了道德意志在二程心目中的重要性。苏格拉底同样说明了道德意志的重要性，他认为人的灵魂里有一个较好的部分和一个较坏的部分："当一个人由于坏的教养或者和坏人交往而使其较好的同时也是较小的那个部分受到较坏的同时也是较大的那个部分统治时，他便要受到谴责而被称自己的奴隶和没有节制的人了。"[1]

在道德层面，在人的内心世界的知、情、意层面，人的内心世界充满各种冲突，也充满着各种抉择。在中国古代社会中，关于人欲问题或者说理与欲层面的论述是最有说服力的。中国传统道德构建的依据可以概括为"尚情重伦"。"尚情"就是根据人的情感欲望制定道德。情感欲望是中国传统道德构建的内在依据。人是情感的存在，情感欲望是人的生命的表达方式，不可除灭。因此，我们既要使道德顺应人的情感欲望，又要节制情感欲望，使情感欲望在合理的限度内得到实现。在对待人欲问题上，古代学者都主张以理导欲，以理克欲，如孟子的"寡欲"说，荀子的"导欲"说，老、庄的"无欲"说，以及《列子·杨朱篇》的"纵欲"说。针对当时贫富差距日益扩大的问题，董仲舒认为："大富则骄，大贫则忧，忧则为盗，骄则为暴，此众人之情也。圣者则于众人之情，见乱之所从生，故其制人道而差上下也，使富者足以示贵而不至于骄，贫者足以养生而不至于忧，以此为度而调均之，是以财不匮而上下相安，故易治也。今世弃其度制，而各从其欲，欲无所穷，而俗得自恣，其势无极，大人病不足于上，而小民羸瘠于下，则富者愈贪利而不肯为义，贫者日犯禁而不可得止，是世之所以难治也。"(《春秋繁露》)董仲舒强调对"富者"和"贫者"都要防欲,从而达到"富者足以示贵而不至于骄，贫者足以养生而不至于忧"的均衡状态，这样有利于社会治理。所以，他说："利者，盗之本也，妄者，乱之始也，夫受乱之始，动盗之本，而欲民之静，不可得也。故君子非礼而不言，非礼而不动；好色而无礼则流，饮食而无礼则争，流争则乱。故礼，体情而防乱者也，民之情不能制其欲，使之度礼。目视正色，耳听正声，口食正味，身行正道，非夺之情也，所以安其情也。"(《春秋繁露》)在这里，董仲舒同样强调抑制民众欲望。

理学创始者周敦颐说："孟子曰：'养心莫善于寡欲'……予谓养心不止于寡焉而存耳。盖寡焉以至于无，无则诚立明通。诚立，贤也；明通，圣也。"(《养心亭说》)理学家魏了翁作出解释："圣贤之论，言寡欲矣，未尝言无欲也。所谓欲仁、欲善、欲立、欲达，莫非即欲以求道。至于富贵，所欲也，有不可处；己所不欲，有不可施，

[1] 柏拉图．理想国［M］．郭斌和，张竹明，译．北京：商务印书馆，1986：150.

则又使人即其不欲以求诸非道。岁积月累，必至于从心所欲而不逾矩，然后为至。是理也曾子得之，明六欲之目；孟子传之，开六等之科。今而曰‘自寡欲以至无欲’，不其戾乎！曰：不然也，性不能无感，性之欲也，知诱物化，则为私欲矣。故圣人虽使人即欲以求道，而于季康子于由求于申枨，曷尝以其欲为可乎？近世胡仁仲推衍究极，其言曰：天理人欲，同体而异用，同行而异情。呜呼！学者又当以是求之，则养心之说备矣。”[1]魏了翁对理与欲的问题作了自我的解读。

对于天理和人欲，程颐在《近思录》中主张寡欲节欲以顺天理。第三条中有“顺理则裕，从欲惟危。造次克念，战兢自持。习与性成，圣贤同归”。意思是：顺应天理而为，则必得安裕；如若违乎天理而为，欲则易纵，纵欲则危矣。君子修身若能谨记此念，自持天理，久之而习与成性，便能复天理，回归人之自然本性，以至于成贤成圣。第四条中有“《复》之初九曰：‘不远复，无祇悔，元吉。’”，因此需要“损浮末而就本实，损人欲以复天理”。程颐主张应当灭人欲——无欲。在“克治”第七条中尹川《易传》曰：“夫人心正意诚，乃能极中正之道，而充实光辉。若心有所比，以义之不可而决之，虽行于外，不失其中正之义，可以无咎，然于中道未得为光大也。盖人心一有所欲，则离道矣。夫子于此示人之意深矣。”从中不难看出，虽然程颐承认人欲的存在，但认为人应当无欲，因为“人心一有所欲，则离道矣”，复礼将无从谈起。

理学家陈献章曾经这样来作人、禽之分：“人具七尺之躯，除了此心此理，便无可贵，浑是一包脓血，裹一大块骨头，饥能食，渴能饮，能着衣服，能行淫欲，贫贱而思富贵，富贵而贪权势，忿而争，忧而悲，穷则滥，乐则淫，凡百所为，一信血气，老死而后已，则命之曰禽兽可也。”[2]人要提升自己的人格，就必须尊尚理义，理义不仅是利他的，同时也是可以自娱的，“理义之悦我心，犹刍豢之悦我口”(《孟子·告子上》)，为了理义，人应该节制感性欲求。

张载对待人欲的观点主要集中在节欲和寡欲两个方面。首先，他提倡人欲应当适可而止，不偏不倚。“湛一，气之本；攻取，气之欲……知德者属厌而已，不以嗜欲累其心，不以小害大，末丧本焉尔。”知德之人对于人欲无贪，只求适度而已，不会由于嗜欲无度而劳累其纯一的心性，不以肉体之欲之小体而害心性纯一之大体，不以过度的欲求而丧失纯真的心性。张载还主张人要寡欲。“‘仁之难成久矣！

[1] 周敦颐. 周敦颐集 [M]. 长沙：岳麓书社，2007：251.
[2] 陈献章. 陈献章集 [M]. 北京：中华书局，1987：61.

人人失其所好。’盖人人有利欲之心，与学正相背驰。故学者要寡欲。”这是古代先哲们就人的内心世界中存在的道德冲突、道德抉择，以及如何处理人的道德养成中最根本的理与欲的问题所提出的各种方案。其实，不同时代或同一时代的不同个体对于理与欲都有着个体差异性，哲人们在总结人的内心世界中的道德冲突、理与欲时也给出了不同方案，且都有道理。但是，个体自我的内心世界里永远存在着道德冲突、道德抉择、理与欲的问题，在对待理与欲问题时，以理导欲是应当遵循的基本规律。

第三节　践履

一、道德意识即是行

首先，人是有潜意识的。所谓潜意识，即是主体未知觉到的、内隐于思维阈限下的场化信息，它是由本能、遗传、训练等积淀而成的一种在主体自觉意识之外的能进行自动控制的思维场的潜效应。罗坚别尔格认为，潜意识是不能用清晰语言表达的，它不是一种常规思维，并且指出潜意识的特征有：非线性与非逻辑性、潜在性与内隐性、突发性与瞬间性等。对此，冯·哈特曼在其《潜意识的哲学》一书中提出："潜意识不依赖于空间、时间和个体性存在而存在。"

个体自我认可的价值观念、规则规范以及一定的社会风俗习惯等，可以凝结积淀为潜意识。个体自我通过后天学习产生的感悟，以及获得的对于道德文化世界中的观念、取向及规则的认识，可能积淀为某种潜意识，从而调节主体自我的心理及言行，并且不为主体所觉察到。形成的潜意识在面对各种关系的协调、面对道德矛盾时，常常不需要主体的自我思考，似乎成了习惯，成了自然，即个体自我在看一眼、听一句的瞬间便知对不对、错不错、做不做，个体自我不需太多思考，可自然而然地见事而行。例如在我们的日常生活中，有节约意识的人在看到无人使用而不停流水的水龙头时，会顺手将其关闭。在道德领域中的潜意识，也可称为道德意识。个体道德意识不仅包含着理性的认知，还包括个体的情感、意志等因素。由于个体道德意识要具体到每一个个体，而每个人的思想意识、文化水平以及社会地位均有不同，所以个体道德意识具有很大的主观性和个体差异性。而就道德意识的本质来看，它是一种实践精神，在实践精神的指导下，人们可以通过评价、命令、劝导等方式来认识和把握世界。这个过程虽然包含着知识理性的参与，但其主要目的在于将实践对象分为善和恶，从而使人们产生善恶观、羞耻心和责任感，这个过程就是个体道德意识的形成过程。早在古希腊时期，亚里士多德就认为人类理性具有两种功能：其一，认识功能，也称为理论理性；其二，实践功能，也称为实践理性。他认为这两种功能具有不同的性质，而道德意识属于第二种，是实践理性的基本活动形式。此外，康德认为实践理性是纯粹理性的实践，即是给人的道德行为规定先天规则的先验理性，只有依据这种规定的“绝对命令”的行为，才属于道德行为。纯粹的理论理性与知识有关，实践理性与人们的意志有关，因此实践理性高于理论理性。

道德意识是对人们在长期的道德实践中形成的道德观念、道德情感、道德信念和道德理论体系的总称。关于道德意识的来源，可以分为三种：一种是内在的，发自人们内心深处；一种是外在的，也可以说是来自人们生活的社会之中；最后一种是超越的。首先，内在的道德意识是与生俱来的，是每个人都具有的，是本能的，它构成了道德意识水平的起点。当然，每个人的道德意识水平可能有差异。其次，外在的道德意识是要通过教育或者环境的熏陶才可以形成的，它是人们后天教化的产物，比如父母的教导、老师的教育、传统习俗的延续以及社会风气等。外在的道德意识非常重要，既是道德、道德教育存在的必要，也是个体道德养成的关键。最后，超越的道德意识依赖于人们的信仰，如果没有信仰，就不会有道德意识。

二、一念发动处即是行

王阳明认为，“一念发动处，便即是行了”(《王阳明全集·传习录·已下门人黄直录》)，即思想中恶念的产生，也属于“行”的范畴，在王阳明认为，我们强调必须关注自己的意识领域，加强自身修养，对恶念进行及时清扫。同时，王阳明认为，“如今人尽有知父当孝，兄当弟者，却不能孝，不能弟”，是因为被私欲所阻的缘故。若要达到“知行合一”的境界，则需要保持内心的光明澄澈，即道德主体要时刻对自身意识领域保持高度的警惕性和敏感性，并同时拥有对道德规范的强烈认同感。也就是说，道德主体要保持高度的道德自觉，对内心的私欲和恶念加以控制，自觉净化自身的意识领域，进而使自己的行为自然而然地符合道德规范。“道德自觉是个人社会化的一部分，每个成熟的社会人都有最基本的道德自觉。”[1] 更重要的是，这是自觉的道德意识，是潜在“行”，在这个基础上理解，“知”即“行”。

---

[1] 祁刚利．道德自觉、个体人格与公德心［J］．河北师范大学学报（哲学社会科学版），2013，36（6）：51–54.

三、知行合一

王阳明提出“知而不行，只是未知”(《王阳明全集·传习录》),“真知即所以为行，不行不足谓之知”(《王阳明全集·传习录·答顾东桥书》),意即真“知”包含着必能“行”的属性,因此不应将“知”“行”分作两件事来用功。若“知”与“行”不能协同并进、共同存养，会导致“行”的无限的延宕，甚至出现终身不知、终身不行的现象。在“知行合一”思想中,“知”是人人固有的，由此可见，王阳明主要强调的是“行”，是对于道德实践的提倡。此外，王阳明倡导“实地用功”的方法,主张通过将个体的道德认识转化为道德实践的方式达到“知行合一”。他曾讲:“吾与诸公讲致知格物，日日是此，讲一二十年俱是如此。诸君听吾言，实去用功，见吾讲一番,自觉长进一番,否则只作一场话说,虽听之亦何用?”(《王阳明全集·传习录·已下门人黄雀曾录》)也就是说，在教育过程中所领悟的道理，如果不付诸实践，那学习就如同一场空谈，毫无意义。

在明朝中期,“知行脱节”“重知轻行”的现象日益严重，世人满口仁义道德，却做一些凶恶残忍、卑鄙无耻的事情,导致世风日下。针对这种现象,王阳明提出“知行合一”,主张“知”与“行”是一体两面、相互依存的,没有先后之别。王阳明的“知行合一”思想意在说明道德实践对于个人道德品质的养成、对于恢复圣贤之风的重要意义。值得注意的是，在王阳明对“知行合一”思想的论述中,“知”有时指代的是人的知觉，而“行”指的是心理活动，如其著名的论断“见好好色属知，好好色属行”“闻恶臭属知，恶恶臭属行”，有时“知”则指代“见闻之知”。而王阳明在运用“知行合一”思想指导实践、教育学生的时候,一般而言,其论述中“知”是道德认识、道德情感、道德评价的统一体,而“行”指代的是道德践履。他曾讲道:“就如称某人知孝、某人知弟，必是其人已曾行孝行弟，方可称他知孝知弟，不成只是晓得说些孝弟的话，便可称其为知孝知弟。”[1]

[1] 王阳明．传习录 [M]. 张怀承，注译．长沙：岳麓书社，2003：10.

04

第四章 道德养成的社会价值指向：秩序、良俗、风气

在人类未出现之前，大自然的造化和四时轮回已经存在，人类诞生以后，到了一定的时间节点，尤其是随着文化创造、文字的出现，人便有了意识，有了自我意识。人类自觉反思着大自然、反思着人类社会、反思着人类的自尊，后发现人类的社会生存需要秩序，秩序来源于天。对秩序的维护需要人类的自觉，而人的自觉则需要道德养成。

第一节　秩序的必然

一、秩序情结

“秩序”是人类社会生存与发展的基本条件和基本要求。社会必须在一定的秩序的轨道上运行，任何社会形态所发生的社会“变革”“更替”乃至“变迁”，无一例外都是人们对现成社会制度和社会秩序有目的、自觉的抑或强制性的调整与创新。秩序“总是意味着在社会中存在着某种程度的关系的稳定性、进程的连续性、行为的规则性以及财产与心理的安全性”[1]，有序的社会是人们生产、生活的根本保障，有益于一个社会所有群体，而无序的社会对社会中每一个成员都是有害的。人类本身，从类的层面来看是秩序的产物，而从人的意义上而言则是自由的结晶。人类对秩序的考量，既出于维护社会生活既定关系的基本格局，也来自于对把握自由之本质的持久需要。

秩序体现了人类各种关系的有效存在，并且是对各种类型之联系所形成的完整格局。秩序是理性法则的明证，行动的知性捍卫了社会持续稳定的可能。“一切

[1] 张文显 . 法理学［M］. 北京：高等教育出版社，1999：227.

都必须在理性的法庭面前为自己的存在作辩护或者放弃存在的权利。思维着的知性成了衡量一切的唯一尺度。”[1] 这里即有个体自我与他人、群体、社会的关系。对于如何处理好这些关系，首先，个体自我离不开社会，社会也离不开个人。那么，为了维护社会秩序，表面上看，个体自我要作出一定的牺牲，要让出一定权利，尤其是自由。其实，秩序与自由并不是天然冲突、矛盾的，只有在割裂了两者有效连接的相互作用、彼此影响的关系后，才是矛盾与冲突的。稳定的、持存的秩序并不以牺牲个体自我自由为目的，相反，稳定的社会秩序既是个体自我实现自由的保证，更是社会全体成员自由的保障。好的社会秩序，不是为了秩序而秩序，而是为了人之自由的达成而维系的社会秩序，是为了社会成员自由及全面的发展而形塑的社会秩序。“代替那存在着阶级和阶级对立的资产阶级旧社会的，将是这样一个联合体，在那里，每个人的自由发展是一切人的自由发展的条件。”[2] 也就是说，秩序创设、社会发展本身的目的是让人自由、平等地生存。同时，“只有我自己的存在才是确实可信的。人的一切激情都是有始有终的机械运动。欲求的对象是所谓的善。人和自然都服从于同样的规律。强力和自由是同一的”[3]。可以说，在一个自觉自愿的生态和谐社会中，秩序与自由是相依相存的，更重要的是，秩序乃人类社会中全体社会成员自由平等保障的根本所在，“只是现在阳光才照射出来，理性的王国才开始出现。从今以后，迷信、非正义、特权和压迫，必将为永恒的真理、永恒的正义、基于自然的平等和不可剥夺的人权所取代”[4]。我们真正明确了在一个变化的社会体系中秩序与自由的辩证关系，深切理解了在一个和谐社会中，秩序与自由是彼此依存、相互影响的。更重要的是，秩序不仅是约束，而更多是为了让人或者说让全体社会成员获得更广、更多的自由、平等与幸福。秩序可能并非一种新知识，但它比新知识更需要个体自我的自主选择来加以明证。杜威在《哲学的改造》一文中认为：“纯粹的知识是由纯粹的谛视、察看和注意得来。它自身本是完全无缺。自身以外它不希望什么，它不欠缺什么，所以它没有目的，也无所企图。而最重要的就是它就是它自己的存在理由。”[5]

当然，中国古代社会思想家对秩序的理解与思考，首先得益于大自然四季轮回、斗转星移的运转规律、运转规则。孟子引用《诗经》的话说：“天生烝民，有物有则。

[1] 恩格斯．社会主义从空想到科学的发展［M］．北京：人民出版社，2014：36.
[2] 马克思，恩格斯．马克思恩格斯文集（第2卷）［M］．北京：人民出版社，2009：53.
[3] 恩格斯．社会主义从空想到科学的发展［M］．北京：人民出版社，2014：17.
[4] 恩格斯．社会主义从空想到科学的发展［M］．北京：人民出版社，2014：37.
[5] 杜威．哲学的改造［M］．许崇清，译．北京：商务印书馆，2009：65.

民之秉彝，好是懿德”。意思是上天生育众民，万事万物都有法则，人们秉持这一法则。《易传·彖传上·乾》也说：“大哉乾元，万物资始，乃统天。云行雨施，品物流形。大明终始，六位时成，时乘六龙以御天。乾道变化，各正性命，保合太和，乃利贞。首出庶物，万国咸宁。”《易传·彖传上·坤》讲：“至哉坤元，万物资生，乃顺承天。坤厚载物，德合无疆。含弘光大，品物咸亨。牝马地类，行地无疆，柔顺利贞。君子攸行，先迷失道，后顺得常。西南得朋，乃与类行；东北丧朋，乃终有庆。安贞之吉，应地无疆。”上述对“乾”“坤”概念的两段解释，说明中国古人非常尊重天地自然的固有运行规律，人类社会的活动应当符合这种规律变化，各安其位，各守其责，方可各得其所。

自尧、舜至周公时代开始，各部落主要围绕黄河中、下游灌溉区进行农业生产活动，由于人口繁殖并不迅速，因此生产力相当低下。为了获取更多的生产资料和生活必需品，为了获得更快更好的发展以及保护自己的部落免遭其他部落的兼并和伤害，人们必须掌握和遵循自然规律，以求顺天之义。从黄帝开始，人们已经认识到顺天理、化万物的智者对部落发展的重要性。面对当时诸侯相互侵伐的乱局，黄帝“顺天地之纪，幽明之占，死生之说，存亡之难。时播百谷草木，淳化鸟兽虫蛾，旁罗日月星辰水波土石金玉，劳勤心力耳目”[1]。由是而振神农氏一族，经颛顼而传至帝喾、高辛。尧作为智慧有为的首领，“富而不骄，贵而不舒”（《史记·五帝本纪》），“乃命羲和，敬顺昊天，数法日月星辰，敬授民时。分命羲仲，居郁夷，曰旸谷……岁三百六十六日，以闰月正四时。信饬百官，众功皆兴”[2]。由此可以发现，无论是黄帝“顺天地之纪”，还是尧命令羲和、羲仲二人定历法、辨四季，都说明古时人们已经通过观察天体运行和物候变化，认识到自然界的四季更替是有规律的，并且把人的活动纳入自然的轨道，认为人类社会也应像大自然那样有规律地运行，只有这样，人类社会及社会全体成员才能可持续的生存。

二、人道源于天道

在中国古代社会，先哲们观大自然四季变换、斗转星移，并从中悟出规律、秩序。先哲们还抽象出具有神秘色彩的天、苍天等，并且把“天”作为尊崇的对象。

[1] 司马迁．史记·五帝本纪第一［M］．杭州：浙江古籍出版社，2000：1.
[2] 司马迁．史记·五帝本纪［M］．北京：中华书局，1959：16-17.

商周时期，人们通过占卜、占星、占梦等方式探测天意，因此，星象、托梦等就被认为是“天”表达意旨、发布命令的方式。星象的规则性，也被认为是天意的表现。由星象推广到日月运行，推广到四季变迁、万物生老病死，也被认为是天意的表达或天的安排。关于天，孟子也有具体论述，孟子曰：“尧以天下与舜，有诸？”孟子曰：“否。天子不能以天下与人。”“然则舜有天下也，孰与之？”曰：“天与之。”“天与之者，谆谆然命之乎？”曰：“否。天不言，以行与事示之而已矣。”“以行与事示之者，如之何？”曰：“使之主祭而百神享之，是天受之；使之主事而事治，百姓安之，是民受之也。天与之，人与之，故曰：天子不能以天下与人。舜相尧，二十有八载，非人之所能为也，天也。尧崩，三年之丧毕，舜避尧之子于南河之南。天下诸侯朝觐者，不之尧之子而之舜；讼狱者，不之尧之子而之舜，讴歌者，不讴歌尧之子而讴歌舜，故曰天也。……《泰誓》曰：‘天视自我民视，天听自我民听’，此之谓也。”（《孟子·万章上》）《礼记》中也有：“故人者，天地之心也。”（《礼记·礼运》）人，是天地的心；人的意志（人心），也就是天地的意志（天心）。

汉儒董仲舒基于其理论与实际的社会需要，提出“王道之三纲可求于天”（《春秋繁露》）。他认为，天是人世间万事万物的本源，人道应当效法天道。在《春秋繁露》中，董仲舒立足于天人关系这一基点，对“天”的性质、功能、地位和作用进行了全面而系统的论证，认为“天”是一种宇宙本体意义上的存在，因此生活世界中的人一切都要以“天”为依据，应当顺从“天”的意志行事。赖炎元说：“董仲舒的天道运行和变化，主要是为了建立人道。”董仲舒指出：“天、地、阴、阳、木、火、土、金、水、九与人而十者，天之数毕也，故数者至十而止，书者以十为终，皆取之此。圣人何其贵者，起于天，至于人而毕。”（《春秋繁露》）余治平认为：“董学是兼蓄内外、圣王之精髓的，是真正的儒家。”易见，董仲舒所说的“天”是包括天、地、阴、阳、火、金、木、水、土、人等在内的“十端”之天，也就是一个包含万物全体的存在。它既是百神之大君、王者之所最尊，又是万物之祖、万物非天不生的主宰。所谓的“人”是指人所具有的性情、血气和德行，它们皆由天出，即“人之形体，化天数而成；人之血气，化天志而仁；人之德行，化天理而义；人之好恶，化天之暖清；人之喜怒，化天之寒暑；人之受命，化天之四时”（《汉书·董仲舒传》）。既然人为天所出，那么人之性就要符合天之性，为政者更要遵循这种理路。为此，董仲舒称：“天高其位而下其施。藏其形而见其光。高其位，所以为尊也；下其施，所以为仁也；藏其形，所以为神；见其光，所以为明。故位尊而施仁,藏神而见光者,天之行也。故为人主者法天之行。"(《春秋繁露·天地之行》)他通过天道的阴阳、五行来言性情、释人事，以为现实的政治伦常生活寻求正当性与合理性，他具体地阐述了天人之际的关系结构，有效地证明出天与人相感应、相附和的机制、中介和路径，指出了天人沟通的可能性与现实性，这就为古代社会治理找到了理论根据。

董仲舒之所以要树立“天”的权威，是因为这适应了统一王朝现政权治理的要求。“一般说来，打天下需要破坏被推翻政权的天的保护伞，打消天的权威，消除人们对天这把保护伞的恐惧，然而在建立政权后，就需要凭借天的权威来巩固、稳定社会秩序和思想,建立对天的敬畏。”[1] 正由于“天”具有这种威慑力和影响力，所以董仲舒认为如果想加强大一统国家的凝聚力，就要重新恢复对“天”的敬畏，“天者，百神之大君也”“天者，万物之主也”“道之大原出于天。天不变，道亦不变”(《汉书·董仲舒传》)。董仲舒眼里的世界，是天人一体的世界。阴阳之道，是天道，也是人道。天道有阴有阳，但尚阳不尚阴；人道有德有刑，尚德不尚刑。天道是上天之道，是上天给人树的榜样，也是上天对人的指示，所以人道应效法天道。而人道的好坏，又能引起天道的反应、阴阳的变化。本天道办事，就阴阳协调，风雨及时；不本天道办事，就阴阳颠倒，天降灾异。这里，董仲舒承继了先秦时期的天人关系，人道源天道主要是为当时政治寻找一种理论根据，今天看有牵强之处。但是在中国古代社会，先哲们对天的思考，尤其是人文意义上的思考，以及中国古代社会中广大民众对于天的理解与敬畏，不应被简单否定。这一点，牟宗三对“神”所作的理解，基本上也是在儒家思想框架体系内的。他说:“《易传》讲‘穷神知化’(《周易·系辞下》)，这个‘神’照儒家、照《易传》的立场当该从哪个观点来了解呢？‘神也者,妙万物而为言者也。’(《说卦》)儒家《易传》讲‘神’，它是个形而上的。它之所以为形而上的,是靠什么观念来定住呢？是通过‘诚’,《中庸》、《易传》都讲诚，诚是一种德性，是属于道德的。因此它这个‘神’是形而上的，它不是属于material，属于形而下的。所以你如果把《易传》的‘神’从气上来讲，那就是不对。可是，如果你把它讲成是个人格神(Personal God)，那也不对，因为中国人没有这个观念。《易传》讲的这个神就是通过主体而呈现的，穷神你才能知化，化就是宇宙的生化，这就成了宇宙论。但是这个宇宙论并不是空头讲的宇宙论，你要穷神才能知化，从神这个地方讲天道、讲乾道，就是讲创生之道。

[1] 张立文.论儒教的宗教性问题(上)[J].学术月刊，2007(8)：36.

所以儒家发展到了《中庸》、《易传》，它一定是‘宇宙秩序即是道德秩序’（Cosmic order is moral order），它这两个一定是合一的，这两者是不能分开的。如果照我们前面所说的那两种态度来看，这两者是合不在一起的，因此，‘宇宙秩序即是道德秩序’这句话他们就不能讲。因为这两者是合一的，所以《易传》也不能离开道德意识来了解，尽管它讲‘大哉乾元，万物资始’，好像形上学的意味很重，其实它背后的底子还是 moral。”[1]

显然，人类社会先哲在观天观地观大自然运行变化后，认为人类社会应有规则、有秩序。但是只有对秩序的思考还不够，因为人类社会还必须有制度。中国古代社会首先建立的是以宗族血缘关系为纽带的宗法制度，虽然秦汉以后宗法制度基本上是消亡了，但以血缘为纽带的家族、宗族在其后社会中依然存在并起着重要的作用。秦汉以后，国家层面的秩序主要体现为皇权制度、官僚制度、行政管理制度、意识形态制度的建立、发展和完善，反映出国家对社会的控制力度比以往大大加强，也反映出国家将整个社会置于其控制之下的设想。两千多年间，秩序的发展变化大体是以中央集权的加强与完善为核心的。清人恽敬曾经说过：“自秦以后，朝野上下，所行者皆秦制也。”（《大云山房文稿》）本世纪初，著名的历史学家夏曾佑在其著《中国古代史》中也说：“中国之政，得秦皇而后行”“自秦以来，垂二千年。虽百王代兴，时有改革，然观其大义，不甚悬殊”。[2] 恽敬和夏曾佑所说的“秦制”，即高度统一的中央集权制的政治体制，也就是我们习惯上所说的传统政治制度，自秦以后其价值旨归既求稳定，又求富有人情味的和谐氛围。在中国古代社会，国家层面秩序又必须依赖社会秩序。战国时期，国家企图将一切社会组织都纳入国家秩序。如战国时期开始的户籍制度是编制到每个家庭的，户籍制的严密与完善，是国家对社会的控制能力的表现，贯穿于整个古代社会。为此，历代国家的行政管理体制延伸到乡里村落，乡里村落的居民被纳入国家行政体制的编制与管理，连日常生活都要受到行政组织的干预。而国家秩序又表现出对社会秩序的依赖性，如秦汉乡里的三老、长老、父老、孝悌、力田等，不是国家的在编吏员，不享受俸禄，但却是参与国家基层社会事务管理的重要人物。此外，北魏的宗主督户制和三长制，也是利用既有的社会自然秩序来维护国家秩序的，还有明清时期乡绅国家治理基层社会。应该说，这些内容在维护中国古代社会秩

[1] 牟宗三 . 中国哲学十九讲［M］. 上海：上海古籍出版社，2005：65.
[2] 夏曾佑 . 中国古代史（上）［M］. 北京：团结出版社，2006：257.

序上发挥着十分重要的作用。而中国古代社会“礼”的制度设置广泛地影响着中国人的生活。

三、传统社会的礼治

在中国传统哲学中，“礼”既是一个概念，也是一种制度，更是一种道德。儒家经籍中对礼有许多论述，而不同地方的论述内涵不尽一致，因而学者们的理解也是具体的。冯友兰认为“礼”具有丰富深厚的人文主义内涵，他说：“儒家对于不死之问题之注意，可于其对于婚礼之理论见之。儒家对于婚姻之意见，完全注意于其生物学的功用。《礼记》云：“昏礼者，将合二姓之好，上以事宗庙，而下以继后世也。故君子重之。”[1]就是说，儒家对于死的态度可以从婚礼上考察，儒家之所以重视婚礼，在于传宗接代，在于生命的延续。冯友兰说：“结婚生子，造‘新吾’以代‘故吾’，以使人得生物学的不死。……本来男女会合，其真正目的，即在于生殖。至于由此而发生之爱情与快感，乃系一种附带的心理情形，自生物学的眼光视之，实无关重要，故儒家亦不重视之。儒家论夫妇之关系时，但言夫妇有别，从未言夫妇有爱也。凡人皆有死，而人多畏死。于是种种迷信生焉。许多宗教，皆以灵魂不死相号召。儒家，至少一部分的儒家，既不主灵魂不死，乃特注重于使人人得生物学的不死及理想的不死之道。旧社会中，人及暮年，既为子娶妻生子，以为自己生命已有寄托，即安然以俟死，更不计死后灵魂之有无，此实儒家思想所养成之精神也。”[2]沈文倬先生也指出：“在古代，礼字本有广狭二义：就广义说，凡政教刑法，朝章国典，统统称之为礼；就狭义说，则专指当时各级贵族（天子、诸侯、卿、大夫、士）经常举行的祀享、丧葬、朝觐、军旅、冠昏诸方面的典礼。”[3]

关于“礼”，《说文示部》称：“礼，履也。所以事神致福也。从示，从豊，豊亦声。”《荀子大略》也说：“礼者，人之所履也。”段玉裁的《说文解字注》承前人之意，《周易》解称：“《周易序卦传》：‘履，足所依也。’引申之，凡所依皆曰履”。那么，礼无以立，礼不立，则人不成，人不成则国不治。所以，从殷周之礼的制定，到孔子、荀子对礼的发扬和尊重，都显示出礼在安民教人、经国济世方面的重要意义。首先，礼之化人在于化人之私欲、恶性，以防奸邪之心出，而毁有序社会之风教也。而

[1] 冯友兰．三松堂全集（第 11 卷）[M]．郑州：河南人民出版社，2000：163.
[2] 冯友兰．中国哲学史（上）[M]．北京：商务印书馆，2011：376.
[3] 沈文倬．菿闇文存（下）[M]．北京：商务印书馆，2006：902.

礼制兴起，有其历史渊源，周礼经过春秋战国已是礼崩乐坏，秦朝崇法轻礼，并由此导致王朝快速灭亡，汉朝对此做了认真总结，并确立了新的礼制。“王者必因前王之礼，顺时施宜，有所损益，即民之心，稍稍制作，至太平而大备。周监于二代，礼文尤具，事为之制，曲为太防，故称礼经三百，威仪三千。于是教化浃洽，民用和睦，灾害不生，祸乱不作，囹圄空虚，四十余年。孔子美之曰：‘郁郁乎文哉！吾从周。’及其衰也，诸侯逾越法度，恶礼制之害己，去其篇籍。遭秦灭学，遂以乱亡。”[1]所谓“‘六经’之道同归，而《礼》《乐》之用为急。治身者斯须忘礼，则暴嫚入之矣；为国者一朝失礼，则荒乱及之矣，人函天地阴阳之气，有喜怒哀乐之情。天禀其性而不能节也，圣人能为之节而不能绝也，故象天地而制礼乐，所以通神明，立人伦，正性情，节万事者也”[2]。孔子非常重视礼的作用，认为人们只要懂礼，就不会触犯刑法、危害治安，在孔子那里只要恢复周礼、遵循周礼，则太平世界就可出现。为此，司马迁《史记·孔子世家》以礼为脉络叙述孔子一生：“孔子为儿嬉戏，常陈俎豆，设礼容”“适周问礼，盖见老子云”“孔子不仕，退而修诗书礼乐”。克己以复礼为目的，个体要通过“克己”使自己做到“非礼勿视，非礼勿听，非礼勿言，非礼勿动”，努力把自己的一切言行纳入“礼”的轨道，借以调整自己与国家、社会之间的关系。后世学者认为《春秋》大义就是周礼的“七缺”导致礼崩乐坏。礼是儒家维护社会秩序、维护道统的准则。“君子动则思礼，行则思义，不以利回，不为义疚。”古代圣王制定了相应的礼仪和刑律，人懂礼就不会触犯刑法，遵礼是“预塞其源”，如果“不预塞其源，而辄绳之以刑，是谓为民设阱而陷之”。在礼法关系上，孔子更重视礼的作用。孔子曰：“圣人之设防，贵其不犯也。制五刑而不用，所以为至治也。凡夫之为奸邪窃盗靡法妄行者，生于不足。不足生于无度，无度则小者偷惰，大者侈靡，各不知节。是以上有制度，则民知所止；民知所止，则不犯。故虽有奸邪盗贼靡法妄行之狱，而无陷刑之民。”[3]以孔子为代表的儒者肩负着一种历史责任感，以安邦兴国、经世济民作为其社会政治理想，其论说主要围绕如何构建和维护和谐稳定的社会秩序而展开。

中国古代社会的“礼”的作用首先是别上下与分尊卑，礼涉及社会政治制度，更涉及社会生活各个方面。在礼治实施中，国家极力倡导民众要遵礼守法，同时“在“礼”的规范下，每个社会成员都在严格的等级序列中明确了自己的定位，充当着

[1] 班固．汉书·礼乐志［M］．北京：中华书局，2005：882.
[2] 班固．汉书·礼乐志［M］．北京：中华书局，2005：881.
[3] 王国轩，王秀梅．孔子家语［M］．北京：中华书局，2011：347.

特定的社会角色，人们各就其位，各司其职。[1]儒家重“礼”的传统源远流长，就国家的治理而言，《左传》记载了春秋时期很多礼崩乐坏的事实，从反面说明了以礼治国的重要性:“礼，所以守其国，行其政令，无失其民者也。”《礼记·曲礼》有言:“教训正俗，非礼不备。纷争辨讼，非礼不决。君臣、上下、父子、兄弟，非礼不定。宦学事师，非礼不亲。班朝治军，莅官行法，非礼威严不行。祷祠祭祀、供给鬼神，非礼不诚不庄……是故圣人作，为礼以教人，使人以有礼，知自别于禽兽。”可见，就秩序稳定等社会发展层面而言，“礼”具有别宜分序的功能，有利于社会秩序的维护与稳定。

后世宋明理学家面对唐末五代以来战争不断、人伦败坏的社会混乱局面，在经世济民的社会责任感的驱使下，急切希望通过秩序的重建来恢复社会的长治久安。中国古代社会从建立秩序到秩序混乱而再到重建秩序的流变，更加说明稳定有序的社会既是人道，也符合天道。所谓“人性有男女之情，妒忌之别，为制婚姻之礼；有交接长幼之序，为制乡饮之礼；有哀死思远之情，为制丧祭之礼；有尊尊敬上之心，为制朝觐之礼。哀有哭踊之节，乐有歌舞之容，正人足以副其诚，邪人足以防其失。故婚姻之礼废，则夫妇之道苦，而淫辟之罪多；乡饮之礼废，则长幼之序乱，而争斗之狱蕃；丧祭之礼废，则骨肉之恩薄，而背死忘先者众。朝聘之礼废，则君臣之位失，而侵陵之渐起。故孔子曰：‘安上治民，莫善于礼；移风易俗，莫善于乐。’礼节民心，乐和民声，政以行之，刑以防之。礼乐政刑四达而不悖，则王道备矣”。[2]

礼治不同于法治，其关键在于：礼治重视人心的启迪、人性的教化与行为的规训，以实现内在德性良知的自觉。《礼记·经麟》曰：“夫礼，禁乱之所由生，犹坊止水之所自来也。……故以旧坊为无所用而坏之者，必有水败；以旧礼为无所用而去之者，必有乱患。……故礼之教化也微，其止邪也于无形，使人日徙善远罪而不自知也，是以先王隆之也。《易经》曰‘君子慎始，若差毫厘，谬以千里。’此之谓也。”司马迁在《史记·酷吏列传》曰:“法令者治之具，而非制治清浊之源也。”老子曰:“法令滋章，盗贼多有。”古人认为严刑峻法的作用有限，在社会管理和治安治理中，礼才是治本之举。对此，《论语》明确提出：“导之以政，齐之以刑，民免而无耻；导之以德，齐之以礼，有耻且格。”中国古代社会法律体系的一个重要

[1] 白奚. 儒家礼治思想与社会和谐 [J]. 哲学动态，2006（5）：15–20.
[2] 班固. 汉书·礼乐志［M］. 北京：中华书局，2005：881.

特征就是礼入法中，大量道德规范被直接赋予法的性质，加以强制推行。元代江西儒学提举柳员在《唐律疏义序》中说："呜呼！法家之律，犹儒者之经，五经载道以行万世，十二律垂法以正人心，道不可废，法岂能独废哉！"在柳员看来，"儒者之经"是法律存在的前提，法之所以垂沿世代起到"正人心"的规范功用，是因为"五经载道以行万世"之故。此即是说，中国古代社会注重以礼入法，立法、执法自始至终融贯着儒家经义。"在汉代以后的两千多年的历史上，礼治一直充当着治理国家、管理社会的重要手段，发挥着维护社会稳定有序的重要作用，特别是那些盛大的王朝更是如此。"[1] 换句话说，中国古代社会秩序的维护依托于社会制度，其中既有政治制度、法律制度，更有道德制度，而"礼"治则是中国古代社会治理的一个显著特点。

对此，费孝通先生还提出"礼治秩序"的概念，他在《乡土中国》一书中提出：乡土社会既非"人治"，也非"法治"，而是独特的"礼治"。他说："所谓人治和法治之别，不在人和法这两个字上，而是在维持秩序时所用的力量，和所根据的规范的性质。"[2] 费孝通先生还认为，假如我们把法律限于以国家权力所维持的规则，可以说我国乡土社会是个"无法"的社会，但是"无法"并不影响这种社会中的秩序，因为乡土社会是"礼治"社会。礼治不是人治，"礼治和这种个人好恶的统治相差甚远，因为礼是传统，是整个社会历史在维持这种秩序"。这恰恰说明了礼在中国古代社会中所起的重要作用。另外，费孝通先生还提出"差序格局"的概念，他认为中国古代乡土社会是一个"一根根私人联系所构成的网络"。我们的格局"好像一块石头丢在水面上所发生的一圈圈推出去的波纹。每个人都是他社会影响所推出去的圈子的中心。被圈子的波纹所推及的就发生联系"[3]。他认为，差序格局是"从自己推出去的和自己发生社会关系的那一群人里所发生的一轮轮波纹的差序"。"一个差序格局的社会，是由无数私人关系搭成的网络。"亲属关系是我们在社会中最重要的关系，从生育和婚姻开始所结成的关系网络，可以一直向外延伸。"这个网络像个蜘蛛的网，有一个中心，就是自己。我们每个人都有这么一个以亲属关系布出去的网，但是没有一个网所罩住的人是相同的。"易见，中国古代社会主要靠礼治维持秩序。乡土中国社会也是"礼治社会"，形成了"礼治秩序"。"礼是社会公认合式的行为规范。合于礼的就是说这些行为是做得对的，对是合式的意思。

[1] 白奚．儒家礼治思想与社会和谐［J］．哲学动态，2006（5）：15-20.
[2] 费孝通．乡土中国［M］．北京：人民出版社，2008：59.
[3] 费孝通．乡土中国［M］．上海：上海人民出版社，2006：21.

乡土社会里传统的效力更大。按礼行动、生活是乡土中国的传统。”[1]

西方学者哈耶克提出“自发秩序”。有学者认为哈耶克在人类社会变迁上主张的渐进性的制度演化生成论是其社会观的根基。礼治秩序与其相似，正是通过礼这种积极行为形成的一种自发秩序，即“人类合作的扩展秩序”。外在的礼潜移默化地转变为人的主动自觉的行为。对此，福柯在《规训与惩罚》中提出古代的社会管理和治安治理充满酷刑与暴行，血腥野蛮，惨不忍睹，而“现代社会中的权力形式是规训权力，规训权力是散布的、细微的、无处不在的，它也是非暴力的、非强制的，更多地表现为一种纪律约束。这种权力存在于社会生活的各个领域以及各个方面，尤其是它已经深入到人的内心深处，由某种外在强制力量变成了人自我的道德约束，变成了主体性的组成部分。这种权力形式的变化，也许就是现代性最为深刻之处”[2]。福柯分析了现代性规训权力，指出这是一种在工厂、学校、军营、医院中广泛存在的微型权力，广泛存在于社会各个层面，而每个人都置身于这个网络之中，并被这个网络约束和支配着。古代礼治秩序与此相似，正所谓“非礼勿视，非礼勿听，非礼勿言，非礼勿动”。易见，在古代社会的乡土社会中，人人时刻意识到自己受某种礼教约束，被置于某种监视之中。在这个层面上，中国古代的礼治就是渗透在民众日常生活方方面面之中的“微观权力”。[3]

[1] 谢惠敏，解源源．古代社会治安治理中的礼治秩序研究［J］．中国人民公安大学学报（社会科学版），2015，31（6）：144–150.

[2] 马汉广．论福柯的启蒙批判［M］．哈尔滨：黑龙江大学出版社，2014：80.

[3] 谢惠敏，解源源．古代社会治安治理中的礼治秩序研究［J］．中国人民公安大学学报（社会科学版），2015，31（6）：144–150.

第二节　公序良俗追寻

一、公序良俗阐释

公序良俗的使用多是从法律层面说的，公序良俗中的“公序”是指维系国家安全和人民根本利益的社会秩序，而“良俗”是指人们良好的行为规范和道德准则。实际上，“公序良俗”并不是法律意义上的专业术语，这是因为早期人类社会还未形成系统的法律规范、法律体系，因而也没有现代意义上的法治国家。但是，从法律文化、法律文明的角度看，法律规范体系的形成是人类社会长期积累的结果，这种结果包括人类社会发展中的法律意识、思想、规范及法律遗存。在西方，从法律角度看，“公序良俗”则经历了宗教伦理及道德风尚的经验性、粗放性的概括。后来对“公序良俗”的概括则向着重逻辑性、概念性发展，如在以美索不达米亚与古埃及为代表的早期社会中，“公共秩序”与“善良风俗”已经被纳入国家法律秩序，并且与当时各地区的宗教信仰、氏族规范和社会伦理紧密相关。“公序良俗”的主要特征如下：一是，它与宗教及王权联系紧密，国王作为神权与世俗权力的最高象征，统御着“正义”“公平”与“善”等概念的确立与具体适用；二是，它们大多是对社会既存伦理道德秩序的法律确认，并主要分布于关于债权债务关系与婚姻家庭关系的法律规范之中；三是，它们主要是经验性与个案性的法律规范；四是，受民刑合一的影响，“公序良俗”的规定、界定多是对民法中主体法律行为的评价，往往带有原始的酷刑色彩。总之，“公序良俗”在人类社会早期是人类社会道德、伦理、宗教、神灵以及法律的主体。换句话说，“公序良俗”更多是人类社会长期积淀的体现着社会发展规律、符合人的发展规律、符合人性的道德层面的良好习惯。

二、公序良俗的价值指向

“公序良俗”中“公序”也可称“公共秩序”，即指维系国家、社会存在发展所必需的一般秩序，但更偏向于指维系一个社会成员基本的社会公共秩序和基本生活秩序；“善良风俗”多指维系人类生存的最基本的道德价值观念、道德规范。当然，在社会秩序及公共秩序的维护中，刚性法律制度是必需的，但也必须有道德调节，尤其在中国这样有着深广的德治传统的国家。但不管法治还是德治，都必须彰显人类社会最基本的精神，如自由、平等、公平、正义等，要体现出人权精神。在中国这块有着上下五千年历史的古老大地上，几千年间，形成了独有的公序良俗理念，诸如人心人性本善、德福一致、惩恶扬善、扶正祛邪等。公序良俗本质上是社会伦理规则的延伸，在中国古代社会，经典文献及法律典籍可谓浩如烟海，但其中的确不直接存在“公序良俗”这个概念。但是中华民族素有礼仪之邦之称，中华民族炎黄子孙已对良善的风俗习惯达成了基本共识，并代代相传，这些风俗习惯既是人们心中的法，更是制定法律、执行法律最基本的依据与准则。如果从中国古代社会法律典籍层面上看，法律层面上的诉求都体现着“良法善治”的理念。《墨子·法仪》提出：“法不仁，不可以为法。”这应该是中国古代社会法治思想的核心观点，从周朝的《周礼》，到唐玄宗的《唐六典》，再到明清时期的《明会典》和《清会典》，都充斥着“公序良俗”精神。中国古代的“法”与现代的“法”，尽管在表现形式与内容上有质的差异，但是二者之间不仅具有传承、递进的关系，而且具有“相通”乃至“相似”之处。唐朝法典中，之所以把“先通奸后结婚”视为“无效法律行为”，主要是由于其违背了中国传统伦理道德，有悖于“善良风俗”的习惯。近现代社会，由于东西文化的交流以及西方大陆法系民法的借鉴，中国法学界、伦理学界开始关注“公序良俗”。1911 年辛亥革命爆发前，我国编纂完成了历史上首部《大清民律草案》。1912 年中华民国成立，1915 年北洋政府着手起草新的民法典，1925 年编纂完成了《民国民律草案》，其中使用了 6 条“有伤风化”的概念与 1 条“公共秩序和善良风俗”的概念。1928 年南京国民政府设置立法院，1929 年成立以傅秉常和史尚宽为代表的民法起草委员会，1929—1930 年编纂完成《中华民国民法典》，其第 2 条规定：“民事所适用之习惯，以不背于公共秩序和善良风俗为限。”这表明在审判公民个人案件中，如有违背公序良俗的行为，皆为“无效行为”，而其第 36 条还规定：“为维持财团之目的或其行为，有违反法律公共秩序或善良风俗，法院得因主管机关检察官或利害关系人之请求，宣告解散。”这条涉及企业、财团等法人组织，法律明文规定，如他们违反公序良俗，其活动在法律上将是无效的。就“公序良俗”的法治价值而言，以当代社会的《民法总则》为例，关于“公序良俗”的阐释，不仅适应一般的法律行为准则，也适用于整个民法的准则。在法官执行过程中，法律赋予其“一定的自由裁量权”，目的是便于法官在审理案件和做出裁决的时候，可根据“公序良俗”对具体案件灵活地、实事求是地、人性化地审判。也就是说，“公序良俗的调整机能，由确保社会正义和伦理秩序向调节当事人之间的利益关系、确保市场交易的公正性转变，从而使法院不仅从行为本身、而且结合行为的有关情势综合判断其是否具有反公序良俗性”。

三、当代社会公序良俗

当代社会，随着我国法治社会进程的推进，随着对法治精神、法理学理解的深入，公序良俗成了影响法律制定与实施的一个重要思想与理念。当然，对公序良俗也有一个逐步深入的认识过程。中华人民共和国成立后，国家先后 3 次进行民法典草拟工作，但是在这个过程中“公序良俗”的概念也还没出现。在《中华人民共和国民法通则》中出现了“社会公共利益”这一概念。而在《民法总则》中首次有“公序良俗”的概念，尤其难能可贵的是，《总则》已把“公序良俗”作为“民法六项基本原则”之一，这表明“公序良俗原则”已成为一项实实在在的“法律原则”。“公序良俗原则”被确定为“法律原则”，其基本依据是“法无禁止即可为”“法无授权即禁止”“权利不可滥用”等观念的综合。当然，“公序良俗原则”只是作为“基本准则”指导民事法律与民事审判的活动，而不具有确定事实状态及法律后果的作用。然而“公序良俗原则”却是约束一般民事行为的最基本要求，也是维护社会公共利益和社会公共秩序的根本要求。依据“公序良俗”基本原则对具体的法律行为评判，可能会更考虑法律之外的伦理道德因素，而不是简单依据具体的法律条文，如“不得违背道德规范”“不得损害公共秩序”“不得违反善良风俗”等，从而形成了可识别、可操作的公序良俗原则。在我国现行的法律规范中，《全国人大常委会关于〈中华人民共和国民法通则〉第 99 条第 1 款、〈中华人民共和国婚姻〉第 22 条的解释》，率先提出和使用“公序良俗”。随后最高人民法院在 2015 年《关于审理民间借贷案件适用法律若干问题的规定》的第 14

条，以及《关于适用〈中华人民共和国民事诉讼法〉的解释》第 106 条这两条“司法解释”中，再次使用了“公序良俗”这个概念。自 2017 年 10 月 1 日起施行的《中华人民共和国民法总则》(以下简称为《民法总则》),共有 4 个地方使用“公序良俗”概念。从公序良俗的内容上看，在 2009 年修订的《中华人民共和国民法通则》(以下简称为《民法通则》) 第 7 条、1999 年修订的《中华人民共和国合同法》(以下简称为《合同法》) 第 7 条和 2007 年出台的《中华人民共和国物权法》(以下简称为《物权法》) 第 7 条中，都规定民、商、经济、贸易活动及物权的取得与行使应当遵守社会经济秩序，应当遵守社会公德而不得损害社会公共利益和他人的合法权益。可见，这些条文尽管没有直接使用“公序良俗”的表述，但实质上表述了其内容。因而可以把《民法通则》第 7 条的规定，理解和概括为“公序良俗”的基本原则。譬如，“社会公共利益”和“社会经济秩序”，实质上指的就是“公序良俗”中的“公序”。

与西方国家民法典中“公共秩序”“社会公德”相比较,“公序良俗”中的“良俗”实际上对应着民法典中的“善良风俗”。从公序良俗的法源上看,《民法总则》第 10 条属于法源规定，即“适用习惯不得违背公序良俗”。就“公序良俗”的内容分类而言，它涵盖了政治国家秩序、市民社会善良风俗习惯、他人的人格尊严、家庭道德关系准则和其他公序良俗等类别。法学理论界和法官参照国外判例学说并结合我国的实际情况，把违反“公序良俗”的行为归纳为如下 10 种类型：危害国家公共秩序型、危害家庭关系型、违反性道德行为型、侥幸行为型、违反人权和人格尊严型、限制经济自由行为型、违反公平竞争行为型、违反消费者保护行为型、违反劳动者保护行为型和暴利行为型。这 10 种具有较强操作性的违反公序良俗类型，已经被最高人民法院法官在实践中采纳运用。

当然，在现实的民事诉讼过程中，“公序良俗”基本原则有着重要作用，具体表现如下：一是就“公序良俗”的主体判定而言，只有人民法院才有权做出哪些内容是属于公序良俗的判定，只有法官才是依法判断公序良俗的主体。“公序良俗”这个概念较为抽象和宽泛，法官在审判过程中拥有“自由裁量权”。即法官在审判过程中，当社会公共利益和社会伦理道德秩序遭到不法侵害，而法律条文对此又没有明确的规定时，法官可依据法律规定，按照“公序良俗”原则判定该行为无效，同时，法官裁定某个具体法律行为时也不需要考虑他人，而可以主要依据当事人的态度。当然，这也是“公序良俗”独有的作用。二是就“公序良俗”的审理程序而言，即法官在审理过程中，判断某项法律行为是否有悖“公序良俗”是有必经程序的，这主要是因为现实生活中确实有“公序良俗”并且为广泛民众所认可。同时，还要依据法律认定该法律行为是否确实有悖“公序良俗”。为此，最高人民法院出台《关于在人民法院工作中培育和践行社会主义核心价值观的若干意见》，用以指导各级法院依法妥善审理涉及英烈名誉权、荣誉权和公民人格权保护的案件，充分发挥司法的指引、教育、示范、警示和评价功能，促进社会秩序、道德伦理向好向善转变。而《民法典》中有许多法律规范就是围绕着社会伦理道德而制度化、法律化的。譬如，“诚实信用原则”和“公序良俗原则”。还如《物权法》第 109 条规定：“拾得遗失物，应当返还权利人。拾得人应当及时通知权利人领取，或者送交公安等有关部门。”《婚姻法》第 4 条规定：“夫妻应当互相忠实，互相尊重。”这些对生活中看上去极简单的道德规则的法律化，实质上是“公序良俗原则”的重要体现。[1]

[1] 宋才发．公序良俗在维系乡村秩序中的法治功能［J］．中南民族大学学报（人文社会科学版），2021，41（5）：118-126.

第三节 风清气正

一、风气风尚

风气可叫风尚，还可叫社会风气风尚，主要指特有风土气候环境，即人们所形成的习惯、风俗，是一种特有的社会文化现象。它可以是“社会上众人行为一致的趋向”“是世代相传做事或行动的社会习惯”。风尚、风气与风俗、风习有狭义与广义之别。广义层面包括宗教信仰、审美情趣、生活习惯等，狭义层面特指社会道德风貌、风气，这里主要就道德层面而论。东汉应劭在《风俗通义》中说:“风者，天气有寒暖，形式有险易，水泉有美恶，草木有刚柔也；俗者，含血之类，像之而生，故言语歌讴异声，鼓舞动作殊形，或直或邪，或善或淫也。”[1] 即由于自然条件不同形成的习尚叫“风”，由于社会环境不同形成的习尚叫“俗”，风俗就是一个地区历代相沿、积久而成的风尚。对此，张亮采在《中国风俗史》记载道:“至有人类，则渐有群；而其群之多数人之性情、嗜好、言语、习惯常以累月经年，不知不觉，相演相嬗，成为一种之风俗。”[2]

二、风气风尚道德主导

风尚作为一种独有的社会文化现象，是社会中的人们在共同的社会环境中，在共同的社会生活、生产过程中而形成的一种行为模式、规范及心理范式。风尚由全体社会成员共同遵守，一般多通过言传身教的方式，以集体无意识的形式代代相传。这种风气风尚具有长期性、稳定性及自发性的特点。风气风尚广泛渗透于社会的方方面面中，既包括物质生活的风俗，如衣、食、住、行等日常生活风尚、生产风尚，也包括精神生活风尚。风气风尚体现了一定社会中、一定时期内，

[1] 应劭.风俗通义校注［M］.王利器，校注.北京：中华书局，1981:8.
[2] 张亮采.中国风俗史［M］.北京：商务印书馆，1935：1.

全体社会成员的生活习惯、行为方式、心理结构、伦理观念以及基本的规则规范。当一个风尚为社会上大多数的人所认同并践行的时候，就变成了一种约定俗成的集体行为习惯，这时，风尚即成了风俗。风俗是风尚的外化，同时，风俗也是风尚存在的具体形成与流传方式。风俗广泛存在于人们现实生活的各个方面，影响着社会成员的生活习惯、道德观念以及道德行为。因此，风俗对人具有教化作用。总之，一个社会、一个国家、一个民族的道德建设状况、社会文明情况如何，更多的是通过这个社会的风气风尚显现出来，也即是通过社会风俗显现出来，并且这种风尚风气风俗不是社会中少数成员的行为显现，而是这个社会中大多数甚至全体社会成员的行为显现，并反过来折射出这个社会的道德发展状况及整个社会的文明程度。《汉书》中云："上之所化为风，下之所化为俗。""上之所化"指由上而下的教化，像风一样传遍四方；"下之所化"即普通民众的自我修养、自我提升，并且以风俗习惯形成或存在于社会中，存在于广大民众中。

在西方，风气风尚作为一种社会风俗习惯，主要指社会生活中全体成员的道德生活和生活中的道德，也就是说道德社会生活是社会风俗中的一部分。但社会风俗不是社会道德生活的全部，这主要由于风俗是约定俗成的、自然而然的。当然，一个社会中的风俗也不一定全是道德的，其中也会存在着陋习。英文的"风俗（moras）"与"道德（moral）"是同一个词根，道德是由风俗演化而来的。亚里士多德的"ethical"（伦理的）来自风俗，其意之一就是"遵从习惯或风俗"，即伦理德性由风俗习惯沿袭而来。

从道德起源角度看，人类社会早期道德表现为风俗习惯，即道德规则、规范以风俗习惯的形式存在。这种道德上的风俗习惯影响着那个时代中的民众，换句话说，生活于一定社会文化环境中，尤其是人类社会早期，人们总是会受到其风俗习惯的影响。而从道德教育方式看，风俗习惯则是道德观念、道德规范对人的教育的重要途径，这即是一定社会（尤其是人类社会早期）中道德观念、道德心理、道德思维及具体的道德规范等无声地影响着那个时代的全体民众，无形地渗透到那个时代民众日常生活的方方面面，并成为人们进行道德评价、道德判断的标准。

三、风清气正的价值指向

风尚至少包括三个方面的内容：一是一定的价值观，这是风尚的本质和灵魂；

二是传播社会上的声音，包括响应、拥护和支持的声音，这是风尚的凭借和依托；三是被传承的精神气质和道德习惯，这是风尚的力量和体现。

1.人间正道

人间自古有正道，人间也自有正道在，也就是说，社会总会有一种正气正义力量。每个人也总是有正气正义，这种正气正义潜藏于人的内心世界，用通俗的话语表述就是“人人心中都有一杆秤”。中国古代社会，孟子提出“我善养我浩然之气”，其实这是至高境界的正气。中国古代社会中，文人士子这一群体的正气表现得较为明显。在《小雅·十月之交》这首诗中，诗人为国家的前途命运，对那些胡作非为的佞臣恨之入骨，诗人并不想同他们同流合污，而仍坚持个人的独立操守，“四方有羡，我独居忧，民莫不逸，我独不敢休。天命不彻，我不敢效我友自逸”(《小雅·十月之交》)。在《大雅·烝民》这首诗中，诗人歌仲山甫“既明且哲，以保其身”“柔亦不茹，刚亦不吐，不侮矜寡，不畏强御”(《诗经·大雅·荡之什》)。对此，朱熹注释说:“明，谓明于理；哲，谓察于事；保身，盖顺理以守身，非趋利避害，而偷以全躯之谓也”(朱熹《集传》)。“不茹柔，故不侮矜寡，不吐刚，故不畏强御，以此观之，则仲山甫之柔嘉，非软美之谓，而其保身未尝枉道以徇人可知矣。”(《大雅·烝民》)仲山甫为了周室的事业兢兢业业，事奉周王，他在国家大的事理之上甚明，不侮矜寡、不畏强敌，勇于坚持自己的事业理想和道德操守，是个有独立人格的人。和仲山甫一样，屈原之所以被后世文人所称道，一方面是由于他热爱楚国，另一方面也是由于他坚持正义，坚持理想的独立人格。屈原为了事君而“竭忠尽智”,其前提并不是阿谀奉承,而是“正道直行”。他在《离骚》中多次批评那些小人:“固时俗之工巧兮，偭规矩而改错；背绳墨以追曲兮，竞周容以为度。”而他自己即使是被人打击排斥，至死也决不改变个人操守:“宁溘死以流亡兮，余不忍为此态也。”“屈心而抑志兮，忍尤而攘诟。伏清白以死直兮，固前圣之所厚。”在《九章》当中，屈原的这种正道直行一再得以显现，其中《桔颂》一首，简直就是屈原人格的象征:“嗟尔幼志，有以异兮，独立不迁，岂不可喜兮？深固难徙，廓其无求兮。苏世独立，横而不流兮。闭心自慎，终不失过兮，秉德无私，参天地兮。”

从先秦时起，中国人在追求群体价值实现之时就一直没有忘记个体人格的实现。《诗经》《楚辞》中的人格表现是如此，先秦儒家，尤其是孔孟的论述也是如此。“杀身成仁”是孔子的名言，除此之外，孔子还说:“巧言、令色、足恭，左丘明耻之，丘亦耻之。”（《论语·公冶长》）而孟子也主张“居天下之广居，立天下之正位，行天下之大道；得志，与民由之；不得志，独行其道。富贵不能淫，贫贱不能移，威武不能屈，此之谓大丈夫”（《孟子·滕文公下》）。可见，无论在孔子还是在孟子那里，儒家的这种群体精神里都包含着对个体人格的肯定，真正的大丈夫既要有为国为民的群体意识，又要有坚守人间正道的精神。

中国后世文人对个体自由独立人格的追求之所以成为传统，一方面是自觉或不自觉地受屈原、庄子思想的影响；另一方面也说明作为自然的人的个体之独立在中国文化传统中一直具有重要意义，作为一种民族精神积淀，它一直潜藏于我们民族心灵的深处。每当宗法制度对个体的人造成压抑，扭曲人的自然本性的时候，总有一些文人发出强烈的、呼喊自由独立人格的声音。阮籍虽然没有像庄子那样彻底和现实决裂，内心仍然深深眷恋着魏晋王朝，但是在司马氏强权的压抑下，他却又从内心深处倾慕着庄子。他写《达庄论》《大人先生传》，那个“养性延寿、与自然齐光”的大人先生的确是他的人格理想，他不愿意委曲下人，对那些奴颜婢膝而又冠冕堂皇的奴性儒生表示最大的蔑视：“洪生资制度，被服正有常，尊卑设次序，事物齐纪纲，容饰整颜色，磬折执圭璋。堂上置玄酒，室中盛稻粱。外厉贞素谈，户内灭芬芳。放口从衷出，复说道义方，委曲周旋仪，姿态愁我肠。”（阮籍《怀咏》）和阮籍相比，陶渊明对于自由独立人生理想的追求更具有典型意义，他宁愿辞官也不肯为五斗米折腰，表现出他对自我个体人格的尊重。而大诗人李白更是追求个体自我人格的象征。

易见，中国古代文人士子的这种独立人格，从仲山甫至屈原，已经形成一种优良传统。他们为了真理而毫不让步，至死不悔，甚至敢于在皇帝面前据理力争。显然，自由独立的人格已经化为中国优秀文人的内在品格。他们从来不满足于现状，对各种不合理的现象总是要提出批评，面对现实中的不合理现象，总会彰显正道。在原则与正道面前，他们坚守自我节操与底线，所谓“三军可夺帅也，匹夫不可夺志也”（《论语·子罕》），“志士仁人，无求生以害仁，有杀身以成仁”（《论语·卫灵公》）。中国古代有句名言“文死谏，武死战”，武将死于战场是英雄，文人死于谏诤也是英雄。唐代韩愈就是榜样，韩愈因为谏迎佛骨，触怒宪宗，贬官潮州，但他并不后悔，仍表示为了让“圣明除弊”而不惜“衰骨残年”，这就是韩愈的谏诤品格。在我们的生活中，无论天道、地道、人道、王道、商道等，只要心正、念正，一切皆属于正道。当念力不正，思想就会出现偏差，特别是当自己碰到各种伤害，就会胡思乱想，会怀疑自己，怀疑人生。念正则道正，一切皆有可能。

正念，就会有正语，正语了就有正行为，正行为自然就有正精进，终必得正果。都说真传一句话，假传万卷书，做人想入正道就从念头开始，内心时刻保持积极想法，一切就会相对顺利。为什么我们会感到烦恼，核心是：心术不正！在修行自身的过程中，我们也发现了社会存在的种种弊病和集体意识的信仰危机的原因，归根到底是人类集体意志的价值取向面临着严重偏差，是资本积累后期阶段对人性最为残酷的吞噬和侵蚀。然而我们不得不承认，资本积累是解放人类肉体和进一步解放人类灵魂的必经之路，也可以认为思想解放会进一步促进生产力的解放，二者相辅相成，并不存在着先后关系，而是互为因果。

在面临着极端挑战的前提下，我们感受到人间正道被严重的挑战，同时我们也感受到多年形成的价值观正受到严重的冲击，似乎这就是资本侵蚀人心的力量。但是如果是这样的话，在这种冲击之下，心中的正道反而愈加地鲜明，对抗这种侵蚀的力量被进一步加强，似乎心中有一种强大而坚硬的力量在支撑着这种信念。而无数迹象皆暗示着，我们过去的战略选择都是无比正确的，也正是这种纯粹的理想主义情怀，支撑着我们每一次的战略决定，虽然不得不承认在战术上存在着很多问题，甚至存在着诸多战术上失败的例子，但是在战略层面，正道确实是坚实的支撑力量。在人间正道的道路上，我们会不断地实现自我的一次又一次突破，而我也愈加地感觉到，我们这个社会需要一种正向的，符合人类发展的客观规律的信仰。

这是人性最复杂的时代。无论你是无奈还是愤怒，今天，我们不得不和一些做出低劣行径的人共处一个国家、一个时代。这个社会的底线不断地被突破，每天的社会新闻都在毁三观，我们无处躲闪。为此，既要个体见义勇为，也要良好的法治环境以及舆论和道德的支持。要改善社会风气，需要的不只是空洞的道德说教，除了要重奖见义勇为者外，还要为他们构建必要的法治环境，以及提供社会各方共同营造的舆论和道德支持。

2.诚信

诚信是中华民族的传统美德，既是价值观念，也是道德规范。中华民族重视诚信，自古就有“人无信而不立”“君子一言既出，驷马难追”“诚信立身”等道德规范。诚信是人类社会普遍的道德要求，是社会存续发展的重要基石、是个体自我安身立命的最基本的规范，也是一个社会文明的重要因素，更是个体自我的德性素养标识。先来看“诚”。《大学》提出“格物、致知、诚意、正心、修身、齐家、治国、平天下”的条目，又反复论说，“欲正其心者，先诚其意”“意诚而后心正”。在这里，诚是修养方法，又是道德境界。《中庸》说：“诚者天之道也，诚之者人之道也。”又说：“唯天下至诚，为能尽其性；能尽其性，则能尽人之性；能尽人之性，则能尽物之性；能尽物之性，则可以赞天地之化育；可以赞天地之化育，则可以与天地参矣。”孟子也说：“是故诚者天之道也，思诚者人之道也。”（《孟子·离娄上》）荀子也说：“君子养心莫善于诚，致诚则无它事矣，唯仁之为守，唯义之为行。”（《荀子·不苟》）对这一问题的看法，儒家是一以贯之的。再来看“信”。“信”往往着眼于人际交往中的重诺守信。《尚书》说：“尔无不信，朕不食言。”《诗经》说：“慎尔言也，谓尔不信。”这两句都是说言而有信，取信于人。孔子教授学生，有“文、行、忠、信”四教，要求“与朋友交则信”。《论语》中多次提到关于“信”的教诲，比如“敬事而信”“谨而信”“主忠信”“朋友信之”“信以成之”“信则人任焉”“信则民任焉”等。《吕氏春秋》进一步论述：“君臣不信，则百姓诽谤，社稷不宁；处官不信，则少不畏长，贵贱相轻；赏罚不信，则民易犯法，不可使令；交友不信，则离散郁怨，不能相亲；百工不信，则器械苦伪，丹漆染色不贞。”朱熹认为：“诚者，真实无妄之谓。”程颐认为：“以实之谓信。”诚信就是要诚实守信，重规则，守契约，言必信，行必果。董仲舒认为：“竭遇写情，不饰其过，所以为信也。”（《春秋繁露·天地之行》）他将信与仁、义、礼、智并列为“五常”，这既是道德层面的价值观念，也是道德准则与规范，成了中华民族恒久的价值取向与道德规范。

关于诚信，诚、信二字可以互训。《说文解字》说：“信，诚也。从人从言。”又说：“诚，信也。从言从成。”《白虎通》也说：“信者，诚也。专一不移也。”诚信即是表里如一，言行如一。《周易》也说：“君子进德修业。忠信，所以进德也；修辞立其诚，所以居业也。”君子的修身之道，是离不开“诚信”的。孔子也说：“人而无信，不知其可也！”他又说：“言忠信，行笃敬，虽蛮貊之邦，行矣。言不忠信，行不笃敬，虽州里，行乎哉？”正是在这个意义上，孔子才说：“言必信，行必果，硁硁然小人哉。”孟子说：“大人者，言不必信，行不必果，惟义所在。”《管子》有云：“诚信者，天下之结也。”诚信是治国理政的关键所在。据《逸周书》记载：“父子之间观其孝慈，兄弟之间观其和友，君臣之间观其忠惠，乡党之间观其信诚。”此处“信诚”，意同“诚信”。邻里乡党之间的交往，需要诚实守信的道德品质，真诚相待，讲求信用。当代社会强调提高民众的诚信意识和信用水平，本质上就是强调要在重视道德规范的同时，凸显政务诚信、商务诚信、司法诚信和社会诚信的正能量和引领价值。当代社会重视“社会信用体系建设”，诸如出台的《社会信用体系建设规划纲要（2014 — 2020 年）》在促进民众诚信素养方面起到了很大作用。同时，强化人格信用和制度信用，以信任来源为标准，提高社会诚信意识和信用水平，是建成法治国家、法治政府和法治社会的一项长期的、系统的、扎实的法治建设工程。所谓“一处失信，处处受限”。

3.友爱

马克思指出：“人的本质不是单个人所固有的抽象物，在其现实性上，它是一切社会关系的总和。”[1] 个人一旦失去社会中的各种关系，就不能被称作一个社会化的人，而社会中的各种关系需要个人的友善品德来维系，这里所说的“个人”具有广泛的意义。任何个人在社会中都必然会与他者发生各种性质、各种类别的关系。在这些关系中，“善与恶”是彼此相互存在的，想获得爱的前提是付出爱，想要得到信任的前提是信任对方。将友爱与信任真正付诸实践，从而在具体的实践中形成仁爱情怀，是友善品德得以形成的伦理本源。真正的友善品德还应建立在共同体的基础之上，友善的终极价值是让人们怀着愉悦的心情与积极的心态结成“自由人的联合体”，最终实现每个人的自由而全面的发展。那么，前提就是要将个体内心的友善施于他者，并将自我与他者置于同一个“友善的共同体”之中，怀着仁爱情怀找到共同体的归属感。

“友爱”则更是人类思想史上极富活力的话题，同时也是现代人际关系的一种理想状态。作为一种对待他人的社会道德要求，它意味着一视同仁地尊重人、对待人，真心实意地关心人、同情人和帮助人。“友爱”中的“友”，原指的是兄弟相敬爱，“善兄弟为友”（《尔雅·释训》）。“爱”是人类情感中最本质、最核心的内容。“人无仁义，无异于禽兽。”这里讲的仁义指的就是“爱”，就是人与人之间的关怀、宽容之心。兄弟相敬爱的“爱”，在早期一般不真正用于非朋友或陌生人。友爱不等于友善，友善主要强调的是一种态度，而友爱还包括友善的情感，它具有构成一种深情的关系即友谊的潜力。由于社会交往的扩大和市场经济的发展，我们今天所说的“友爱”主要是指“全体人民平等友爱、融洽相处”，它不仅指执政者对民众的“仁爱”，更强调建立在“人本身是最高价值”基础上的平等主体之间的相

[1] 马克思，恩格斯 . 马克思恩格斯文集（第 1 卷）[M] . 北京：人民出版社，2009：501.

互关爱。这种友爱的前提是承认人都是平等的，有被平等对待的权利。对于整个社会来说，需要一种普遍的、基本的、彼此友善相待的态度和情感，这种友爱使非亲非故者也能得到社会的关心和善待。如果说社会公正原则意味着“不损害任何人”，那么友爱则蕴涵着“尽你力之所能帮助一切人”（叔本华语）。如果说制度公正是一个社会和谐的必要条件，那么友爱则是社会和谐的充分条件。正因如此，自古以来，任何一个民族、任何一个国家、任何一种宗教、任何一种文化，都极为重视友爱之德对于协调人际关系、促进国家长治久安、人民安居乐业的特殊贡献和作用。崇尚友爱，是中华民族的优良道德传统。

4.宽容

“宽容”即“包容”之意，它是个人或群体对持有不同思想、观念、信念、情感、态度、判断或具有不同行为表现的个人或群体有意采取的一种容忍态度。或者说，它是个人或群体在遭遇思想差异、观念差异、信念差异、情感差异、态度差异、判断差异或行为差异时对“差异”所采取的一种妥协态度。这里的宽容更多指群体、社会层面的宽容，所谓“海纳百川，有容乃大；壁立千仞，无欲则刚”。

早在春秋时期，《易经》即有云：“天行健，君子以自强不息；地势坤，君子以厚德载物。”前者说的是进取精神，后者讲的是宽容精神，这两种精神可以看作优秀传统文化的基本精神。在人类历史发展中，宽容为历代思想家所提倡，《论语》中有“宽则得众”，《尚书》中有“必有思，乃有济；有容，德乃大”。宽容可以是个人的一种德性修养，也可以是社会治理中应有的心态与智慧。纵观古往今来，那些成就大事的人，无不具有包容天下的广阔胸怀，无不善于在不同中谋同一，在和谐中蓄积力量，并能够正确对待社会中的矛盾和前进中的困难，变冲突为祥和，化干戈为玉帛，使摩擦降低到最低限度。春秋战国时期，齐桓公不计前嫌，任管仲为相并尊为仲父，终于得其辅佐，使齐国成为五霸之首；廉颇知错能改、负荆请罪，蔺相如胸怀全局、宽容大度，换得“将相和”。相反，西楚霸王项羽虽武功盖世，却因“自矜功伐，奋其私智”（《史记·项羽本纪第七》），最终兵败垓下，自刎乌江。这里的宽容不仅指个体自我的德性，也是指个体自我治理社会的胸怀与智慧。“智者能容”，越是睿智的人，越是胸怀宽广，越是能容天下难容之事。要想取得人们的信任与支持，必须争取人心，而人心不是靠武力征服的，相反，是靠仁爱和宽容大度征服的。

由此，社会应努力营造一种宽容的氛围，帮助人们养成宽容的心态。可以作这样的设想：我们每个人都是整个社会机器上的一个个齿轮，宽容即是互相咬合、排列有序的齿轮之间的缝隙和距离，倘若每个齿轮都过分强调自己的空间，齿轮之间的缝隙和距离过密，那么，这部机器就难以良好地运转，甚至会瘫痪。人在世上难免与他人的观点和利益有分歧，人与人之间即便有些意想不到的摩擦，也应该学习古人大肚能容天下难容之事，为人为己为家为国，忍一时风平浪静，退一步海阔天空。当然，倡导宽容精神，必须坚持原则，把握好度。《中庸》说："喜怒哀乐之未发，谓之中；发而皆中节，谓之和。""中庸之为德也，其至矣乎！民鲜久矣。""中庸"的主要内涵是"度"，朱熹《论语集注》注云："中者，无过、无不及之名也。"就是说，在事物的发展过程中，对于实现一定的目的来说，存在一定的标准，没有达到这个标准叫"不及"，超过了这个标准叫"过"，只有"无过无不及"，才能实现原有的目的。宽容不是纵容，不是免除对方应该承担的责任，任何人都需要为自己的行为负责，承担相应的后果，否则，人们会一而再、再而三地犯错。"不可容忍的事物是这样一些客观事实——它们由人的决定或行动直接或间接地造成，或者是漫不经心和迟钝懈怠的结果。不管它们是表现为条件、形势、做法、习俗、行动还是别的什么，都是不可容忍的，因为它们以这样或那样的方式妨碍了人所特有的潜能的实现，或者损害了我们所说的人的尊严。"[1] 因此，我们提倡宽容，并非推崇无原则的纵容，"求真的意志依旧是宽容的一个基本内涵"[2]。要把握好度，必须坚持原则，不能无原则地纵容、忍让，尤其是在涉及国家、民族利益时更要坚守原则，不能让步。具体到道德上，宽容的基本含义在于包容道德生活中的他者，即包容持有不同道德思想、道德观念、道德信念、道德情感、道德态度、道德判断或具有不同道德行为表现的个人或群体。道德宽容是个人或群体对可以容忍或具有一定道德合理性的道德分歧所抱持的一种容忍或包容态度。道德宽容与道德纵容则不同。道德纵容是对不应该容忍或不具有道德合理性的道德分歧进行容忍或包容。

---

[1] 约安娜·库茨拉底．论宽容和宽容的限度［J］．第欧根尼，1998（2）：22–31.
[2] 让娜·赫施．宽容：在意志自由与真理之间［J］．第欧根尼，1998（1）：70–74.

05

第五章 道德养成的个体价值旨归：生生、至善、幸福

人生在世，人要德性修养，这里有个问题，即人生的目的、意义、价值究竟何在。在和平年代，对于普通民众而言，个体自我道德养成的价值旨归就在于重生、乐生，即热爱生活、珍惜生命，就是做一个善良的人，更重要的是，要追求幸福的人生。当然，人很独特，尤其是人类历史长河中，民族脊梁的人生价值不止于一般民众的生存、生活目标。他们胸怀天下，必要时会牺牲小我、牺牲个人幸福，以追求大我、追求至善、追求人类的幸福。

第一节　人类的生生不息

一、天地之大德曰生

中国人特别注重当下人生，重生生不息，重“生”。其实，“生”概括了天地万物的最根本的规律，是天地运行的最根本的法则和功能。中国古代社会贤哲们总是围绕“生”而思考，《尚书·盘庚中》应是最早的一篇有关社会政治心理学的杰作，盘庚为说服民众同意迁都，可谓是用心良苦，其中最后的一句话为“往哉，生生！今予将试以汝迁，永建汝家”。可以看出说服者费尽苦心：只有迁都，全体才有生路。生存是最重要的，为了生存，古老而暂时惬意的传统习惯有必要被打破。春秋战国时期，一方面“礼崩乐坏”，一方面也进行着社会秩序的重建。也正是在这样一个时代，诸子百家思考着人类社会该何去何从，也思考着人生的意义。孔子提出“仁”的核心观念，而孔子的仁道也就是生道，仁就是生的意思。老子的“谷神不死，是为玄牝”更富有生生之意，其《道德经》的核心也是生，所谓“道”生长万物，“德”养育万物，使万物生长发育，使万物结籽成熟，对万物抚养保护。

生之含义博大精深，其核心要义就是要关注人本身。天地万物人为贵，人是天地发展之最精者，聚集了天地的精英之气，以人为本，关怀人、关注人，也就是顺应天地之大道。曾子说过“天道远，人道迩”，这种就是重人道。孔子的学生问孔子如何事鬼神，孔子回答“未能事人，焉能事鬼”。再问死，孔子又回答“未知生，焉知死”。其中的道理都是一致的。孔子从不谈论怪异、勇力、违法、鬼神一类事情，所谓“子不语怪、力、乱、神”。孔子之所以这样做，就是认为生就是要让人得到发展，就是要关注人道和现世。荀子提出人的生命不能够被任意剥夺，且任何人的生命都概莫能外，都应得到保护和供养。荀子写道：“故虽为守门，欲不可去，性之具也。虽为天子，欲不可尽。”（《荀子·正名》）有生就有欲，有欲就应得到必要、基本的满足。虽卑微如守门人，也不可夺去他的欲望；虽高贵如天子，也不可完全满足他的欲望。孟子所倡导的仁政也是以这种普遍的“生生”为根据的。仁政主要有两条：一是制民之产，五亩之宅，百亩之田，勿夺其时，“必使仰足以事父母，俯足以畜妻子，乐岁终身饱，凶年免于死亡”“是使民养生丧死无憾也”；二是反对战争，因为战争造成了最多的伤亡，“争地以战，杀人盈野，争城以战，杀人盈城，此所谓率土地而食人肉，罪不容于死，故善战者服上刑”。以上两条，大致对应于我们前面所说的“生生”的两个方面：一是奉养生命，满足生命的需求；二是保护生命，不使生命遭到无故的伤害。这一“生生”，是涵盖所有人的，它们是不以地位、身份为转移的，甚至越是地位卑贱，越是要先受到照顾。“幼而无父曰孤……天下之穷民而无告者。文王发政施仁，必先斯四者。”（《孟子·梁惠王下》）中国政治向来有率先救治“穷民而无告者”（《孟子·梁惠王下》）的传统。《吕氏春秋》曰：“始生之者，天也，养成之者，人也，能养天之所生而勿撄之，谓之天子。天子之动也，以全天为故者也，此官之所自立也，立官者以全生也。”

宋明时期则围绕“仁”，把孔子的仁道阐释作了具体拓展。朱熹接着二程，以生解仁，以仁为生道，以仁为生理。朱熹说：“元者，天地生物之端倪也。元者生意，在亨则生意之长，在利则生意之遂，在贞则生意之成。若言仁，便是这意思。仁本生意，乃恻隐之心也，苟伤着这生意，则恻隐之心便发。”（《仁说》）朱熹把“生生”与“仁”联系起来，把“生生”作为价值根源。“天生蒸民”，“天地之大德曰生”，先哲们相信自然界一切事物中，都是以生为意，以生为心。所谓“天何言哉，四时行焉，百物生焉，天何言哉”（《论语·阳货》）。周茂叔不肯让人除去窗前的野草，说“与自家的意思一般”。程明道书窗前茂草覆盖了石阶，有人劝其锄去，他答道:“不可，欲常见造物生意。”程伊川劝阻皇帝攀折柳枝，说“方春发生，不可无故摧折”。戴震、焦循等清儒，强调了原来那一种适用于所有人，尤其是适用于下民的普遍“生生”观，也认为“仁”就是生生之道。戴震说:“人之生也，莫病于无以遂其生，欲遂其生，亦遂人之生，仁也。欲遂其生，至于戕人之生而不顾者，不仁也。……‘仁者，生生之德也;‘民之质矣，日用饮食’，无非人道所以生生者。一人遂其生,推之而与天下共遂其生,仁也。”[1]重要的不是自己要生、要活，有各种生存的欲望，而是由自己推知到天下所有的人都要生、要活，都有各种生存的欲望，而且把生欲看作一件合理而自然的事情。每一个人都应对自我欲望有所限制，做到“不戕人之生”或“亦遂人之生”，而这意味着所有人在基本生存方面都是平等的，且都有自己的生存空间和权利。生作为天地运行的规律，运用到人的生活中，就是人要自强不息。“天行健，君子以自强不息。”自强不息就是努力向上、永不停止，这也是一种执着的精神。孔子一生中的许多学说不为当政者所提倡，而他自己甚至有时像丧家之犬，被人追赶围困，受人讥笑嘲弄。他的一生可谓明知不可为而为之，这就是执着，这就是自强不息，这就是生的精神典范。中华民族延续五千年，中国人无论漂流到世界任何地方，都保留着东方人的基色，中华民族生生不息的根源就在于传统文化的根本精神，在于“生”。我们中华民族的祖先、祖宗的那个“祖”字，原先只是男性生殖器，即“且”，它象征着生生不息，即子子孙孙由此而来，连绵而不断。中国人对此崇拜，且世世代代祭祀，长久通行，把“示”与“且”结合在一起，就变成了“祖”字。因此，血缘文化、祖宗崇拜本质上仍然是重生的精神。龙是中华民族的民族图腾,是生的精神的集中体现。其实，龙既是一种创造，又是一种象征，它本身是中华民族历史融合的结晶。龙是中华民族早期融合的图腾综合，民族在交往中合体，各个民族各取一个象征物代表自己，经过几千年历史，便创造出龙这一动物。龙是中华民族精神的集中体现，是生的精神的活典范，龙也是中华民族自我形象、自我发展的形象概括。一个民族的核心精神是早已存在的，是历史与现实的交汇。民族的核心精神既体现在一个民族的规章制度、文化典籍中，也体现在家喻户晓的寓言故事里。在我国，最常听到的就是夸父追日、精卫填海、愚公移山、大禹治水等神话故事，这就体现着民族的核心精神。

重生还表现在面对任何艰难困苦时自强不息，且笑而面对。“孔颜乐处”是人

[1] 戴震 . 孟子字义疏证［M］. 北京：中华书局，2008：8.

的最高境界，孔子曾说："饭疏食，饮水，曲肱而枕之，乐亦在其中矣。不义而富且贵，于我如浮云。"（《论语·述而》）又说："一箪食，一瓢饮，在陋巷，人不堪其忧，回也不改其乐。贤哉回也。"（《论语·述而》）冯友兰先生指出："孔子的意思是说，一个人虽然在贫穷的环境中也可以有快乐幸福的生活。他不是说，贫穷的本身就是一种幸福快乐。孔丘和颜回所乐的并不是贫穷的本身，他们只是，虽然在贫穷的环境中而仍'不改其乐'。"[1] 同时，人要正确对待挫折问题。人生在世，总会遇到这样或那样的困难，而面对困难，中国人总会自强不息、坚忍不拔。自古就有"盖文王拘而演《周易》，仲尼厄而作《春秋》，屈原放逐，乃赋《离骚》"。司马迁身受腐刑后，忍辱负重，完成了他的"名山事业"——《史记》。这种乐观的人生态度感染了一代又一代中国人，是宝贵的精神财富。

西方历史学家汤因比曾比较了人类 26 种文明的发生和发展，认为是人与自然的挑战和应战的矛盾构成了文明发展的动力。自然向人挑战，人奋起应战，这才形成文明及其发展。当然，自然条件太严酷或者太顺当，都不构成对文明发展的刺激，只有困难的刺激，才使人的应战得到充分发挥。中国的黄河流域和长江流域是典型的自然对人的"困难的刺激"，文明因而得以在这里形成和发展。自强不息和奋斗不已，正是面对自然挑战时人的应战精神，它构成了中国传统文化的核心精神。中国人，包括民间普通百姓，都知道人要生存，要不顾万难。由此想到我们的先祖们在十分艰难的自然条件和生活条件下，一代代繁衍生息，这既让人感动并由衷敬仰，也体现了中国传统文化的核心精神。中国人基本上都有这样的观念：每一个人，只要生下来了，就要让他活下去，就要给他吃，给他喝，而不管他来得多么不合时宜，也不管他是属于什么阶层、等级。这种信念就是受到中华民族文化的濡染而产生的，而且体现着人类的普遍善性和基本良知。可以说，历史上确实存在人与人之间水火不容的对立情况，甚至把人的生命如草芥般漠视，但不能因此扼杀人的普遍善性和人性，有许多思想家向往、呼吁着把所有人的基本生命视作同一种生命且予以人文关怀。

二、重生乐生

重生乐生是人类社会独有的文化现象，即人是超越本能活在这个世界上的。

[1] 冯友兰 . 中国哲学史新编（下）[M]. 北京：人民出版社，1999:75.

人可以反思自我，审视自我，并自觉地构建自我生命运行的蓝图，首先是要珍惜生命。“天地之生也，则人以为贵。草木任生而不恤其死；禽兽患死而不知哀死，人之哀死而不必患死，哀以延天地之生，患以废天地之化。故哀与患，人禽之大别也。”（《周易外传》卷二）这里就哀死与患死作了比较：患死是禽兽的本质，是盲目的生存本能；哀死是人对生命的珍视，是人之为人的本性。孔子“钓而不网，弋弋不射宿”（《论语·述而》，即是反对为政者对生命的肆意戕害，他对季康子说：“子为政，焉用杀？子欲善而民善矣。”（《论语·颜渊》）孔子坚决反对那些用活人陪葬的做法：“始作俑者，其无后乎？”（孟子·梁惠王上》）在孟子看来，无谓地牺牲生命是不值得肯定与倡导的，“莫非命也，顺受其正，是故知命者不立乎岩墙之下。尽其道而死者，正命也；桎梏死者，非正命也”（《孟子·尽心上》）。孟子也极力反对君主的滥杀无辜，称“杀一无罪，非仁也”（《孟子·尽心上》）。

中国古代社会重视人的养生，这也是尊重生命、重生的表现。《吕氏春秋》说：“知生也者，不以害生，养生之谓也。”《千金方》也云：“天地之性，惟人为贵，人之所贵，莫贵于生。唐荒无始，劫运无穷，人生其间，忽如闪电，每一思批，罔然心热，生不再来，逝不可进，何不抑情养性，以自保惜？”可见，养生对人很重要，也是贵生之根本。所以，《关伊子》说：“有生所甚重者，身也。身以安乐为本，安乐所可致者，以保养为本。”

养神是养生的重要方法，其原则是“静”，机体只有精神安静稳定才能正常运行，脏腑机能才会协调、平衡，免疫力才能增强，不易得病。所以，《黄帝内经》说：“静则神藏，躁则消亡。”《淮南子》说：“夫精神气志者，静而曰充者以壮，躁而曰耗者以老。”陶弘景说：“静者寿，躁者夭。”这里要注意两种情况：人的情绪不宜过于激烈，如狂喜、盛怒、骤惊、大恐；同时，人也不要沉溺于冥思苦想、积忧久悲，要保持精神愉快、心情舒畅。孙思邈说：“安神宜悦乐。”刘默在《证治百问》中也这样写道：“人之性情最喜畅快，形神最宜焕发，如此刻刻有长春之性，时时有长生之情，不惟却病，可以永年。”宋代陈直总结出一套愉情办法，称为“十乐”。“述齐斋十乐云：读义理字，学法帖字，澄心静坐，益友清谈，小酌半醺，浇花种竹，听琴玩鹤，焚香煎茶，登城观山，寓意弈棋。”另外，欲望要适度，否则便会因其难以实现而焦躁不安、精神耗散：“汲汲而欲，神则烦；切切所思，神则败。”所以，养生家们说：“养生之方，首先节欲。”“欲寡精神爽，思多气血衰。”可见，欲望适度、知足常乐是养神的基本方法。孙思邈则将其归纳为“十二少”：“少思、少念、少欲、少事、少语、少笑、少愁、少乐、少喜、少怒、少好、少恶。行此十二少,养生之都契也。”可以看出,这些养生重生之举,同中国传统人文教化有相通之处。

关于乐生,孟子还提出“君子有三乐”的观点。所谓“三乐”,“父母俱存,兄弟无故”为一乐,“仰不愧于天,俯不怍于人”为二乐,“得天下英才而教育之”为三乐。孟子特别指出,君子之乐,“王天下不与存焉”。父母兄弟之情,是人生最基本的德性情感,从中所体验到的乐,也是人生最基本的快乐。其中“仰不愧”“俯不怍”之乐,是人之为人的良心,是一种美好人格的显现,也就是孟子所说的“大丈夫”精神。以教育天下英才为乐,则说明君子的社会责任感,同时也说明君子人格的社会价值。巴金说:“生,的确是美丽的。乐生是人的本分。有些杀身成仁的志士勇敢地戴上荆棘的王冠把生命视为敝履,他们并非对生命感到厌倦,相反的,他们则是乐生的人。”

三、荣生

人很独特,都珍惜自我的生命,都追求快乐幸福的人生,但是,却也有人为国家、为民族而奋斗,乃至献出自己的生命。中国古代社会,为仁为义的人生就是荣生,“生荣死哀”是儒家生命观的本质所在。孔子极其推崇生的光荣,认为生时要为国为民积德,立功与立言。“四十、五十而无闻焉,斯亦不足畏也。”(《论语·子罕》)“年四十而见恶焉,其终也已。”他又说:“君子疾没世而名不称焉。”(《论语·卫灵公》人死后个人的名誉不得到人们的称颂,是不值得提倡的。在儒家看来,人的生命既包括肉体生命,也包括精神生命(天命),精神生命的价值远远高于肉体生命的价值。肉体可以死亡,但是精神生命可以通过依赖现实的积极活动而实现“不朽”,所谓“太上有立德,其次有立功,其次有立言;虽久不废,此之谓三不朽”(《左传·襄公二十四年》)。这里,儒家所提倡的“三不朽”观念一直影响着中国社会。魏文帝说:“生有七尺之形,死惟一棺之土,惟立德杨名,可以不朽。”(陈寿《三国志·魏书·文帝纪》)也正如明代学者罗伦在其《一峰诗文集》中所说:“生而必死,圣贤无异于众人也。死而不亡,与天地并久,日月并明,其惟圣贤乎!”圣贤异于众人之处,就在于他们生前能在道德、事功学问上有所建树,故虽死但精神犹然“与天地并久,日月并明”,这就是所谓的“不朽”。在有限的人生中将无限的“道”彰显出来,从而达到精神的永恒与不朽。所以,孔子教导人们说:“志士仁人,无求生以害仁,有杀身以成仁。”（《论语·卫灵公》）面对“邦无道”的社会，孔子甚至提出“朝闻道，夕死可矣”（《论语·里仁》）。曾子在《论语·泰伯》中的一段话说得很动情：“士不可不弘毅，任重而道远。仁以为己任，不亦重乎？死而后已，不亦远乎？”徐干《中论》引荀爽言说得更清楚：“古人有言，死而不朽。其身殁矣，其道犹存，故谓之不朽。夫形体固自朽毙消亡之物，寿与不寿不过数十年；德义立与不立，差数千岁，岂可同日言也哉？”上述儒家以“立德”为核心的不朽观，哺育了世世代代中国志士仁人守道不屈的个性。在特殊的处境下，他们表现出“舍生取义”“杀身成仁”的浩然正气。如文天祥那扣人心弦的诗句——“人生自古谁无死，留取丹青照汗青”，为百代所传诵。他在狱中写的《正气歌》，最后得出结论：“是气所磅礴，凛然万古存，当其贯日月，生死安足论？地维赖以立，天柱赖以尊，三纲实系命，道义为之根。”在临刑前，文天祥在衣带上写道：“孔曰成仁，孟曰取义，唯其尽义，所以至仁，读圣贤书，所学何事，而今而后，庶几无愧。”李清照诗曰：“生当作人杰，死亦为鬼雄。”《菜根谭》中也写道：“宁守浑噩而黜聪明，留些正气还天地；宁谢纷华而甘淡泊，遗个清名在乾坤。”这些讲的都是一种荣生的人生态度。

说到生，也就会有死，人的生命是一个自然过程，即每一个个体都是由生到死，这是自然规律，但对于生与死的态度既是哲学命题也是道德命题。在对待生与死的问题上，孟子继承孔子“死生有命”的思想，认为人的生死是必然的，而在现世中的立志、修炼，正是为了顺其正命而逝，并区分出“正命”与“非命”，“莫非命也，顺受其正；是故知命者不立乎岩墙之下。尽其道而死者，正命也；桎梏死者，非正命也”（《孟子·尽心上》）。显然，孟子提倡正命而逝，同时又特别强调在生死抉择的关口，人要“尽其道”，不能背“义”而苟且偷生：“生，亦我所欲也；义，亦我所欲也。二者不可得兼，舍生而取义者也。生亦我所欲，所欲有甚于生者，故不为苟得也；死亦我所恶，所恶有甚于死者，故患有所不辟也。”（《孟子·告子上》）孟子鼓励志士仁人为了正义的事业、为了人类的理想而献身。荀子对生与死采取顺然的态度，认为“生，人之始也；死，人之终也。终始俱善，人道毕矣”（《荀子·礼论》）。生死是个自然的过程，但人只有活得有意义，才能懂得死，才能死得其所。因此，荀子曾发出“大哉，死乎！”（《荀子·大略》）的浩叹。在生死选择上，荀子也坚持了先儒的成仁取义的思想，指出“人之所欲，生甚矣；人之所恶，死甚矣。然而人有从生成死者，非不欲生而欲死也，不可以生而可以死也”（《荀子·正名》）。也就是说，生死之间存在着道义与人格力量的差异。司马迁也说：“人固有一死，或重于泰山，或轻于鸿毛。”(《报任少卿书》) 易见，中国传统文化重生且乐生，主张珍惜生命，不随意残害自我生命，民间就有“好死不如赖活着”。但同时，儒家也倡导人生在世要活得有价值，所谓“达则兼济天下，穷则独善其身”，还有在民族、国家大义面前，“杀身成仁”“舍生取义”。今天，这些思想依然是中华民族的宝贵精神，更是一种道德价值观念与规范。

第二节　追求至善

一、明心向善是天性

古今圣贤与愚夫愚妇的本心都是至善无恶的，因此，心之发动所产生的意念和行为也是善的，孟子说："养心莫善于寡欲。"（《孟子·尽心下》）养心也就是存心。一旦面临现实，人们的善良本心就容易被欺骗和蒙蔽。这是因为人心总有欲望，人的欲望太多了，自然就会患得患失。"养性"的目的与"存心"一样，是要保有那善良的本心本性，但做法与克制欲望的"存心"不全相同，"养性"是从正面来引导人心中所具有的仁义礼智之类的善良本性。孟子认为人性本善，如果人为恶，那不是他本性的过错，而是由于本性的缺失："孟子道性善，言必称尧、舜。"（《孟子·滕文公上》）"乃若其情，则可以为善矣，乃所谓善也。若夫为不善，非才之罪也。"（《孟子·告子上》）行为不善不是本质（才）的不好，而是因为他丢掉了这好的本质。孟子认为，人之所以为恶，有很多原因，如放失良心、环境的影响、利欲的影响以及心之官不思等。孟子还用山路被堵塞来比喻人的善心被堵塞而不明："山径之蹊间，介然用之而成路；为间不用，则茅塞之矣，今茅塞子之心矣。"（《孟子·尽心下》）孟子把人们丢掉了的善性称为"放心"，认为人们求学的目的就是找回这放失的心："学问之道无他，求其放心而已矣。"（《孟子·告子上》）假若放失，就要赶快找回来，以维持本性的纯善无恶状态。

孟子还认为，人天生就有恻隐之心，所谓人之初性本善，有恻隐之心是人之为人最基本的底线，其表现为对自我的关爱，对他人的关爱，对生命的尊重与敬畏。具体到道德领域，有学者提出"底线"概念，认为底线即是一种对人起码是什么样、绝对不能做什么事的规范，是社会的合格成员所必须承担的义务，主要表现为一些"己所不欲，勿施于人"的基本禁令。最基本的底线是确保每一个人都能过一个值得过之生命所必需的条件，这些最为基本的规范、观念是加诸社会每一个成员身上的限制和规则。它们对于人类的生存极为重要，如不可杀人、不可偷盗、不可欺诈等基本观念，蕴含着对人类个体生命价值的深刻体认，守护着人类共同珍视的最为基本和根本的价值——人的生命及其尊严，我们认为这些内容就是人的善，是人之为人最起码的人性。王阳明主张“人人皆可为尧舜”。人之所以产生恶，是因为其后天在与外界接触的过程中蒙蔽了本心，因此，人要做的就是致良知，“然欲致其良知，亦岂影响恍惚而悬空无实之谓乎？是必实有其事矣。故致知必在于格物。物者，事也，凡意之所发必有其事，意所在之事，谓之物。格者，正也，正其不正以归于正之谓也。正其不正者，去恶之谓也。归于正者，为善之谓也”（王阳明《大学问》），即通过格物来摒除欲望或杂念对本心的干扰，恢复本心善的状态。王阳明还认为，普通民众的本心都是良善无恶的，只是由于当时吏治的腐朽和不良习俗的沾染致使其本心蒙蔽，这才导致恶的出现。因此，要想恢复良好的秩序，关键在于恢复民众的至善本心。其措施就是通过践行孝亲敬长、和睦乡邻、扶危济困等儒家的原则、规范来摒除自身的私欲、杂念，恢复本心的良善。孟子提出人性之善，实证了人格的尊严，同时为人与人的互相信赖建立了根据。在政治思想方面，他继承了周初重视人民的传统，他所说的“王政”，便是以人民为主的政治，即以人民的好恶为指导政治的最高准绳。这应是中国政治思想史中最高的民主政治精神，但却没有建立相应的民主制度。而孟子的政治主张，与他的性善说密切相关。他所构想的政治社会，乃是各人内心之善互相扶助的社会，即让个人与群体通过内心的善性（而不是仅靠强制的法律）相融的社会。只有在性善的共同自觉之下，建立人与人的精神的纽带，才能开万世太平之盛。显然，只靠人的善，不足以支撑一个社会的发展，还需要刚性制度。但无论如何，社会治理的出发点和最终目的仍需以人为本，在当代社会则体现为重民生，即施行有温度的政策与制度。

二、守善去恶

追求良善生活是人的终极目的，而善在其中处于核心地位，在善之中便已经包含了权利。正如约翰·怀特所说，这两个看似对立的方面并不必然矛盾，人的本性就包含着对这两个目的的最终调和。一个人的幸福（权利）完全可以在包括了他人幸福的道德高尚的生活中实现，这是一种扩展意义上的幸福，而它也是善的一种体现。应该说，只有在坚持善具有优先性的前提下，我们才能为权利的诉求提供合理性的论证，否则人类就只能永久生活在“霍布斯丛林”中。

任何的社会导向都是要教人向善。中国古代社会，教人向善正是先秦以来儒家一直追求的目标，这也是儒家不同于法家之术，即儒家始终坚持着人性本善并追求着善。在董仲舒的思想中，他所设想的理想君王，因为与“天”相通，所以是“善”的化身。这样的君王，与韩非等法家所设想的善于玩弄权术的君王相比较，其所代表的政治理念显然不同。必须说明的是，人内有向善的根据，外有教人向善的必要。董仲舒认为，本性指的就是“天质之朴”，人的本性中有向善的根据，而人这种内在的向善通过教化为善，就像把谷变成米之类的过程。他说：“故性比于禾，善比于米。米出禾中，而禾未可全为米也;善出性中，而性未可全为善也。善与米，人之所继天而成于外，非在天所为之内也。”(《春秋繁露·深察名号》）也就是说，人的本性具备了向善的可能，但本性自身不全是善。这就要主体为善去恶。《近思录》中的修身论的最终目的都是向善、从善，以达到善的境界。大儒朱熹在《大学章句序》中提出类似观点，即上天降生民众，且民众身上都有与生俱来的善良本性，但并不是所有人都能觉察到自我的善良本性，并加以完善，这主要由于他们的气质差异。为此，上天会安排一些特别有智慧的人做君主或者导师来教化民众，以保持他们的善良本性。传说中的伏羲、神农、黄帝、尧、舜等，就是上天任命的君主，他们让臣子如司徒之职、曲乐之官等，来做民众的导师，其任务即教化百姓。而他们采用什么途径来教化民众？朱熹认为：“而其所以为教，则又皆本之人君躬行心得之余，不待求之民生日用彝伦之外。”（朱熹《大学章句序》）他们用于教化民众的学问，乃是他们“躬行”的“心得”。朱熹还认为，君主们在践行天意中有了心得，并把这些心得记录下来，传授下去，其实，这就是儒学的基本内容。陆象山也重视对民众的教化，认为教化的关键就在于“正人心”，发明“本心”，从心灵深处着手，引领着人们的精神向“道”提升。

不管是复礼、节欲、克己，都是为了迁善与至善。迁善就是在明确自身有过失的情况下，努力自我修为，着力改正迁善。在《近思录》卷五的“修身篇”中，“濂溪先生曰：‘君子乾乾不息于诚，然必惩忿窒欲、迁善改过而后至’”，就是说君子若要达到诚的境界，就必须要惩忿窒欲，一心向善，勇于改过。(《近思录》）卷五中，程颐也认为：“过既未形而改，何悔之有……然其明而刚，故一有不善，未尝不知，既知未尝不遽改，故不至于悔，乃‘不远复’也。学问之道无他，惟其知不善则速改以从善也。”[1] 程颐主张改过要及时迅速，在过失没有彻底显形前改之，也就是说，在不善未尝不知的情况下，改过要从速，如此则会“迁善愈速”。张载也主张："纤恶必除，善斯成性矣；察恶未尽，虽善必粗矣。”[2] 改过要彻底，张载认为“勿以恶小而为之”，更不能勿以恶小而不改之。若要改过除恶，必善于察恶，察恶当尽方能纤恶必除。《了凡四训》称："与人为善、爱敬存心、成人之美、劝人为善、救人危急、兴建大利、舍财作福、护持正法、敬重尊长、爱惜物命十条。”这就是说，我们要善待自己、善待生活、善待生命，还要有善心、善行。何为善？最重要的一点就是有仁爱之心，从内心尊重他人、关爱他人，把人当人看，而不是物，更不是欺骗与玩弄的对象，尤其是要尊重他人生命，维护他人尊严。

黑格尔赞成苏格拉底把善看成现实的东西，看成要通过主观性和人的能动性才能实现的一种东西。与此同时，他也清醒地指出，不能过于相信人的善良，还要依靠理性的自律，依靠法治的约束等，否则就会像柏拉图在《理想国》中说的，“即使是一名年轻英明的统治者，权力也能把他变成暴君”。由于苏格拉底深深热爱着他的祖国，所以他总是充满理想，希望雅典能够成为充满善与德性的城邦，这与儒家所期待的大同治世的理想有着相似之处，也是伟大先哲共同的追求和向往。

三、止于至善

为了追求一个对于人类个体自身来说具有特别意义的美好生活方式，个体不仅要遵从那些最为基本的规范、原则，而且往往还需要追求更高、更丰富、更积极的价值理想和人生目标，有的人甚至以追求德性至善、终极信仰为个人福祉的根本。

中国儒家传统文化同样注重对“善”的追求，“止于至善”被视为大学之道的最高境界，也是做人的最高价值追求。从西方思想文化发展的角度来讲，自苏格拉底将哲学研究重点放在人而不是神的身上开始，在人世间追求善就成为了人生的最高境界，人的一切追求行为、最高旨向即至善。在西方思想史中，至善的思想一直都占据着重要的位置。从柏拉图、亚里士多德到中世纪的基督教神学家，

[1] 程颢，程颐．二程集 [M]. 北京：中华书局，1981:820.
[2] 张载．张载集 [M]. 北京：中华书局，1978 : 23.

从康德到麦金太尔，虽然每位思想家关于“至善”的论述不尽相同，但至善论的思想理路被传承了下来。自苏格拉底将哲学探究的眼光从天上转向人间起，在人世生活中，追求善就成为了人生的最高境界，人的一切行为都是为了达到至善的目的。苏格拉底还认为:“没有一个聪明人会相信有人自愿犯罪，或自愿作恶，或实施任何邪恶的行为。他们非常明白,一切恶行都是不自愿地犯下的。”[1] 那么该如何解释人的“恶”呢？为此，苏格拉底指出这是由于对“善”的无知导致的，如果一个人知道“善”的益处，他是不可能作恶的。换言之，人的智性被蒙蔽的时候所作的恶，其实是无知的“恶”，不是有意的恶，“趋善避恶”是人的本性，所以应让自己变得智慧起来,让自己变得智慧起来的方法就是学习,即“认识你自己”。

[1] 柏拉图.柏拉图全集(第1卷)[M].王晓朝，译.北京：人民出版社，2002:470.

第三节　恒久的幸福愿景

一、幸福生活愿景

幸福生活也可以称为美好生活。“人的美好生活”兼有“个人”的美好生活和“人类”的美好生活两重含义。近现代大机器工业文明为人的全面发展提供了基础和可能，而社会主义制度则是实现人的全面发展的社会条件。在马克思主义经典作家那里，人的全面发展不是对某一个人的要求，而是对作为人类的所有人的要求，所以，它是对作为“类”的人的生活的一种期望，也就是作为“类”的人的美好生活。同时，康德曾提出，最高的善的“至善”就是德性（理性）与幸福（感性）的统一，他说：“德性（作为配得幸福的资格）是一切只要在我们看来可能值得期望的东西的、因而也是我们一切谋求幸福的努力的至上条件，因而是至上的善……但因此它就还不是作为有限的理性存在者的欲求能力之对象的全部而完满的善；因为要成为这样的善，还要求有幸福……”[1]德国伦理学家彼得·科斯洛夫斯基认为，追求幸福和德性分别构成了人的行为的最强大动力和最美好动力，并且衍生了帮助实现这两个动力的两种重要的学科，亦即经济学和伦理学。他说：“经济学作为一门独立的科学，自其创立时起，就产生于人类强大的动力，即人类自身的利益。哲学伦理学想来探求的目标是人们所称的那种人的最好的动力：追求美好的东西、履行义务、实现美德。”[2]显然，幸福、幸福生活是人类的永恒向往。对于个体而言，幸福不仅仅是物质的，还是精神的，这种精神在这里是指自我的德性。

人作为“类”的存在是一种基础性的存在，否则，人就不是真正意义上的人。而当强调人“类”的同时，每一个人都应该是各有个性、特色的“个人”，他们也

[1] 康德．实践理性批判［M］．邓晓芒，译．北京：人民出版社，2003：131-152.
[2] 科斯洛夫斯基．伦理经济学原理［M］．孙瑜，译．北京：中国社会科学出版社，1997：1.

都应该按照自己的个性、特色来发展自己，从而使人类社会更加美好。由此，我们说人向往着、追求着幸福，这种幸福不仅是少数人的幸福，也应该是人类的幸福。具体而言，一个社会应坚守社会富有、环境优美、法治公正以及社会和谐，让每一个人都能找到幸福的路径，让每一个人都享受着幸福。

二、德福一致

关于人的幸福与人的德性问题，中国古代社会贤哲认为，一个人要有德、要修德，并且提出了“德福一致”的主张。其实，“德福一致”的观念在商周时期就已存在。“德”字也曾出现在殷商甲骨文和西周金文中,初为得到财物或奴隶的意思，与“得”相通。商周时期，德成为执政者能否获得上天认可、能否继续执政的重要标准。如《尚书召诰》认为:“惟王其疾敬德。王其德之用，祈天永命。”

在春秋时代，穆姜就说，只有具备元亨利贞四德，才可以无咎。史墨也说，大壮卦所体现的意思，就是有德的臣子能够凌于无德的君主之上，这就是说，人的逆顺盛衰、吉凶悔吝，归根到底，决定于自己的德性、德行。所以《易传》中有:“善不积，不足以成名；恶不积，不足以灭身，小人以小善为无益而弗为也，以小恶为无伤而弗去也。故恶积而不可掩，罪大而不可解。”(《系辞下》) 善恶的积累，必有自己的后果:“积善之家必有余庆，积不善之家必有余殃。臣弑其君，子弑其父，非一朝一夕之故，其所由来者渐矣，由辩之不早辩也。”(《文言传·坤》) 这即是说，古人个体自我的积善积德不只是个人的事，而且是神的旨意。《周易》被列为儒经，这积善积恶之论就成了儒家正统的报应观。积善，可以是和占筮无关的行为。原则上讲,既然“皇天无亲,唯德是辅”,则积德一定获吉，这是不用占筮的。孔子以这样的精神来理解占筮行为，子曰:“南人有言曰:人而无恒，不可以作筮。善夫!”“不恒其德,或承之羞。”子曰:“不占而已矣。”(《论语·子路》)《礼记·祭统》称“贤者之祭也，必受其福”，但这种福不是世俗所说的福，“福者，备也。备者，百顺之名也，无所不顺者谓之备”。所谓顺，就是“内尽于己”“外顺于道”，忠臣事君，孝子事亲。

古人在天人感应这一原始宗教思想的作用下，认为自审行为的善恶直接决定了其最终结果的得失，而“得”对于个人而言就是“福”。《尚书洪范》中将“福”分为五个方面:“一曰寿，二曰富，三曰康宁，四曰攸好德，五曰考终命。”其中的

“寿”和“考终命”是就人的寿命而言，指其能够尽享天年，获得长寿，“富”和“康宁”是从人的生活境况而言，指人能够生活富足，没有灾祸。而“攸好德”是从人的道德精神而言，指人怀有美好的道德品质。由此，古人从“德者，得也”的原始宗教信仰中的善恶因果关系出发，得出了德福一致的原则。《周易》进而强调了个人在“德福一致”原则的实现过程中的主体性地位。

因此，在中国古人的观念中，德与福是有因果联系的，其中“德”是因，“福”是果。只有修德才能获福，而其实现者则是具有人格神意义的“天”。如上文所提到的，君主施德政，就会得到上天的庇佑，从而获得稳定的统治秩序。个人如果遵守道德规范，就会获得“五福”。因此，《尚书》中有“天道福善祸淫”和“惟上帝不常，作善降之百祥，作不善降之百映”等大量关于上天赏善罚恶的论说。

与儒家不同，佛道二教则是预设了具有超自然力量的神灵，通过承负说、三世因果论等运行机制来保证“德福一致”原则的顺利运行，并借此来培养民众对“善”这种美好情感的追求。如道教通过三台北斗神君、文昌帝君，佛教通过佛祖、观音菩萨等神灵无处不在的监督和其公正无私的赏善罚恶的至上权威，来促使民众敬畏神灵。道教的承负说和佛教的三世因果论等信条，对当世之人行善不得善报、行恶却得善终的德福不一致的矛盾现象作出了“合理”的解释，从而在一定程度上维护了民众对“德福一致”观念的信奉。无论是注重个人修养的儒家，还是通过培养民众的宗教信仰来劝善惩恶的佛、道二教，其以“德福一致”原则为依据的劝善思想在本质上都是一致的，而这也是三家思想能够相互融合的基础。只不过对于普通民众的个体觉悟来说，相对于儒家学者高深的理论说教，经由佛、道二教所培养的对神灵的敬畏心理和由之而产生的遵从其规定的准则便可获得福报的功利心理，更能符合其心理需求。

随着道教的兴起和佛教的传入，中国传统的“德福一致”的信条开始与道教的神佑鬼惩、阴骘劝善信仰及佛教的因果报应思想相结合，在佛、道二教不断民间化的过程中，逐渐被普通民众所信奉。如道教的《太上感应篇》《文昌帝君阴骘文》及佛教的《佛说决罪福经》等通俗宗教劝善书，都是以之为核心而展开的：夫心起于善，善虽未为，而吉神已随之。宋以来，由于唐宋变革之后庶民社会的崛起和佛道二教自身思想的演变，两教思想家为了扩大其在社会民众中的影响力，主动将儒家的观念融入各自的宗教思想体系中，试图以善恶报应、神佑鬼惩的思想观念来劝诫民众在现实生活中主动践行孝悌、忠贞、仁爱等善行，并以此获得福报。

中国历史上出现的儒、佛、道三教思想文化交流互动，最终各安其位、各得其所的历史证明了儒家教化在这一过程中的积极作用。牟钟鉴先生指出："儒、佛、道三教之教，非宗教之教，乃教化之称，当然也包括宗教之教化。盖起因于中国古人重视化民成俗，习惯于从社会教育功能的角度去认识和评价儒、佛、道三家学说。"历史上儒、佛、道三教皆将辅助王道、化民成俗的社会教化功能放在了首位，在这种意义上，三家教化就在各自理论基础上获得了对话交流的前提。这个前提就是儒、佛、道三家之教均以"人"的发展和完善为核心与旨归。主张积善成德、德福一致。这也体现出了"容许异质思想文化存在和发展"的多元性特点，形成了"以人文化为特征的儒家和以返璞归真为特征的道家、以慈悲解脱为特征的佛教等三家都有自己合法存在和发展的空间"的局面。道教通过设置无处不在的诸神，对普通民众的日常行为进行监督，并依据其行为动机的善恶来决定给予其祸福的回报。佛教则从三世轮回、六道轮回等因果报应的律则出发，劝诫人们只有行善才能避免祸患的发生。由此可见，宗教是凭借普通民众对神佑鬼惩的敬畏心理，通过超自然力量的神灵的绝对权威地位来保证赏善罚恶实行的公正性。佛、道二教在培养普通民众对其所设立的诸神信奉心理的同时，也强化了普通民众对"德福一致"信条的认可，进而激发了普通民众在现实生活中主动行善的积极动力。

尤为重要是，日用类通俗读物也向普通民众传播生活常识，其中摘录了许多当时民间流行的劝善内容。如在元代刊刻的《居家必用事类全集》就完整收录了《太上感应篇》的内容，同时还记载了许多民间传说中的灵验故事来验证"诸恶莫作，众善奉行"的理念。与之相比，明代中后期的日用类书所选取的劝善内容不再像《居家必用事类全集》那样具有明显的宗教劝善思想，在内容表述上，它们更加生活化，更加强调行善个人的主体性作用。其明确指出："利己害人促寿短，积善修行裕子孙。人恶人怕天不怕，人善人欺天不欺。暗中阴骘分明有，远在儿孙近在身。说话莫谈他人短，自短何曾说与人。生事事生君慢怨，害人人害汝休嗔。欺心折尽平生福，行短天教一世贫……人非善不交，物非义不取。亲贤如就芝兰，避恶如畏蛇蝎。或曰不谓之吉人，则吾不信也。凶也者，语言诡谲、动止阴险、好利饰非、贪淫乐祸，疾良善如仇隙、犯刑宪如饮食。小则殒身灭性，大则覆宗绝嗣。"（邵雍家训《诫子孙》）以上论述在《明心宝鉴》的《继善篇》中也曾出现。明代中后期，儒家反思诸恶莫作，众善奉行，久久必获吉庆，所谓转祸为福也。故吉人语善、视善、行善。一曰有三善，三年天必降之福。随先世所种，今世自受其报，种福得福、种贫得贫。

三、幸福在奋斗

在现实生活世界中，人只有奋斗才能实现自我的人生价值，也才能获得自我的幸福，这个奋斗的过程也是个体自我不断获得幸福的过程。换句话说，奋斗不仅是手段，也是目的；幸福也不仅仅是结果，也是追求结果的过程。正如马克思所言："经验赞美那些为大多数人带来幸福的人是最幸福的人。"由此可见，奋斗与幸福是不可分割的，不存在没有幸福追求的奋斗，也不存在缺失奋斗的幸福，二者统一于具体的现实生活世界。

每个人心中都有对美好幸福生活的向往和描绘，但幸福不会从天而降、凭空而来。"幸福都是奋斗出来的"，奋斗不仅是获得幸福的最大法宝，同时也是幸福本身。只要立足实践，兢兢业业地不断努力奋斗，幸福虽远必至。幸福的魅力就在于它的获得不是一蹴而就的，而是一个渐进的过程，不能仅仅把幸福看作一种结果，幸福实际内在于追求幸福的全部过程中。

人的奋斗与追求幸福更多时候是在职业中实现的。职业虽有千百样，但人只有在职业中才能找到奋斗的快乐，进而找到幸福。有人说，对待工作有三种态度：一种是把职业当副业，一种是把职业当工作，一种是把职业当事业。显而易见，把职业当成事业追求、当成人的生活的一部分的人更能获得幸福。对此，德国哲学家叔本华提出过"钟摆理论"。他指出，只有钟情、热爱某一事项，抑或痴迷于某一事项，把它当作习惯或爱好，当作生命中的组成部分，才可以超越"钟摆理论"，否则，人生就会在得不到的痛苦与得到之后的无趣之间摆动。

当然，奋斗是艰辛的，所谓"艰难困苦，玉汝于成""宝剑锋自磨砺出，梅花香自苦寒来"，只有在艰苦奋斗中才能磨砺意志。奋斗的历程是艰辛的，但也正因为如此，在曲折坎坷的顽强奋斗中才能体味到人生的各种壮美奇观，才能体味到人生的价值意义，也才能更深刻地理解幸福。奋斗构成鲜活多彩的生活风景并转化为人生的财富，涵养和滋润人的精神世界。正因如此，习近平总书记说"奋斗者是精神最为富足的人，也是最懂得幸福、最享受幸福的人"。[1]

显然，现实中的个体不是单个孤立的人，人有自己的家庭、集体，更有自己

[1] 习近平 . 在 2018 年春节团拜会上的讲话［N］. 人民日报，2018-02-15（2）.

的国家、民族。所以，一个道德高尚的人，总会把自己的幸福与他人与社会的幸福紧密相连，甚至为了他人、为了国家民族乃至整个人类的幸福不惜牺牲自我、献出生命。对此，马克思指出："人类的天性本来就是这样的：人们只有为同时代人的完美、为他们的幸福而工作，才能使自己也达到完美。"[1] 在人类社会发展历程中，有许多思想家、哲学家、科学家超越个体自我的幸福而追求人类的幸福，这正是人的道德品性的魅力，也正是人有别于动物的最伟大之处。

[1] 马克思，恩格斯 . 马克思恩格斯全集（第 1 卷）[M] . 北京：人民出版社，1995：459.

06

第六章 道德养成的外在规导：法律、民规、劝导技术

第一节 法律的刚性规约

一、法律是一种刚性的制度

制度是人类社会的一种文化现象，是维护人类社会和谐与发展的必要规范。霍贝尔认为，法律是人类社会中的一种制度，是对人的行为具有强制性作用的一种制度。博登海默认为，法律制度是调整特定社会关系的法律规范体系的泛称。法律是因调控人的欲望的内容和满足方式而产生的制度形式。制度发挥功能的两种手段即惩罚（约束）和激励。法律最大的特点就是具有强制性，法律的实施由国家强制力保证。著名法社会学家弗里德曼指出，法律制度具有“威慑价值”，即对人的行为约束表现为“特别制止”和“一般制止”。18 世纪的哈特维克勋爵也说:“确定性是和谐之母，因而法律的目的就在于确定性。”[1] 对此，博登海默“把众多的、不同的和多样的人类行为和关系，归结为某种程度的秩序”。[2] 拉德布鲁赫也认为，“法律秩序的存在要比法律的正义和功利更为重要。正义和功利构成法律的第二位主要任务，而所有人平等同意的第一位任务则是法律确定性，即秩序与和平”[3]，肯定了法的确定性是法的最重要功能。

法律制度相对于道德而言，是一种刚性制度。对此，阿奎那强调:“法是人们赖以导致某些行动和不做其他一些行动的行动准则或尺度。”[4] 阿奎那说:“为了卓有成效地促进正当的生活，法律必须具有强迫的力量，像亚里士多德所说的那样。”[5]17 世纪的托马斯·霍布斯认为，法律即是命令。此即是说，法律是一种命令，其形式多是书面文字，而民众只能服从并执行。富勒着重强调:“法律制度的目的是一种

[1] 博登海默．法理学——法哲学及其方法［M］．张智仁，译．北京: 华夏出版社，1987 : 293.
[2] 博登海默．法理学——法律哲学的方法［M］．张智仁，译．上海: 上海人民出版社，1991 : 293.
[3] 沈宗灵．现代西方法理学［M］．北京: 北京大学出版社，1992 : 48.
[4] 法学教材编辑部西方法律思想史编写组．西方法律思想史资料选编［C］．北京: 北京大学出版社，1983 : 101.
[5] 法学教材编辑部西方法律思想史编写组．西方法律思想史资料选编［C］．北京: 北京大学出版社，1983 : 102.

很有分寸、理智的目的，那就是：使人类行为服从于一般规则的指导和控制。”[1] 耶林曾宣称，没有强制力的法律规则是“一把不燃烧的火，一缕不发亮的光”。[2] 可见，法律最鲜明的特点是强制性，在其实施的过程中常常带着一定程度的“强制性”色彩，是一种刚性的制度，并带有命令特点。奥斯丁就曾提出：“如果你表达或宣布一个要求，意思是我应该做什么，或者不得做什么，而且，当我没有服从你的要求的时候，你会用对我不利的后果来处罚我，那么，你所表达或宣布的要求，就是一个‘命令’。”[3] 在他看来，法律规范的实质是对人的行为的规范，这可称为“命令”，即会对人的行为做出限制或禁止。如果一个人没有遵循法律，可能会受到相应的处罚、制裁，要承担相应的法律后果。我国《刑法修正案》中明确了立法目的是惩罚犯罪。可以说，作为“命令”的法律，会以某种惩罚为后盾。边沁也认为法律是一种“必要的恶”[4]，这个“恶”是因为法律是“以不受欢迎的后果来威胁我们”[5]，若将这种“不受欢迎的”惩罚取消，那么这个“命令”就没有强制性，法律也就失去应有的作用。而法律惩罚，会对行为主体构成一种人身权利上的威胁，可能会使行为主体失去人身自由，财产受损。由于存在这样的威胁，行为主体便不敢轻易触犯法律。若某人因为做了某种被法律禁止的行为而得到惩罚，至少在通常情况下，他就不会再犯，同时，还在一定的群体范围内起到了警示作用。法律因为其“惩罚性”具备了“威慑力”，法律即染上了“强制性”色彩，而这种强制性由国家强制力保证。因此，“法律就是命令”[6]，强制性是法律本身的一个部分。法律的这种强制性是在一定程度上限制人的某种“自由”，但其终极目标是更大程度、更大范围地实现人的自由，保障社会平稳有序，保证社会公平正义，保证社会公序良俗，保证社会风清气正，更重要的是保障着人的尊严。

二、法律是人的尊严保障

“任何人类历史的第一个前提无疑是有生命的个人的存在。”[7] 人类生命的存在是一切历史的前提，若没有人类生命的存在，所有的文明和历史也将不复存在。

[1] 富勒．法律的道德性［M］．郑戈，译．北京：商务印书馆，2005:75.
[2] 博登海默．法理学——法律哲学与法律方法［M］．邓正来，译．北京：中国政法大学出版社，1999:110.
[3] 奥斯丁．法理学的范围［M］．刘星，译．北京：中国法制出版社，2002.
[4] 边沁．立法理论——刑法典原理［M］．孙力，李贵方，张文志，等，译．北京：中国人民公安大学出版社，1993:90.
[5] 莱昂斯．伦理学与法治［M］．葛四友，译．北京：商务印书馆，2016:46.
[6] 莱昂斯．伦理学与法治［M］．葛四友，译．北京：商务印书馆，2016:41–42.
[7] 马克思，恩格斯．马克思恩格斯全集（第3卷）［M］．北京：人民出版社，1960:23.

因此，法律作为人类社会独有文化现象，作为一种强制规范，首先要保障人的生命权以及人类生命延续的权利，这是法律对人的自由权利的最基本的保障。在此基础上，人们会有对生命过程多样性的追求，即追求生理或精神上的愉悦、人格的独立以及个性的张扬等。其实，法律对各项权利的规定，都是为了保障人的自由和实现人的自由，这里的自由不是某个人、少数人的自由，而是大多数人的自由，是人人的自由。

除了人的自由外，人生在世，人之为人就应享有各种权利，可称为“天赋人权”，人之为人的尊严、价值也是受到法律的保护。尊严是一种内在价值，是一种绝对价值。人生而具有尊严且平等地享有尊严。关于尊严，康德曾提出：“作为这样一种人（作为本体的人）……他拥有一种尊严（一种绝对的内在价值），借此他迫使所有其他有理性的世间存在者敬重他，与同类的任何其他人媲美，在平等的基础上评价自己……”[1] 在康德哲学思想中，尊严是人生而具有的必然属性，即人天生具有尊严。正是尊严的存在，才有了道德意义上的尊重，而尊重也应该是建立在平等的基础上的。康德在《道德形而上学》中也说“我对别人怀有的，或者一个他人能够要求于我的敬重（对他人表示敬重），就是对其他人身上的一种尊严的承认……”[2] 不难发现，在康德看来，尊严就是尊重的来源，尊重就是对人之尊严的承认，而尊严作为一种绝对价值内在于人的本质之中。康德还提出了著名的“目的公式”，此公式具有两层含义：其一，任何时候都要将自己视为目的的存在；其二，任何时候都要将他人视为目的的存在。康德在此表达的是：每个人都是有尊严的，且人与人之间应相互尊重。这样，在康德的哲学思想中，人拥有尊严是一个不证自明的前提。

人的尊严、价值中最重要的是人的自由、平等等，而自由为要义。洛克认为：“无论法律会引起怎样的误解，其目的不是废除或限制自由，而是保护和扩大自由；因为在一切能够接受法律支配的人之状态中，哪里没有法律，哪里就没有自由。”[3] 在洛克看来，法律虽以惩罚为手段，剥夺或限制人的某些自由，但这并不是法律真正的目的，法律旨在分享自由。法律在其构建的框架内给予人自由，而在这个框架之外，人则无自由可言。法律是人类社会的一种文化现象，其创设目的就是维护一个和谐有序的社会，让社会比自然的生活状态更好。遵守法律就是使人控制、

[1]Kant.Practical Philosophy［M］.Cambridge：Cambridge University Press，1999：557.
[2]Kant.Practical Philosophy［M］.Cambridge：Cambridge University Press，1999：579.
[3]洛克．政府论［M］．顾肃，译．南京：译林出版社，2016：35.

调适自我的欲望与偏好，不为外物所诱。遵守法律不是失去自由，而是保护人人的自由。当然，人的自由，在每一个时代，都会有其具体的表现形式。黑格尔认为："占有是自由意志的定在。"[1] 在黑格尔看来，自由应表现为对财富或资源的占有，要实现这种自由，有必要建立一定的社会秩序，以这种秩序保障人的自由与追求自由的权利，法律正是这种秩序的保障。

三、道德行为规范的法制化

现实生活中有很多行为规范条例，但并非所有的条例都能达到规范和调节人的行为的目的。为何同样是作为行为调节手段的规则，法律的有效性会高于条例呢？比较二者，不难发现，法律强制性内涵的"惩罚"给人带来的"威慑"，在很大程度上成就了这一规则对人的行为的调节。显然，不可夸大、放大法律的"威慑"力，一个社会只靠法律很难正常运转，还应注重以德治国。这里便需要提到道德规范法制化，其指的是那些关于社会发展的重大事情，这些事情关乎民众的重要利益，关乎人的可持续发展，因此应该提倡适当、适度的道德规范法制化。

实际上，法律所禁止的某些行为起初并不会给人带来伤害，但随着时代的变迁，这些行为也在悄然发生着变化。曾经不以为然的某些生活陋习，如今可能已经演变成了危害公共健康的违法行为。例如，"乱扔垃圾"这一行为起初并不会对他人的人身安全产生威胁，但随着现代化进程的加快，人们都住进了高层建筑，原本只是属于生活陋习的"乱扔垃圾"，随着现代化的脚步也演变成了"高空抛物""车窗抛物"等行为。这些曾经看似"无害"的不道德行为到了今天，会给他人和社会造成巨大的伤害。而在现实生活中，高空抛物致人伤残甚至致人死亡的事件多有发生，成为"悬在城市上空的痛"。2021 年，高空抛物这一不道德行为被纳入了法律管辖的范畴，类似行为亦需要以法律的手段来予以制止。这其实就是道德法律化，即是以更明确的法律来约束、调控与制止人的不道德行为，从而让全社会了解我们"禁止什么"，又"倡导什么"。

可以说，现实生活中仅有的道德规范，不足以调控人们的行为。如关于节约，中国古代社会一直倡导节约精神，"谁知盘中餐，粒粒皆辛苦"即在告诫人们珍惜每一粒粮食。这本来是个道德问题，可是随着全社会城市化的推进和人民生活水

[1] 黑格尔 . 法哲学原理［M］. 范扬，张企泰，译 . 北京：商务印书馆，1961：983.

平的不断提高，粮食供给保障水平有所提升，餐饮行业食品浪费的情况却更加严重。这一方面反映出民众对优质食品需求的提升，另一方面反映了人民的道德意识中关于节约粮食的意识还不足，因此，《反食品浪费法》成了全社会营造浪费可耻、节约为荣的氛围的最有力措施。反食品浪费是未来餐饮企业发展的趋势，餐饮企业在制止餐饮浪费行为、倡导绿色消费方面发挥着重要作用，于是，以立法来反对食品浪费就成了底线要求，《反食品浪费法》的实施正当其时。再如，"与老年人分开居住的家庭成员，应当经常看望或者问候老年人"等，也被列为了法律层面的刚性约束规定。此外，对于近年来多次出现、令人震惊的见危不救、见死不救的现象，可以考虑适用法律规范来强制人们"扶危救死"。关于道德法制化，新加坡做得有特色，其文明程度较高，这与他们注重法治与德治的结合有关，或者说与他们注重道德法制化建设有关。李光耀为其政策辩护时说："严格的法律是社会秩序的先锋……现在的社会日益混乱，必须制定严格的新条规，以便维护秩序，否则社会就会变成无政府状态。"[1] 当然，对于现代化较为发达的国家，我们只能适当借鉴而不可直接模仿，毕竟中华民族是古老且历史悠久的，更重要的是中国具有人口众多、层次多样等特点。

一个社会若只有强制的、刚性的法律制度，即便法律制度在理论上是公正与完善的，也很难保证社会的正常运行。这是因为人具有主体性、自觉性，而中国古代社会又特别强调"德治"。因此，除法律制度外，我们也要重视风俗、习惯、乡约等柔性道德力量的作用。

[1] 李清泉．新加坡良好社会秩序的经验借鉴［J］．特区实践与理论，2012（3）：66–68.

第二节　乡约民俗潜移默化的柔性约束

一、乡规民约的柔性约束

乡规民约是一定范围内的乡村区域共同体成员，在互相协商的基础上自主制定的规范。“其基础的一部分在于参加者们相互之间的合意却是没有疑问的”[1]，其特点是群定而不是法定。乡约民规是大多数村民共同来拟定的，代表着大多数人的利益，作为一种非正式制度、非官府律例敕令，具有非强制性与灵活性，它往往通过较委婉、温情的教化使人遵守着某种规范。其最大特点是自愿入约、议事平等。《象传》特别地将“渐”与“居贤德、善俗”联系起来。唐代孔颖达对此解释说：“君子求贤德使居位，化风俗使清善，皆须文德谦正，渐次进之，若以卒暴威刑，物不从矣。”宋代程颐发挥得更为透彻，他写道：“《象》曰：山上有木，渐；君子以居贤德善俗。《传》：山上有木，其高有因，渐之义也。君子观渐之象，以居贤善之德，化美于风俗。人之进于贤德，必有其渐，习而后能安，非可陵节而遽至也。在己且然，教化之于人，不以渐，其能入乎？移风易俗，非一朝一夕所能成，故善俗必以渐也。”

中国古代社会思想家们都非常重视乡约的作用，并运用乡约民规处理各种民间关系。同时，乡约还有一个特点，即其作用多局限于一个地域性空间。宋代的乡规没有在全国推行，而局限于个别地方。明末清初也普遍推广乡约，但不是“一约在全国适用”。清朝区分了乡约、族约，二者的适用范围不同。

中国的乡土社会重礼治，重乡约，而“法”的力量与作用在传统的乡土社会中被弱化，因此形成了虽“无法”却有序的局面。但乡规民约始终处于法律之下，

[1] 滋贺秀三，寺田浩明，岸本美绪，等．明清时期的民事审判与民间契约［M］．王亚新，范愉，陈少峰，译．北京：法律出版社，1998：156.

它无法超越法律所控制的范围。对此，常建华认为，乡规民约与国法是相辅相成的关系。乡规民约的设定与执行是建立在乡土文化共生性基础之上的，在一个区域很小的乡村里，乡规民约的设定不知不觉受到当地风气影响，并且有着浑厚的文化基础。中国传统乡约民规可分为两个类别，一则为正面引导的“劝善性”的乡约民规，如倡导乡民“德业相劝”“过失相规”“礼俗相交”“患难相恤”，以期实现乡村社会益善行、厚风俗的社会风气。而另一则为负面阻碍的“惩戒性”的乡规民约，如对乡民社会的赌害、盗匪、斗殴、有伤人伦风俗、破坏环境生态的行为进行“罚处”。长期存在于中国传统社会的乡规民约，规范着传统乡村社会的各类事务，维护了乡土社会的良好秩序和淳风美俗，在中国古代社会基层治理上发挥着重要作用。乡规民约之所以能起到作用，是因为其具有正面典型的导向力量。同时，对社会上存在的害群之马予以批评，而这种批判导向是以涂尔干的“社会集体意识”[1]为基础的。

中国古代社会的乡规民约建设并取得了很好的成效。当代虽然已进入较高层次的物质文明社会，但是，社会的乡村街道社区等基层组织还存在，人伦的基本关系还存在。也就是说，与之相适应的乡规民约依然发挥着作用。

中国古代社会，乡规民约对社会管理、化民成俗起着重要的作用。而在正风俗的这方面，地方官员则会根据实际情况，出台些因地制宜且晓谕百姓的告谕、俗文。在地方官所撰文书中常常可以见到这类内容。清代名臣汤斌在吴地“正风俗”时，就写了不少这样的告谕，不仅被收入他自己的文集，又被后人整理为《治吴告谕》并作为《训俗遗规》的一部分。而南宋大儒真德秀，在历任地方官时就很重视民风教化。每到一地处置刑政之余，他都注意劝学、劝农、劝孝、劝俗、整顿吏风，后人将他的事迹辑为《谕俗文》一卷，并视其为为官者注重教化的楷模。他的《潭州谕同官咨目》说：“盖闻为政之本，风化是先。潭之为俗，素以淳古称。比者经其田里，见其民朴且愿，犹有近古气象，则知昔人所称，良不为过。今欲因其本俗，迪之于善，已为文谕告，俾兴孝悌之行而厚宗族邻里之恩，不幸有过，许之自新，而毋狃于故习。若夫推此意而达之民，则令佐之责也。”[2]此文为整顿吏风而写，但也显现出他治理潭州时的整个指导思想，即“欲因其本俗，迪之于善”。他在《谕俗文》中讲了三点：第一是劝孝悌；第二是劝和协亲族，赒济里间；第三是劝导官

[1] 涂尔干．社会分工论［M］．渠东，译．北京：生活·读书·新知三联书店，2000.
[2] 真德秀．真忠文公全集［M］．台北：文友书店，1974：1647.

民一体，要民众“非法之事勿妄作”“无理之讼勿妄为”。在《福州谕俗文》中他也提出，希望“自今以往，家家礼义，人人忠孝，变七闽之俗为邹鲁之乡”，但抚福州时正当“民穷盗起”时，所以针对其“恶俗”，重在劝谕民众“宜知爱身寡过，务本著业，毋喜斗，毋健讼”“宜思自保父母之身，勿犯有司之法”。这些“教化”是依托行政权力而推行的“正风俗”，产生了明显效果。2014 年 10 月，《中共中央关于全面推进依法治国若干重大问题的决定》强调：“发挥市民公约、乡规民约、行业规章、团体章程等社会规范在社会治理中的积极作用。”[1] 改革开放前，因强化国家政权，乡约民规一度被弱化，有的甚至被取消。改革开放后，乡规民约以基层群众自治形式得以存在并发展。

二、乡礼民俗

民俗是人的生活行为习惯，却又支配着人们的日常生活。中国素有“礼仪之邦”的美称，中国人的一生都会受到种种礼俗的包围和支配。中国的文化，正是通过这种礼俗，得以绵绵不绝、代代传承。人们要生产、要交往，每个人都要实现自我的人生价值、展现自我，而一切的起点，仍是最平常的生活。

中国古代社会重视乡礼民俗对于人的熏染作用。人们注重礼俗的作用，乡饮酒礼是其中的一种，而乡饮酒礼的思想源于《周礼》。《周礼》将礼分为吉礼、凶礼、军礼、宾礼、嘉礼五种，其中，嘉礼包括饮食、婚冠、宾射、宴飨、贺庆之礼等，乡饮酒礼便属嘉礼，《周礼》《仪礼》《礼记》对此都有记载。每年末，社会基层单位（乡、党等）的主官、长老及社会知名人士济济一堂，定尊卑，序年齿，宣读法令，惩恶劝善。《大戴礼记·礼察》篇说：“乡饮酒之礼废，则长幼之序失而争斗之狱繁矣。”就是说，乡饮酒礼起着维护秩序的作用。

历史上，明太祖重视礼仪礼俗，明王朝之初便十分强调制定礼仪的重要性，“礼仪风俗，不可不正”[2]，命儒臣制定各类礼仪，编辑成册。《明史》中对于明代礼制活动的评价颇高，认为其达到了教化民众、整合社会的目的。“欧阳氏云：‘三代以下，治出于二，而礼乐为虚名’。要其用之郊庙朝廷，下至闾里州党者，未尝无可观也。惟能修明讲贯，以实意行乎其间，则格上下，感鬼神，教化之成即在是矣，

[1]《中共中央关于全面推进依法治国若干重大问题的决定》辅导读本编写组.《中共中央关于全面推进依法治国若干重大问题的决定》辅导读本［M］. 北京：人民出版社，2014:28.

[2] 夏燮. 明通鉴（第四卷）［M］. 上海：上海古籍出版社，1990:245.

安见后世之礼，比不可上追三代哉！”[1] 明代礼制尚多，而在民间推行的礼仪形式则较为有限，乡饮酒礼便是其中之一。明初，乡饮酒礼的恢复和施行体现了明太祖利用礼文化在民间社会的根基，对庶民进行教化的思想。洪武三年成书的《大明集礼》中则详述了明初乡饮酒礼的仪式。乡饮酒礼在明代始定于洪武五年四月，《明太祖实录》载："洪武五年四月戊戌，诏天下举行乡饮酒礼。上以海内晏安，思化民俗，以复于古，乃诏有司举行乡饮。"[2] 从明太祖于明初颁行的《大诰》中的相关记载，可窥见太祖施行乡饮酒礼于民间的教化思想之实质："朕本不才，不过申明古先哲王教令而已。所以乡饮酒礼，叙长幼，谕贤良，别奸顽，异罪人。其坐席间，年高有德者居于上，高年淳笃者并之，以次序齿而列。其有曾违条犯法之人，列于外坐，同类者成席，不许干于善良之席。主者若不分别，致使贵贱混淆，察知，或坐中人发觉，主者罪以违制。奸顽不由其主，紊乱正席，全家移出化外，不虚示……吾今特申明之，从者昌，否者亡。"[3] 可见，乡饮酒礼的主要目的是将"叙长幼，论贤良，别奸顽，异罪人"融入于仪式当中，从仪式的具体内容和形式上，不断地强化儒家"尊老重德""惩恶扬善"，区分"尊卑贵贱"等价值观念。明太祖通过规定乡饮酒礼仪式的繁琐内容和程序，确立其在民间社会生活中的影响和地位，以礼约民，融礼于俗，进而达到以礼易俗之目的。

另外，乡里舆论和礼俗对基层民众具有强大的制约及教化功能，且是潜移默化的，任何一个朝代都重视礼俗和舆论的重大作用。"人们能够选择他们所要走的路，但是他们的这些选择并不是在社会真空中做出的。所有的生活选择都取决于社会的和文化的机会以及历史的制约因素。"[4] 董仲舒重视通过礼教活动在基层乡里形成尊老敬老之风。"一个地区的饮食、服饰、婚丧、祭祀等都具有一定的礼数，这些礼数就成为这个地区进行此项活动的标准，所以具有一定的社会性。"乡里之间通过左右相教和老少相传，使晚辈后生在耳濡目染之中，学到日常生活所需的礼仪及社会规范。

中国古代社会在正风俗方面，注重榜样、典型的塑造，尤其注重发挥"三老"的作用。"三老"一词古已有之，大意就是指乡间德高望重者，他们因为具备更丰富的生活经历以及学识而受人推崇。汉高祖二年，朝廷"举民年五十以上，有修行，

[1] 张廷玉. 明史（卷四十七）[M]. 上海：中华书局，1984：1140.
[2] 解缙. 明太祖实录（第四十六卷）[M]. 台北：台北"中央"研究院历史语言研究所，1962：780.
[3] 杨一凡. 明大诰研究 [M]. 南京：江苏人民出版社，1988：239.
[4] 埃尔德. 大萧条的孩子们 [M]. 田禾，马春华，译. 南京：译林出版社，2002：434.

能率众为善，置以为三老，乡一人，择乡三老一人为县三老，与县丞压以事相教，复勿摇戍”。董仲舒利用这一制度，强调“三老”在民间社会的教化职责，对于孝子贤孙、品行俱优者，匾表其门，以兴善行，以期实现“教化已明，习俗已成，子孙循之，行五六百岁尚未败也”的理想局面。

中国古代社会，尤其是乡间、民间，注重在民众的衣、食、住、行等日常生活中传承民俗。而这种民俗是人们在生产、生活中日积月累的结果，代代相传，又影响着民众的生产、生活，成为人们伦常中不知不觉的行为举止。由此，民俗也成了判断一个社会地区的风向标，并受到社会管理者的重视。汉代士人贾山言“风行俗成，万世之基定”；南宋士人楼胡认为风俗实乃国家纪纲，称：“国家元气，全在风俗；风俗之本，实系纪纲”；明代士人郑晓则言“夫世之所谓风俗者，施于朝廷，通于天下，贯于人心，关乎气运，不可一旦而无焉者”。关于民俗，钟敬文先生指出：“民俗，即民间风俗，指一个国家或民族中广大民众所创造、享用和传承的生活文化。民俗起源于人类群体生活的需要，在特定的民族、时代和地域中不断形成、扩大和演变，为民众的日常生活服务。民俗一旦形成，就成为规范人们的行为、语言和心理一种基本力量，同时也是民众习得、传承和积累文化创造成果的一种重要方式。”[1]作为一种社会文化现象，民俗从发生到发展，伴随了人类生活几千年，并有各种形态。从一般意义上说，民俗可分为四类：一是物质层面的民俗，即包括生产、商贸、饮食、服饰、居住、交通及医药保健等；二是社会层面的民俗，即包括社会组织、社会制度、岁时节日和民间娱乐等方面；三是精神层面的民俗，即包含民间信仰、巫术、哲学伦理观念和民间艺术；四是语言层面的民俗，即具体为民俗语言（谜语、歇后语、读语等）和民间文学（神话、歌谣、传说、故事等）。民俗作为人类社会的一种文化现象，渗透于民众生活的方方面面，并发挥出其应有的教化功能。民俗的教化功能是指“民俗在人类个体的社会化文化过程中所起的教育和模塑作用”。

易见，民俗涵盖民众生活的方方面面，并伴随着人的生老病死，民俗当然与社会上的礼仪制度有相融相交之处，共同陶冶、教化民众。同时，有些民风民俗礼仪随着时代变迁失去了应有的陶冶及教化人的功能作用。例如，渗透着儒家精义的民间音乐，作为乐教化民的代表，就承担着娱己娱人、陶冶性情、传播真善美的功能。中国古代社会的音乐艺术，也可称为乐教，其中既有艺术性较高的作品，

[1] 钟敬文．民俗学概论［M］．上海：上海文艺出版社，2009:2.

也有通俗易懂的作品。民歌、山歌、小调在普通民众的生活中共同陶冶着人、润化着人、滋养着人，既具有潜移默化的教化功能，也有浓浓的情感色彩与审美趣味。

三、民间祭祀

在中国古代社会，乡规民约、乡里风俗引导、陶冶着人，使民众在伦常中不知不觉地增进道德养成。此外，中国古代社会民间的信仰活动也助推人的道德养成。嘉靖年间，由黄佐制定和实施的《泰泉乡礼》中就涉及乡社祭祀的民间信仰活动。黄佐的《泰泉乡礼》是他在嘉靖年间出任广西学政时所撰写和推行的，其内容“首举乡礼纲领，以立教、明伦、敬身为主。次则冠婚以下四礼，皆略为条教……次举五事曰乡约、乡校、社仓、乡社、保甲”，可以看出，《泰泉乡礼》所推崇的是一种将教化与基层管理相结合的民间基层组织体系，其核心思想为“阳儒阴释”，重点借鉴了朱熹等贤哲关于乡规民约、礼仪风俗引导人、陶冶人的思想。如借鉴朱熹的《家礼》、吕大钧兄弟的《吕氏乡约》、义门郑氏的《家范》等民间礼教书，结合当时的民众生活习俗，制定了一系列儒家礼教规范。关键是，黄佐还将明代民间流行的乡社祭祀活动引入其乡礼之中，希望凭借民众对鬼神的敬畏心理来实施教化。

乡社是古代乡民祭祀社神的场所，它起源于上古时期人们对土地的自然崇拜，后演变为祭祀土地神和五谷神的活动场所。由于中国古代是农业社会，因此，掌管天气变化、农业丰歉的土地神和五谷神在官方祀典和民间信仰中享有较高的地位，且与民众生活密切相关，还被赋予了赏善罚恶、治病赐福等多重威力。黄佐从民众对社神和五谷神的信仰和乡里聚会活动以乡社为中心的生活风俗出发，将劝善惩恶的教化与乡社祭祀的活动相结合，提出“有事则告”“有求则祷”“有疑则誓”“有过则罚”“有患则禳”“有庆则会”的事神活动。这里仅以“有事相告”为例，所谓“有事则告”即指：凡立乡约、延教读、编保甲、建社仓，皆告于社。社祝抗声告曰：“某年月日，约正某等为某事敢告于神：惟神聪明正直，好善恶恶，凡食此土之谷者，孰不昭鉴！尚冀默相，以底成功，使善者受福，恶者受殃，无作神羞。”（《泰泉乡礼·卷五·乡社》）可见，黄佐通过社祭活动，将乡里民众生活中所有重大事务的举行告之于社神，其目的是借由民众对神灵赏善罚恶的敬畏心理来培养民众对社会规范的服从，使民众相信遵守就会有善报，违背则会受到惩罚。如果有人违反乡约内的条例，也会被带到乡社，接受约正、社祝等人的告诫：社祝唱“跪”。约正以下皆跪。社祝抗声告曰：“某人有某过，犯而不改，罚赎汝罪，入谷若干于社仓。尚冀汝自今改于其德，神降之休。”犯者对曰：“某不肖，少失教以辱先人，以为族党羞，神将降殃，昭受大戮。今闻过，愿修身改之。”既罚赎，后五日不改，约众告于神，逐之出社，除名于籍。（《泰泉乡礼·卷五·乡社》）犯约者被告诫因自己所犯之过，不仅要受到神灵的惩罚，而且还会使家族蒙羞，因此总要接受处罚才能免过。中国古代社会是农业文明社会，农村农业、田园生活是人的主要生活空间、重要生活方式，与之相应，衍生了一套文化及其价值观念，维系着中国古代社会几千年的可持续发展。其中，有些活动仪式在今天看来是不可思议乃至不可接受的，但是，对于那些有利于人的生存、有利于社会的可持续发展的乡村乡土文化，应实事求是地考量。

第三节　劝导技术

“藏礼于器”是中国古代社会关于制器造物的根本法则，也是重要的价值取向。春秋战国时期，中华民族形成了以“礼”为核心的儒家伦理道德思想，由此奠定了以德育为基调的中华民族的传统教育，而儒家思想言“礼”必与“器”相合。孔子曾提出：“唯器与名，不可以假人……器以藏礼，礼以行义……政之大节也。”(《左传·成公二年》)《资治通鉴》也有：“夫礼……非名不著，非器不形。名以命之，器以别之，然后上下粲然有伦，此礼之大经也。”[1] 在“礼”与“器”的联系中，“器”是“礼”之载体，维持着中国传统社会“礼”的运行。从本质上讲，“礼”是形上之“礼”，“器”是形下之“器”，“礼”作为一种形而上的理念，依附着一个有形的实体，可以被直观、感性地认识，从而使人们更好地理解“礼”。这样，在中国古代社会，“器亦礼，礼亦器”[2]，这时，礼与器都是与人的等级相适应的。“可以说，礼器的使用和礼数的规定是形成礼制的重要方式，也是礼义在用具意义上的物质化，更是礼仪活动得以组织的基础。”[3] 其实，“藏礼于器”就是“物化规范”最原始的形态。“人们在使用器物的过程中，不但接纳了器物所传递的价值观，而且潜移默化地改变了自己的行为方式，同时学会以这种伦理观看待自己的生活。”[4]

一、劝导技术是规范的物化

“物化”即“物质化”，指在人工物的设计和制造过程中，投射某种抽象的理念，使得这种理念能够被实体化。简单来说，就是将抽象的理念物质化为某种具

[1] 司马光．资治通鉴［M］．北京：中华书局，2011：4.
[2] 张卫．藏礼于器：内在主义技术伦理的中国路径［J］．大连理工大学学报（社会科学版），2018，39（3）：116–121.
[3] 曹胜高．上古礼学的内在层级与逻辑结构（下）［J］．河南科技大学学报（社会科学版），2011，29（5）：11–16.
[4] 王琴．中国器物：传统伦理及礼制的投影［J］．艺术百家，2007，98（5）：146–148,151.

体的人工物。“设计是将人思想中的各种观念物态化的行为，即利用各种草图、方案、模型等将设计思想展现出来。”[1]“设计”一词的基本含义，可以理解为人思想的“物化”。简单地讲，设计者将某种设计理念变成实物即是把该理念“物化”。

“物化”概念最早是由卢卡奇提出的。后来，荷兰哲学家维贝克提出了“道德物化”的观点，就是把“道德规范”写入技术设计中，并引导人的行为。用维贝克的话说，“这预示着工程师是以‘另外一种方式在做伦理学’：他们对道德进行物化”，简称“道德物化”。[2]“道德物化”通过将某种伦理规范“嵌入”技术设计中，使技术人工物具有了一定的伦理导向，在使用的过程中，它会提醒着人们要以某种特定的方式作出行为，以符合其内在的伦理导向，因此，“嵌入”了特定伦理价值导向的技术人工物对人的行为具有规导的功能作用。

法学界的学者罗莉在《作为社会规范的技术与法律的协调——中国反技术规避规则检讨》一文中提到“技术即法律”。她指出，技术以规范形式出现，并对日常生活中人们的行为规范加以引导。如在法律层面，司机被要求在开车时系好安全带，但是作为个体自我时，司机可以系，也可以不系。这时，技术能够发挥出自己的独特优势，即“法律实施在很大程度上必须依赖公共强制力，必须耗费相当数量的公共资源……而且，技术规范发生作用不受国界限制，这一点对于网络环境下的权利人尤具吸引力”[3]。这其实，就是规范的物化。

在现实生活中，利用“道德物化”调节人的行为的情况随处可见。比如“减速带”，驾驶员会放慢车速以在通过它时减少汽车的震动；再如，公共场所秩序的维护，纸上写的、嘴上喊的排队，有时很难起作用，但是如果用栏杆周挡，人们很容易就会遵守秩序。还比如，面对我们日常生活中所见到的人行道，一般情况下，大多数人都能遵守规则，但也有少数人总是不遵守。于是，为了解决这个秩序问题，在人流量大的地方修建了天桥或涵洞。洛克顿曾就实现刷牙时节约用水的道德物化作了详细阐述。日常生活中，人们在刷牙时一直打开着水龙头，水龙头就会一直放水。这种行为看似无关紧要，但如果日积月累下来，又或者每个人都如此，水的消耗总量将是巨大的。根据“道德物化”的原理，洛克顿提出几个解决方案：从建筑角度，可以把水龙头的开关安装在水槽的前面，人们在刷牙时，可以用另

[1] 魏欣 . 现代设计的物化——设计与制造的关联［J］. 武汉科技学院学报，2007（6）：68–70.

[2]Peter Paul Verbeek. Materializing Morality : Design Ethics and Technological Mediation［J］.Science, Technology, & Human Value, 2006, 31（3）: 361–380.

[3] 罗莉 . 作为社会规范的技术与法律的协调——中国反技术规避规则检讨［J］. 中国社会科学，2006（1）：72–84, 206–207.

一只手轻易关上水龙头；从劝导技术角度，可以在水池上方装个水表，水表在用水时会转动，此可起到提醒作用；还可以从可视化角度看，如用透明的水管，让人们清楚地看到水的流动，亦可提醒人们关上水龙头。易见，这些现实生活实际存在的物化规范，可以助推人的道德遵循，从而也有利于个体自我道德养成。

二、劝导技术是人的物律

"伦理规范"和"法律规范"通常被认作是规范人的行为的两种主要手段。伦理规范是一种柔性规范，一般由社会舆论、内心信念等非强力手段给个体自我带来一定压力，并由自我内在调节行为。不同于伦理规范的作用机制，法律规范是一种刚性的约束，法律是国家的强制力量，主要利用制裁的手段给违法行为人以惩罚。当然，法律规范也有物化的可能。这样，在规范层面存在着一种新的措施，即强调技术和设计在人的行为规范方面的作用，它是靠技术的物理功能来规导人的行为。也就是说，调节主体行为，在特定环境下，不仅可以靠法律、道德规范，还能靠外在的物理作用。这可称"规范物化""规范技术化"，也可称为"物律"。现实生活中，有些人面对规则熟视无睹，或明知不可为而为之，对于这些自控能力不强的人来说，"物律"具有"法律规范"与"伦理规范"所不具有的新优势，因为"法律规范"与"伦理规范"无法直接作用于其行为，惩罚与评价也只体现在事后。对于那些可能造成不良社会影响的行为，应及时给予限制与阻止。这正是"物律"发挥作用的空间。

在道德领域，康德提出"道德自律"是"人为自己立法"，即"要这样行动，使得你的意志的准则在任何时候都能同时被视为一种普遍的立法的原则"。"道德自律"借助的是人的"良心"。而"道德他律"是出于社会舆论评价与法律的强制，使人慑于某种力量而行。这样，"物律"也有"他律"的特点。但"物律"的最大特点是借助物质技术手段，使行为主体自然而然地按要求行动，并且这种"物律"可伴随行为主体整个过程。

在福柯看来，技术也是一种微观权力。他指出："最重要的观点是必须把权力的机制和权力的贯彻程序看作是技术，看作是始终不停地发展、不断地被发明和不断地被完善化的程序。"[1] 得益于马克思关于工厂统治技术的观点，福柯不再单从

[1] 高宣扬．后现代论［M］．北京：中国人民大学出版社，2005：328.

法律政治的角度看待权利，而是从技术角度去看。因为技术本身作为一种微观权力，和权力一样，都是作为外部力量在规范的人的行为，只是与权力角度不同罢了。换句话说，技术可以作为权力的运作机制，以帮助权力的实现。温纳也表示："我们称作'技术'的东西也是在我们的世界中建构秩序的方式。……它们将对人们如何去工作、交流、旅行、消费等等，产生长久的影响。"[1]

三、劝导技术力促规范的内化

从技术层面看，个体自我道德内化中，"道德物化"着重从技术入手，即把一定的规范、规则融入人工物中，从而使行为主体按照人工的物理功能去行动，久而久之，个体自我就会形成一种固定的行为模式，或者形成某种习惯。而在这一过程中，人们对于人工物中所内含的价值观念与规则、规范，也许会从最初的不情愿、不自觉，到发自内心的认知、认可、认同，这就完成了个体自我的道德内化。从个体自我道德养成层面看，如仅仅依靠外在力量，靠他律，可能会出现"民免而无耻"的现象，而当个体自我能从内心深处认识到规则、规范对于社会与个体自我的作用，就会发自内心地遵守它，从而就会有"有耻且格"的现象。而道德物化或劝导技术就可以起到这样作用。对此，亚里士多德曾说："简言之，一个人的实现活动怎样，他的品质也就怎样，所以，我们应当重视实现活动的性质，因为我们是怎样的就取决于我们的实现活动的性质。"[2] 朱熹也说："德者，得也，得其道于心而不失之谓也。"[3] 行为主义心理学认为，人的一切社会行为几乎都并非出于纯粹的人类理性，外在于人的环境也是影响人的行为的条件。因此，在德性培养（或称之为"道德内化"）时，要注重个体自我的德性修炼，并且要长期坚持，最终才能形成良好的习惯。而"道德物化"或者技术劝导正有着这方面的作用。即它会使人按照要求、按照提示，或出于从众心理、或自然而然地去遵守某种规则、规范，久而久之，最终使个体自我形成习惯，这即是个体自我"道德内化"的过程，也就是实现道德他律向道德自律的转变的过程。

仅仅利用外在于人自身的力量来对行为进行调控，其结果可能会是"民免而无耻"。通过个体自我自觉遵守规范并将之内化为一种德行素养，则可能会是另外

[1]Langdon Winner. Do Artifacts Have Politics?［J］.Daedalus，1980，109（1）.
[2] 亚里士多德 . 尼各马可伦理学［M］. 廖申白，译 . 北京：商务印书馆，2003：37.
[3] 朱熹 . 四书集注［M］. 上海：昌文书局，1927：94.

一个结果："有耻且格"。只有把观念植入人心，调动起人的"内因"，使其成为人行动的根本依据，人才能真正使自己的行为出于"道德目的"且符合"道德规范"，如此，才真正养成了内在的"德性"。

显然，劝导技术作为一项"道德的物化"，内含着社会共同体的公共利益的价值导向，因此，主体自我出于各种原因很少主动去使用这类技术。同时，这类技术包含着强制性，如果运用不当，有可能给人们生活带来麻烦。所以，在应用这类技术之前，国家应该保持谨慎的态度，不仅要充分调研、广征意见，还要对之进行实验测试。同时，劝导技术的开发与推广应依据国家相关法律条文、道德规范、相关政策及技术标准来进行。

07

第七章 道德养成的自我修为：学思、省悟、积习

道德养成最终是依靠个体自我的修为，道德是人类精神的自律，“一个人要求得进步,就必须下苦功夫,郑重其事地去进行自我修养”[1]。至于如何实现道德养成，则需要个体自我进行学习、认知和思考。对于道德认知、道德行为，个体自我既要有觉悟、理解的过程，即所谓“三省吾身”；也需要借助内省自讼、克己自律的方法；同时，还需要个体自我不断学习、循序渐进。

第一节　学思结合

一、学而习之

“学”应是自我修为的路径之一,《论语》开篇即讲对学的重视。子曰:“学而时习之，不亦说乎？”孔子在此强调“学而时习之”，即强调学是一种长期的活动。“学”在古代不仅包含知识,而且包括德性修养。在儒家看来,一个人要成为有道德、有修养的人，成为仁德君子，就应该学习更多、更广、更全面的道德知识，从而知晓人之为人的规矩以及懂得是非之道。对此，孔子说:“吾尝终日不食，终夜不寝，以思，无益，不如学也。”(《论语·卫灵公》)“我非生而知之者，好古，敏以求之者也。”(《论语·述而》) 关于学习的重要性，孔子曾对子路说过:“好仁不好学，其蔽也愚;好知不好学，其蔽也荡;好信不好学，其蔽也贼;好直不好学，其弊也绞;好勇不好学，其蔽也乱；好刚不好学，其蔽也狂。”(《论语·阳货》) 当然，孔子的“学”包括了对以“礼”为主的道德知识规范的学。他强调:“不学礼,无以立。”(《论语·季氏》)荀子也十分重视学习,在他看来,学是为善去恶的唯一途径。他在《劝学》的开篇中指出:“青，取之于蓝而青于蓝；冰，水为之而寒于水。木直中绳，輮以

[1] 刘少奇.刘少奇选集（上）[M].北京：人民出版社，1981：109.

为轮，其曲中规，虽有槁暴不复挺者，輮使之然也。故木受绳则直，金就砺则利，君子博学而日参省乎己，则知明而行无过矣。故不登高山，不知天之高也；不临深溪，不知地之厚也；不闻先王之遗言，不知学问之大也。”（《荀子·劝学》）“吾尝终日而思矣，不如须臾之所学也，吾尝跂而望矣，不知登高之博见也。”（《荀子·劝学》）荀子认为，学习是不可以完结的，人只有通过不停地学习，才有可能改变自己的本性，进而成为善人，乃至成为至善至美之人。

孔子认为：“不怨天，不尤人，下学而上达。知我者其天乎。”（《论语·宪问》）可见，孔子重“下学”，但不只限于此，还主张人应怀有不埋怨上天、不怪罪他人的态度，而最后一语“知我者其天乎”，更体现出孔子对以“人事”了悟“天命”、以“人道”体证“天道”的磊落胸襟的推崇：“下学，学人事。上达，达天命。我既学人事，人事有否有泰，故不尤人。上达天命，天命有穷有通，故我不怨天也。”（《论语·述而》）对此，狄百瑞认为：“作为孔子最关注的君子品质，仁、礼、学/知就可以形成一个三位组合。”[1] 孔子很早“志于学”，虽然求学之艰难，但他锲而不舍，学问终究得以丰富他的完美人生。对于孔门之“学”，后世儒者又做了更进一步的阐释，即认为“学”“仁”“礼”共同构成了君子最重要的三种品质。三者之间的关系，正如朱子所论：“心之本体，固无时不虚，然而人欲已私汩没久矣，安得一旦遽见此境界乎。故圣人必曰：正其心，而正心必先诚意，诚意必先致知，其用力次第如此，然后可以得心之正而复其本体之虚，亦非一日之力矣。”（《朱熹集·答张钦夫》）王阳明也说：“后儒教人，才涉精微，便谓上达未当学，且说下学。……如木之栽培灌溉，是下学也；至于日夜之所息，条达畅茂，乃是上达，人安能预其力哉？故凡可用功，可告语者，皆下学，上达只在下学里，凡圣人所说，虽极精微，俱是下学。学者只从下学里用功，自然上达去，不必别寻个上达的工夫。”（《传习录·卷一》）这里强调的是，对未学之人或刚入门不大的学生，终日讲上达，只能是空谈空说，是没有益处的。如果学者从下学里用功，自然就可以上达上去。

孔子就学习的目的作了两个层面的区分：一是为己之学；二是为人之学。这一看法似乎还影响到了墨家，《太平御览》中记载的齐王与墨子的一段对话，便与此有关。齐王问墨子曰：“古之学者为己，今之学者为人，何如？对曰：‘古之学者，得一善言，以附其身；今之学者，得一善言，务以悦人。’”（《太平御览·新序》）墨子所论可说与孔子之意大体相合，荀子则进一步用“身心之学”与“口耳之学”

[1] 狄百瑞．儒家的困境［M］．黄水婴，译．北京：北京大学出版社，2009：43.

来区分“为己”与“为人”:“君子之学也，入乎耳，箸乎心，布乎四体，形乎动静。端而言，蝡而动，一可以为法则。小人之学也，入乎耳，出乎口；口耳之间则四寸耳，曷足以美七尺之躯哉！”（《荀子·劝学》）

人要学，人何以能学，即关于人的学习能力，荀子也予以了回答，他认为，关键在于人“心有征知”，即人心具有选择、认识、思虑的能力。对此，他说:“心有征知。征知，则缘耳而知声可也，缘目而知形可也，然而征知必将待天官之当簿其类，然后可也。”（《荀子·正名篇》）荀子将人的感觉器官称为“天官”，它们的主宰则是被称为“天君”的心。人有能知之才，物有可知之理，包括仁义礼智的万事万物，都是可以为人所认识与把握的。荀子还认为，将心的认知能力扩展开来，人就能够为善去恶。然而，主体自我在道德认知、选择的过程中，往往会受到耳目等感官的蒙蔽，并不能够始终保持正确的认识。那么，如何才能保持清醒的认知呢？对此，荀子提出“大清明”的观点，也就是“虚一而静”。荀子说:“人何知道？曰：心。心何以知？曰：虚一而静。心未尝不臧也，然而有所谓虚。心未尝不满也，然而有所谓一。心未尝不动也，然而有所谓静……人生而有知……虚一而静，谓之清明。”（《荀子·解蔽篇》）这里的“虚”是指已有的知识不能妨碍人的认识，“一”是指思想专一，“静”是指心灵宁静，“虚一而静”即是指虚心、专心和静心。人做到“虚一而静”,就达到了“大清明”境界,从而就可以去认识“道”。

“学”和“习”也是相互联系的,如果“学”与“习”失去其中的任何一面,“学”都是不成立的。“学”作为人之立人的基本前提,是进贤向圣的起点,孔子说他“十有五而志于学，三十而立，四十而不惑，五十而知天命，六十而耳顺，七十而从心所欲，不逾矩”（《论语·为政》）。这些内容显示了他成长的历程，而他最终之所以能够达到“从心所欲，不逾矩”的境界，其基础和前提在于，一切皆以“学”为人生成长和进步的积累。朱熹就此引用程颐的观点称“孔子生而知之也，言亦由学而至,所以勉进后人也”。[1]而“学”和“习”总是相伴而生、相互促进并相互巩固的。可见，“学”对于个体自我内化、德性修养十分重要。

二、学且思

中国古代贤哲还主张学思结合。孔子认为:“学而不思则罔，思而不学则殆。”

[1] 朱熹．论语集注·为政［M］．北京：中国社会出版社，2013：498.

(《论语·为政》) 因此，他曾说:“吾尝终日不食，终夜不寝，以思，无益，不如学也。”(《论语·卫灵公》) 孔子还指出：“好仁不好学，其蔽也愚；好知不好学，其蔽也荡；好信不好学，其蔽也贼;好直不好学，其蔽也绞;好勇不好学，其蔽也乱;好刚不好学，其蔽也狂。”(《论语·阳货》) 对于季文子三思而后行，“子闻之，曰:‘再，斯可矣。’”(《论语·公冶长》)，孔子认为“思”要有一个合理的度，要以“学”为基础，否则，同样会陷入“罔”。关于“思”,也有两个层面的含义:一是独立思考;二是善于思考。诗云：“自西自东，自南自北，无思不服。”(《诗经·大雅·文王有声》) 这既说明了思想的重要性，也说明了思考的重要性。孔子对此有独到的认识，他提出：“有弗思，思之弗得，弗措也。”(《中庸·第二十章》) 并认为：“君子有九思：视思明，听思聪，色思温，貌思恭，言思忠，事思敬，疑思问，忿思难，见得思义。”(《论语·季氏》) 从中我们可以看出，孔子的思考不是胡思乱想，而是有逻辑的思考。他将成功的秘诀归结于五个要素:“博学之，审问之，慎思之，明辨之，笃行之。”(《中庸》) 其中，“思”是关键。

中国古代社会贤哲们还就“思”与“念”作了理解,这即是“心之官则思”。“思”与“念”是不同的,对此,刘宗周说:“念有起灭,思无起灭也。”而且“常醒而不昧者，思也，心之官也……因感而动，念也”(《刘宗周集选录》)。换言之，“思”是一种本心有主（尝醒）而灵明（不昧）的能力,故“思即是良知之柄”。这样理解“思”,与《孟子》之“思”有相通之处,也与《洪范》中的“思”相通,洪范曰:“思曰容，容作圣”。刘宗周还把“思”视为工夫的起点，它能对治“念”，故云：“学始于思，达于不思而得。”又说：“夫学所以治念也。与思以权，而不干之以浮气，则化念归思矣。”尤有进者，由“心之官则思”到“不思而得，从容中道，圣人也”(《中庸》第二十章)，可以看作是功夫的较高境界。对此，刘宗周又说：“化念归思，化思归虚,学之至也。”(《刘宗周集选录》) 即是说心之官不思,那么“思”也可能沉为“物化”，可以为念。刘宗周还说：“心之官则思，一息不思，则官失其职，故人心无思而无乎不思，绝无所为。思虑未起之时。惟物感相乘，而心为之动，则思为物化，一点精明之气，不能自主，遂为憧憧往来之思矣。如官犯贼。乃溺职也。”同时，刘宗周反对程颐所云“凡言心者，皆指已发而言”，并且认为程颐《与苏季明论中和》一书中“既思即是已发”之语未当。他指出：若“心指已发”，则犯了“以念为心”的谬误，若“既思即是已”，则将错解“心之官则思”的意涵。他认为，“人之所以为人，心之所以为心也”，而且“惟人心之，亦无所不至，而不可以图像求”，况且“心中有意，意中有知，知中有物，物有身与家国天下，是心之无尽藏处”，故“盈天地间心也”。这样，刘宗周理解的“心”具有正面积极意蕴。即“心意知物是一路，不知此外何以又容一念字？”（《刘子遗书》）显然，这样的“心”能“思”，且与念不同：“心”之“思”具有正面积极意义，而“念”则是一个消极性概念，所谓“今心为念，盖心之余气也。余气也者，动气也。动而远乎天，故念起念灭，为厥心病”（黄宗羲《明儒学案》）。如是，“念有起灭，而心即与之为起灭，心本无起灭也”。[1]这说明刘宗周的“念”是为外物所感，属于感性层面的欲望，与“思”“心”有差异。由此，刘宗周主张“圣人化念归心”。

西方贤哲们也认为，个体自我修为离不开学，离不开思。苏格拉底认为“知识即美德”，清楚地看到了知识与美德的联系。亚里士多德认为，人类一切最优秀和最合乎德性的活动，总是与知识、理性联系在一起的。由此，提升个体自我修为，首先要学习为人之道及各种道德规范。同时，更重要的是要对所学对象进行思考、默虑、省悟，从而择取好的道德行为，养成好的德性。也就是说，要在学习道德知识、道德典范和他人的道德经验的同时，总结自身的道德经验，进行理性思考，以理解和把握所学的道德知识，在自我内心世界构建一个道德知识体系。实际上，一个人的道德水准如何，总是与他的道德知识积累、道德现象感悟有关，一个人粗俗、野蛮且不讲道德，则总是与他愚昧无知、不学无术且不通事理相联系的。在道德生活中，道德知识不仅是道德行为的先导，而且对整个道德行为起着指导作用。对于任何知识，人们都是学而知之，思而化之。当然，道德知识并不局限于书本知识，在日常生活中，从他人的榜样示范中，也能获取道德知识。对此，孔子说“三人行，必有我师焉，择其善者而从之，其不善而改之”（《论语·述而》），即是说，学习道德知识不仅要依靠书本，现实生活中鲜活的典型往往更直接、更生动、更感人，也更高效。

[1] 吴光. 刘宗周全集：第 2 册语类［M］. 杭州：浙江古籍出版社，2007：417.

第二节　省悟克制

一、自省自讼

人可以自我省察,即自我反省或自我反思,也即内省。孔子讲“见不贤而内省”,曾子讲“吾日三省吾身”,荀子讲“君子博学而日参省乎己”。孔子的内省，是以别人的缺点来警诫自己；曾子的内省，是以自己的缺点来警诫自己；荀子的内省，是在自己的缺点还没有暴露时就警诫自己。总之，儒家都注重自我反思，主张个体对待可能出现的缺点，个体自我能主动调节。同时，儒家认为个体有过当改。子曰：“过则勿惮改。”(《论语·子罕》) 他还说：“过而不改，是谓过矣。”(《论语·卫灵公》) 有过必改，有错必纠，内省就是对自我的不足与过错的坚决态度。当然，改过也包括对他人过错的警惕，“见人之过，得己之过；闻人之过，得己之过”(杨万里《庸言》),就是以人为镜。孔子感叹未曾见到能发现自己的过失而内心自责的人。《中庸》说：“君子内省不疚，无恶于志。”《论语》也说：“内省不疚，夫何忧何惧？”这个内省包含着对自我的检视与自我反思，是对己身的“恶”“过”“忮”的否弃与匡正。《大学》说：“其本乱而末治者，否矣。”这个“本”就是修身，这个“末”就是齐家、治国、平天下。所以，儒家讲“正本清源”，讲“改过不吝”，就是给自我来一个洁净的身心。“恶不废则善不兴,自然之道也。”“夫恶犹疾也,攻之则益悛,不攻则日甚。”(《中论·虚道》) 儒家的内省也有一个自我，这个自我是通过“反求诸己”达到的。孟子说：“爱人不亲，反其仁；治人不治，反其智；礼人不答，反其敬。行有不得者，皆反求诸己，其身正而天下归之。”(《孟子·离娄上》) 个体在自我行为没有达到预期的效果时,都得反躬自责。“见贤思齐焉,见不贤而内自省也。”总之，自省即主体对照一定的思想观念，对自身的思想与行为所进行的省察与反思，涵盖了自我评价（自我肯定与自我批评)、自我反思、自我调节、自我完善等过程。自省的最终目的并不在于对自身行为的简单批评与谴责，而在于通过自省，促进个体自我的反思与提高。个体自我的自省意识体现了主体对自身道德实践养成过程的评价与监督，是强化个体道德观念、规范以及个体道德行为的主要过程，也是提升道德修养、不断完善自我的一个重要方式。提高个体自我自省意识，不仅需要反求诸己，对自身的思想与行为进行省察，同时，也需要"见不贤而内自省"，在不断地观察、总结他人的思想与行为的基础上调整、完善自身。

自讼则是对自己的过错进行内心的自我批评，自己当自己行为的法官，实行道德上的自我制裁。"自天子以至于庶人，是皆以修身为本"，《大学》中的这句话重点体现了修身之重要性。读书人在修身时，需要做到"吾日三省吾身"："为人谋而不忠乎？与朋友交而不信乎？传不习乎？"反身而求，不诉于外在。"古之君子，其责己也重以周，其待人也轻以约。"（韩愈《原毁》）君子应当"迁善改过"。"君子之过，如日月之食"，别人都能看到；"更也，人皆仰之"，君子能改过自新，仍会受到崇拜和敬仰。"知而未行，只是未知"，成人之道重在身体力行。"君子食无求饱，居无求安，敏于事而慎于言，就有道而正焉"（《论语·学而》），个体自我应通过践履，成就德性。

内省、自讼是道德修养的重要方法，中国古代的儒家代表人物孔子和孟子对此做了充分的阐述。孔子的"内省"和"自讼"的实质是提倡自省察实的道德修养："内省不疚，夫何忧何惧？"[1]不断自我省察，就不会感到愧疚，也就不会有什么忧愁和恐惧。"见贤思齐焉，见不贤而内自省也。"[2]看到贤人应该考虑如何向他看齐，而遇到不贤之人就要反省自己是否有与他相类似的毛病。这种反复自省的过程，可以使自己的行为长久地符合道德要求。孔子还提出"自讼"的看法："已矣乎！吾未见能见其过而内自讼者也。"[3]

同时，儒家所设定的自我，是不完满或不完善的自我，自我调节的标准在圣人那里，在尧、舜那里，在君子那里，自我就是要不断地缩小他与"完人"的距离。圣人以及圣人所达到的境界，是内省的标准，也是自我激励的内在源泉。笛卡儿也认为，自我是不完满的，他说："当我对我自己进行反省的时候，我不仅认识到我是一个不完满、不完全、依存于别人的东西，这个东西不停地倾向、希望比我更好、

[1] 张燕婴. 论语. 颜渊［M］. 北京：中华书局，2011：193.
[2] 张燕婴. 论语·里仁［M］. 北京：中华书局，2011：73.
[3] 张燕婴. 论语·公冶长［M］. 北京：中华书局，2011：93.

更伟大的东西而且我同时也认识到我所依存的那个别人……他就是上帝。"[1] 人是不完满的，只有上帝才完满。笛卡儿的反思对象大致有两类：一类是旧有的知识，即已成形的观念形态的东西；一类是人的认识活动本身。儒家的内省也有两类：一类是思想观念（包括学习方法）问题；一类是人的行为举止问题。这两个问题密切相关，并且是儒家内省的焦点。"以修身自强，则名配尧禹。"（《荀子·修身》）"见善，修然必以自存也；见不善，愀然必以自省也。"（《荀子·修身》）内省是自我挖掘的经验性存在，这样，中西哲人就有了两种不同的人生思考：一个是反思，所要解决的是个体求真的问题；另一个是内省，所要解决的则是个体自我求善的问题。

中国古代社会，思想家们主张君子修身不仅应当"三省吾身"，同时还要"常思己过"，故"圣人责己处多，责人处少"。[2] 也就是要像圣人一般，多责己，少责人，即"行有不得，反求诸己"。《近思录》主张常责己、律己是非常必要的，"然亦不当长留在心胸为悔"。也就是说，责己改过即可，切不可有过而长久徒懊恼，不然就会心累人疲，以至于影响成人进道。书中同时还认为，责己的最高境界是"责己者当知天下国家无皆非之理。故学至于不尤人，学之至也"。[3]

反思是与人这个主体相关的，古希腊智者派哲学家普罗泰戈拉说，"人是万物的尺度"，这个"人"就是衡量世界的准绳和根据。笛卡儿说的"我思""我怀疑"，也是价值判断的主体，一切知识在没有经过"我思"以前，或者说在没有经过自我意识的评价以前，都是值得怀疑的。笛卡儿曾提出过以知识作为真理的标准原则："凡是我认识得清楚、分明的东西都是真的。"[4]"只要我记得我是把它清楚、分明地理解了，就不能给我提出任何相反的理由使我再去怀疑它，这样我对这个事物就有了一种真实、可靠的知识。"[5] 显然，笛卡儿认为它是人之为人的本质，我之所以存在，是因为我在思维。他还说："除了我是一个在思维的东西之外，我又看不出有什么别的东西必然属于我的本性或属于我的本质，所以我确实有把握断言我的本质就在于我是一个在思维的东西。"[6] 这便是"我思故我在"。笛卡儿开创了一个时代，即人的觉醒和独立的时代、对自我不足处会自我调节的时代。

总之，个体自我道德层面的自省意识应坚持自我批评与自我肯定相结合的导

[1] 笛卡儿．第一哲学沉思集［M］．庞景仁，译．北京：商务印书馆，1986：53.
[2] 朱熹．近思录［M］．北京：中华书局，2011：1.
[3] 朱高正．近思录通解［M］．上海：华东师范大学出版社，2010：150.
[4] 笛卡儿．第一哲学沉思集［M］．庞景仁，译．北京：商务印书馆，1986：69.
[5] 笛卡儿．第一哲学沉思集［M］．庞景仁，译．北京：商务印书馆，1986：74.
[6] 笛卡儿．第一哲学沉思集［M］．庞景仁，译．北京：商务印书馆，1986：82.

向。自我批评与自我肯定相结合，即个体自我要对自身的错误言行展开自觉的检讨与反思，以期达到修正与完善。同时，对个体自我自身正确的思想品质与行为表现应及时给予肯定。如果个体自我在自省、自讼的过程中一味自我批判，则有可能使个体自我在道德上自信心不足，从而会影响个体自我在道德修为中的积极性与主动性。个体自我在自省、自讼的过程中，总是以一定道德规范感悟的经验为标杆，对自我的言行进行道德上的分析与评价，并作出相应判断，即自身的言行是否符合相应的道德要求，是否存在着道德动机与效果的一致性。同时，个体自我会根据自省结果，对自我的道德认知与行为进行反思与调节，而这一过程即对自我在道德层面的观念、意识的调整，意味着继续坚持良好的道德意识、行为准则，改正、消除不良的道德意识、习惯。

同时，个体自我自省还要坚持“以人为镜”，反躬自省。“见贤思齐焉，见不贤而内自省也。”在自省的过程中，个体自我有时候可能不能够清晰地认识到自我的缺陷与不足，这时，个体自我可以通过评判他人品行的优缺而反观自我。另外，在大多数情况下，个体自我在评判自我与他人的德性、德行时，具有主观色彩，评判标准也可能受到主观因素的影响，这样可能会导致评价上的偏差。由此，个体自我在评判他人时应该注意坚持客观性，或者说，个体自我可以将心比心，站在他人角度思考，从而有助于自我道德养成。

二、省察克制

明朝思想家王阳明提出：“省察克治之功，则无时而可间，如去盗贼，须有个扫除廓清之意。”[1] 王阳明提倡“省察克治”的方法，认为人应对自己的思想和行为做自我体察，不断清除内心的私欲邪念。这种是同“内省”“自讼”相近的自我修为的方法，是个体自我依据内心道德标准而自我检查，也就是个体自我的道德认知、道德动机、道德效果以及道德价值的自我评判的过程。

个体自我的修为需要通过自我节欲、克己、改过、迁善等手段来实现。《近思录》中的修身思想同时注重“克己”的功夫，如：“治怒为难，治惧亦难。克己可以治怒，明理可以治惧。”“人能克己，则心广体胖，仰不愧，俯不怍，其乐可知。有息则馁矣。”在中国古代，克己是一个重要的修身工夫，但克己又非单指节欲和寡欲。朱子对《近

[1] 王阳明．传习录注疏 [M]. 邓艾民，注．上海：上海古籍出版社，2012：37.

思录》中关于克己的论述评价道："说则欲进，而有险在前，进去不得，故有止节之义。"也就是说，方说而能止着，则为能禁其欲不得肆者，因有所防，则不敢放其肆，谓节之也。"以刚中正为节，如惩忿窒欲、损过抑有余是也。不正之节，如啬节于用、懦节于行是也。"节制有正和不正之分，若为惩忿窒欲、损过抑余，则为刚中正之节，学者当所勉也。如果节之用致其吝啬、揉懦，则为不正之节，学者当慎戒之。律己自治。《近思录》对于律己自治、内省责己作了很重要的论述。首先，严于律己。"《晋》之上九：'晋其角，维用伐邑，厉吉，无咎，贞吝。'《传》曰：人之自治，刚极则守道愈固，进极则迁善愈速。如上九者，以之自治，则虽伤于厉而吉，且无咎也。严厉非安和之道，而于自治则有功也。虽自治有功，然非中和之德。故于贞正之道为可吝也。"因此，君子自治需严于律己。王阳明在论述知行合一时，也论述了克己，即克己之念，他明确讲道："我今说个知行合一，正要人晓得一念发动处，便即是行了。发动处有不善，就将这不善的念克倒了，须要彻根彻底，不使那一念不善潜伏在胸中。""彼一念而善，即善人矣……尔一念而恶，即恶人矣；人之善恶，由于一念之间。"在此，王阳明出于强调一念之恶的危险性，而提出知就是行，意念发动处就是行，实是为了把"恶"从一开始就彻底消灭于"意念"的萌芽状态，从而达到存善去恶之"行"的目的。克治即克己，就是说，要静坐反思，从心里将"好色、好名、好货"等私欲逐一追寻出来，从根上彻底清除干净。王阳明指出，这种省察克治的工夫需要"真实切己，用功不已"，无论动时还是静时，都要"念念去人欲存天理"。因而，省察克治工夫的实质是"思诚，只思一个天理"，克己，克尽一切"私欲"。去得人欲，便识天理。待修养到于"生死处"也能"见得破、透得过"的境界时，"心之全体"便"流利无碍""尽性至命"，彻底地无人欲、存天理了。明代儒者杨继盛说："或独坐时，或夜深时，念头一起，则自思曰：'这是好念？是恶念？'若是好念，便扩充起来，必见之行；若是恶念，便禁止勿思。"[1]一个文化化的人具有自我内省与反省的素养，正的方面即见贤思齐，负的方面即自我检查、自我纠正，不然，则会受到自我良心的责备。

三、自省克治省察克治即修心养心

《礼记·大学》篇就提出"致知在格物"。朱熹解释说：所谓"致知在格物"者，

[1] 杨继盛．杨忠愍公文遗笔［M］．上海：商务印书馆，1939：2.

“言欲致吾之知，在即物而穷其理也。盖人心之灵，莫不有知，而天下之物，莫不有理；惟于理有未穷，故其知有不尽也。是以大学始教，必使学者即凡天下之物，莫不因其已知之理而益穷之，以求至乎其极，至于用力之久，而一旦豁然贯通焉，则众物之表里精粗无不到，而吾心之全体大用无不明矣。此谓物格，此谓知之至也”。（朱熹《四书集注》）此即是说，天下事物各有其理，而对于理的探究因人而异，会有深浅。学者应当以自己所知的理去不断探明事物之理，以求有朝一日豁然贯通，达到知的极致。这里的“物”不是指物质之物。朱熹在他的《大学》首章注释说“物相当于事”，把“物”作人事解释，可以说，是中国哲学的一大特点。胡适曾在《先秦名学史》的导论中说：“这一个字的人文主义解释，决定了近代中国哲学的全部性质与范围。”[1]王阳明曾和他的一位朋友相约去看亭前的竹子,他的朋友日夜穷格竹子的理，“竭其心思至于三日，便致劳神成疾”。王阳明还以为朋友精力不足，所以自己也去穷格，殊不料，“早夜不得其理，到七日，亦以劳思致疾”。最后，王阳明幡然领悟，“天下之物本无可格者，其格物之功只在身心上做。”主体的心代表着世界的确实性。由此形成中国古代心学学脉，王阳明也成为心学集大成者,成为了心学大师,可被看作是东方的“胡塞尔”。其实,理应是为人之道，而此道要得到个体自我的认知、认可、认同，否则，个体不认识、不认可，再好的道理也起不到作用，这应是人的主观作用，也是人的“心”作用。

“心”是中国古代最重要的一个概念,《黄帝内经灵枢·本神篇》有言:“心之所忆谓之意。”“心者，生之本，神之变也;其华在面，其充在血脉，为阳中之太阳，通于夏气。”(《黄帝内经素问》卷三《六节藏象论》)“心者，君主之官也，神明出焉。”(《黄帝内经素问》卷三《灵兰秘典论》)“心为一身之君主，禀虚灵而含造化，具一理以应万几，藏府百骸，惟所是命，聪明智慧，莫不由之，故曰神明出焉。”（张介宾《类经》三卷《脏象类》）古代中国人将心（即心脏）列为五脏之一，其在五行分类上属火，是人体最重要的器官。《黄帝内经》称“心者，生之本”，指出它是人体生命活动的中枢，故心脏的健康与否，关系到整个人体的安危。心的功能如下：其一心藏神，指精神、意识、思维活动，如其功能失常，则可出现多梦、健忘、昏迷、精神错乱等症状；其二主血脉，指通过心脏的搏动，可以推动血液在脉道中的循环。心气充沛，血脉充盈，则脏腑组织得其滋养。反之，则会影响组织器官功能的发挥。

[1] 胡适 . 先秦名学史［M］. 上海：学林出版社，1982：6.

许多哲学家也从哲学的角度对“心”进行了阐述。《荀子·解蔽》言：“心者，形之君也，而神明之主也；出令而无所受令，自禁也，自使也，自夺也，自取也，自行也，自止也。故口可劫而使墨云，形可劫而使诎申，心不可劫而使易意，是之则受，非之则辞。”《淮南子·精神训》道：“故心者形之主也，而神者心之宝也。形劳而不休则蹶，精用而不已则竭，是故圣人贵而尊之，不敢越也。夫有夏后氏之璜者，匣匮而藏之，宝之至也。夫精神之可宝也，非直夏后氏之璜也。是故圣人以无应有，必究其理；以虚受实，必穷其节；恬愉虚静，以终其命。是故无所甚疏，无所甚亲；抱德炀和，以顺于天；与道为际，与德为邻；不为福始，不为祸先；魂魄处其宅，而精神守其根；死生无变于已，故曰至神。”《法言·问神卷第五》说：“或问神。曰：心。”

由于对心的重视，中国哲人崇尚知不外驰、反求自得，他们只重视个人的“正心”“诚意”，且认定“惟心是真”，孟子所谓“心之官则思，思则得之，不思则不得电。此天之所与我者”（《孟子·告子上》）。这就是说，如果用心控制感官欲，就会使人保住性善的本质，并使之发扬光大。依孟子之见，人心与人欲是矛盾的，人欲会引导人走向迷途。怎样使心战胜欲望呢？孟子提出要做到“尽心”“存心”。做到“尽心”“存心”的第一步是保住“良心”，即天生的“四心”。为保住“良心”，最重要的，是要与“放心”作斗争。欲望压倒了良心叫作“放心”。孟子说：“学问之道无他，求其放心而已矣。”（《孟子·告子上》）孟子强调对待外来事物的刺激要“不动心”（《孟子·公孙丑上》），存心尽心更积极的方式是要以心思求性，如前所引，“思则得之”。而“存心”“养心”之术，归结为一点，就是要同欲作斗争。秘诀只有两个字：寡欲。“牛山之木尝美矣，以其郊于大国也，斧斤伐之，可以为美乎？”（《孟子·告子上》）人性也是这样，天天用斧子砍伐，受坏人的教唆，好人也会变成坏人。陆九渊把孟子的性善论直接引入心学体系，在“心即理”的理论基础之上建立了人性本善的学说。他认为，每个人的内心都是善良的，人通过发现自己的本心并按着本心做事，积极向善，就能做一个有道德的人。人性本善，但又不可避免地会受到外物的蒙蔽，这就需要通过道德教化和道德修养来使人性向善避恶。在此基础上，陆九渊提出了“读书与择师问友”的道德教化方法和“发明本心”的道德修养方法。读书与择师问友，是陆九渊认可的道德教化的方法。陆九渊认为，读书要心平气和地读，要贵在精熟，体会其中的意旨所在。同时，他认为读书为学还要讲求循序渐进，欲速则不达，“学固不欲速，欲速固学者大患”（陆九渊《与刘淳叟》)。在提倡道德教化的同时，陆九渊也提出了“发明本心”的道德修养论。他认为，道德修养主要是靠“易简工夫”，即他的“发明本心”。“发明本心”，即发现自己的良心。他在立足“发明本心”的基础上，主张通过“存心、养心、求放心”及“切己自反、改过迁善”等方法，从内心深处去体认伦理道德。

养性（心）之法。养性旨在养气和求其放心。孟子认为，构成理想人格的关键在于养成良好的内在德性，“君子所以异于人者，以其存心也”(《孟子·离娄下》)。“存心”即人能够保持道德本心不变，不断扩充自身内在的道德心，进而完善自己，推己及人。“求其放心”则认为人在成长和成熟的过程中，会逐渐丧失天生的仁义道德，所以，人需要在养性的过程中，找回自己的本性与“良心”，“学问之道无他，求其放心而已矣”(《孟子·告子上》)。“养气”即“养浩然之气”，人在这个过程中需要反省自身。孟子认为“养心莫善于寡欲”，养心重在对自然欲望的节制，这与孔子的克己思想相呼应。

对自身的行为进行自我约束和自身衡量。“存心、养心、求放心”是一个完整的整体，意指如何保存、持养自己的本心。“存心”，即保持自己的本心；“养心”，即消除心中的欲望，保养自己的本心；“求放心”，就是把丢失的本心找回来。“求放心”是人与其他动物的区别所在，它对于一个人来说具有重要的意义。

著名心学大师王阳明直指人的内在的“良知”本体，认为“良知”就是人的至善本性，“性无不善，故知无不良”。他把人内心先天的“良知”视为道德的本原和根据，视为是非善恶的尺度与标准，把修身养性、反思克己、革除私欲之心，找回淳良人性，视为道德实现的基本途径，提倡知善修德，知恶克欲的知行合一的功夫，试图通过“致良知”的修养方法，来达到“澄明”的最高道德境界。所谓“致良知”，就是“胜私复理”，即克去私欲对“良知”的障碍，以复明吾心之“天理”。这就是说，除了圣人，一般常人的“良知”总会被私意私欲所蔽，因此就有必要除灭人欲，充分发挥良知判别是非、昭明天理的灵觉，从而使人达到“纯乎天理而无人欲之杂”的“圣人”境界。“致良知”作为一种道德修养方法，要做到静坐反思，从心里将“好色、好名、好货”等私欲逐一追寻出来，从根上彻底清除干净。

丹麦思想家克尔凯戈尔（S.Kierkegaard）认为，从古希腊起，哲学家就把思维的合理性和现实混淆起来，他们忘记了，“思想的背后只是带着自己幻觉的思想家本人”[1]。他告诉人们：“真并不高于善和美，真善美实质上属于每个人的存在，它

[1] 翁绍军.现代非理性主义的先声——论克尔凯戈尔对黑格尔的批判[J].学术月刊，1986（4）：28-33.

不是在思想里而是在存在里统一起来。”他进而提出，世界的确实性不是概念，而是个人的存在，这“个人的存在”，相当于中国哲学所理解的“心”。海德格尔也认为，他的哲学活动实质上就是推翻从柏拉图以来统治着西方的形而上学和科学传统。他坚持认为，西方哲学家忘却了实在这种真正核心，他们的思想都不是从对实在的真正感知中产生的。海德格尔批评说，由于遗忘了作为基础的存在，西方思想失去了根基。他用“Dasein”表示这个遗忘的存在。关于“Dasein”，黑格尔曾在《精神现象学》中用它表示精神的现存在，海德格尔用它表示个人的存在。中国学者根据自己的理解，将其译为“亲在”，有的译为“此在”，或为“纯在”，也有学者将其理解为中国哲人所说的“心”，因为只有“心”最符合海德格尔的本真存在。其实，“心”从生理角度看，即人的大脑或脑髓；从文化学角度看，即人的文化心理结构，也就是人的主观世界。

羞耻之心是人类社会独有的文化现象，所谓羞耻心，就是做了不符合规则、规范的事后所产生的羞愧、内疚和悔恨心理。人一旦没有了羞耻心，可能会肆意妄为，所谓“不廉，则无所不取；不耻，则无所不为”。羞耻心也是人类文明发展到一定阶段的产物，是人类区别于动物的重要标志之一。中国自古以来就重“礼义廉耻”。孟子说过“无恻隐之心，非人也”（《孟子·公孙丑上》），还说过“无羞恶之心，非人也”（《孟子·公孙丑上》）和“人不可以无耻”（《孟子·尽心上》）。荀子也说过：“人不知羞耻，乃不能成人。”孔子说：“知耻近乎勇。”（《礼记·中庸》）孔子明确提出了羞耻的观念：“道之以政，齐之以刑，民免而无耻；道之以德，齐之以礼，有耻且格。”（《论语·为政》）而孟子则从德性修养论出发，指出知耻的重要性：“人不可无耻。无耻之耻，无耻矣。”（《孟子·尽心上》）人不可没有羞耻心，不知羞耻，那就不可能成为有德性的人，甚至连为人的资格都没有了，“无羞恶之心，非人也”（《孟子·公孙丑上》）。

在儒家那里，荀子首先对荣辱作了理论分析，他不仅把荣辱对举，而且把荣辱与义利、君子小人联系起来作考察。“先义后利者荣，先利后义者辱”（《荀子·荣辱》），荣辱之分，在于“先义”还是“先利”。也就是说，行为主体之所以获得“荣”的名声，在于“义”，而不在于“利”。“今之人，化师法，积文学，道礼义者为君子；纵性情，安恣睢，而违礼义者小人。”（《荀子·性恶》）“为君子，则常安荣矣，为小人，则常危辱矣。”（《荀子·儒效》）“荣者常通，辱者常穷，通者常制人，穷者常制于人：是荣辱之大分也。”（《荀子·荣辱》）就社会评价而言，荣誉归君子，耻辱属小人，泾渭分明。荀子的荣辱观强调君子常荣、小人常辱，乃是对战国末期不同阶层的评价。他说："故君子可以有势辱，而不可以有义辱；小人可以有势荣，而不可以有义荣。有势辱无害为尧，有势荣无害为桀。义荣势荣，唯君子然后兼有之，义辱势辱，唯小人然后兼有之，是荣辱之分也。圣王以为法，士大夫以为道，官人以为守，百姓以成俗，万世不能易也。"（《荀子·正论》）"义荣"是就"德"而言的，"志意修，德行厚，知虑明，是荣之由中出者是也，夫是之谓义荣"（《荀子·正论》）。"势荣"由"位"而来："爵列尊，贡禄厚，形势胜，上为天子诸侯，下为卿相士大夫，是荣之从外至者也，夫是之谓势荣。"（《荀子·正论》）荀子没有否定"势荣"，并以为"义荣"与"势荣"是可以统一的，但他所推崇的是"由中出者"的"德行"，突出的是"荣"的道义性质，而不是它的功利性质。作为功利性质的"势荣"是"从外至者"的"爵禄"，在荀子看来，身虽贫贱而无爵禄，但只要有德行上的"义荣"，仍不失为尧、君子。反之，虽有"势荣"，而无"义荣"，即使是君主，也是为桀、小人。对于荣辱，陆象山也提出："君子义以为质，得义为重，失义为轻；由义为荣，背义为辱。轻重荣辱，惟义与否，科甲名位，何加损于我，岂足言哉。然世俗之所谓荣辱轻重者，则异于是。"[1] 所谓"世俗"，即指"小人"之见。

古希腊哲学家德谟克里特说过："对可耻的行为的追悔，是对生命的拯救。"[2]"尊严""耻辱"可看作个体的心理感受，其具有人际传递效应，民间常说"跟着丢人""沾光"等，便说明了这一点。在日常生活中，我们不妨扪心自问：当我们做了错事，尤其是在没有被人发觉的情况下做了错事，每当夜深人静的时候，是否有愧对别人之感，如果有，自己的脸上会感到发烫，自己内心会感到十分不安，这就是羞耻心。同时，我们常说的脸皮厚，就是说没有羞耻心。《厚黑学》认为"古之为英雄豪杰者，不过面厚心黑而已"，李宗吾先生总结得准确与否，是另外一回事，即便总结得准确，也说的是古代的"英雄豪杰"，并非要提倡我们都去效法，这应该不是现代文明社会所倡导的。

[1] 陆九渊．陆九渊集（卷十三）[M]．北京：中华书局，1980：171.
[2] 周辅成．西方伦理学名著选辑（上）[M]. 北京：商务印书馆，1964：74.

第三节　积习成德

一、积习化性

人们如何才称得上为有道德？亚里士多德主张德性的养成不是来源于空想，而是来源于实践。“我们探讨德性是什么，不是为了知，而是为了成为善良的人，若不然这种辛劳就全无益处了。”[1]亚里士多德的论述，是对苏格拉底和柏拉图的形而上的道德理论主张的驳斥。“但是多数人不是去这样做，而是满足于空谈。他们认为他们自己是爱智慧者，认为空谈就可以成为好人。”[2]实际上，道德的养成不是靠头脑想象和纸上谈兵就能实现的，而是需要人们参与到具体的道德实践活动当中。“这就像技艺的情形一样。对于要学习才能会做的事情，我们是通过做那些学会后所应当做的事来学的。比如，我们通过造房子而成为建筑师，通过弹竖琴而成为竖琴手。同样，我们通过做公正的事成为公正的人，通过节制成为节制的人，通过做事勇敢成为勇敢的人。”[3]“简言之，一个人的实现活动怎样，他的品质也就怎样。所以，我们应当重视实现活动的性质，因为我们是怎样的就取决于我们的实现活动的性质。从小养成这样的习惯还是那样的习惯决不是小事。正相反，它非常重要，或宁可说，它最重要。”[4]亚里士多德注重的是道德养成的实现过程，即参与道德实践活动——形成良好的道德品质——成为有德之人。

总的来说，亚里士多德认为，个体仅能通过实践来提升自我的德性，单纯依靠理论空想而不结合现实，是无法促进人的道德养成的。他的这种实践主张，与儒家的一些观点，有不谋而合之处，即都赞成要通过具体的实践活动来促使道德的养成。《论语》开篇说:“学而时习之，不亦说乎？”（《论语•学而》）这里的“习”，

[1] 亚里士多德．亚里士多德全集（第8卷）［M］．北京：中国人民大学出版社，1994：29.
[2] 亚里士多德．尼各马可伦理学［M］．廖申白，译注．北京：商务印书馆，2003：42.
[3] 亚里士多德．尼各马可伦理学［M］．廖申白，译注．北京：商务印书馆，2003：36.
[4] 亚里士多德．尼各马可伦理学［M］．廖申白，译注．北京：商务印书馆，2003：37.

从道德养成的角度来说，就是持续重复道德行为，这有助于个体提升道德品质。朱熹在《四书章句集注》里提到:“习,鸟数飞也,学之不已,如鸟数飞也。……（程子）又曰:‘学者，将以行之也。时习之，则所学者在我，故说。’”[1] 在这部作品中，朱熹把“习”理解成“练习”，亦即反复多次依照自己习得的知识开展实践。杨伯峻也对“习”做过相关阐释，他强调，“学而时习之”这句话的“习”的正确含义应该是实习、演习，即实践行动，而并非大众认为的温习。欧克肖特也主张，只靠理论知识不能支撑个体产生道德行为。“诚然，道德理想和道德规则可以非常熟悉，以致可以披上思考行动的传统或习惯方式的外衣。诚然，长期熟悉道德理想可以使我们更加具体地将他们表达为系统的正当与义务，易于应用。而且，道德理想可以在品格中表现出来——诸如绅士品格——行动变成这一品格在具体情境中想象的应用。但是这些性质只是一个方面：它们可以排除对规则和理想自身的特别反思的必要性，但是解读情境和将理想、正当或义务转化为行动这一问题依然存在。”[2]

我们应该给个体提供具体的道德实践机会，提高个体的参与度和体验感。如果不经过亲身感受，不经过实际参与，人们如何能检验自己已有的道德理论知识是否正确，又如何能明确哪些行为是道德的、是值得坚守的呢？德性论中提到，个体可以通过观察、模仿道德高尚之人的行为而提高自己的德性。品德高尚之人，能够轻易分辨生活中的一件事是否具有道德。在特定场景下，他们能够对当下的事件进行分析、判断，随后采取合适的行为。通过向道德高尚之人学习，人们的德性也会在不知不觉间提高。在这一理论中，卓越的个人是我们应当注意的标准，而不应该是“道德律或标准。卓越的个人（a）对什么是善有正确的理解，（b）对如何行动深思熟虑，（c）经常正确地行动，（d）并乐于这么去做”[3]。孔子没有特别针对道德问题写过书，亦没有对“善”这个概念下过定义，更没有给自己的学生设置一些一成不变的条条框框。孔子将他对弟子的种种教育，融入游历四方的过程当中。在云游四海时，孔子用自己的一言一行、一举一动教育弟子如何根据不同情况践行仁义。唯有参与实践，唯有通过向道德实践经验丰富的老师的学习，人们才能知道如何做出德性之举，如何成为有德之人。这种主张，在逐渐意识到道德实践的重要性的学者们看来，是理所当然的。对于德性可以通过师徒授受的

[1] 朱熹．四书章句集注［M］．北京：中华书局，1983：1.

[2] 孔文清．积习成德：主张、质疑与回应 [J]. 思想与文化，2012（00）：40-59.

[3]Jonathan Jacobs.Aristotle's virtues:nature，knowledge，and human good［M］.New York City：Peter Lang Publishing，2004：103.

方式得以传承发扬这一点，赖尔、波兰尼与欧克肖特所持的观点基本相同："专家不能告诉我们他们知道什么，他们只能通过聪明的、有技巧的、优雅的或有品位的行动的方式向我们展示他们知道什么。"[1]"一种无法详细言传的技艺不能通过规定流传下去，因为这样的规定并不存在。它只能通过师父教徒弟这样的示范方式流传下去。"[2]"实践知识既不能被教也不能学，只能传授和获得。它只存在于实践中，获得它的唯一方式是给师傅做学徒——不是因为师父会教（他不会）而是因为它只能在与长期实践它的人持续不断的接触中获得。"[3]被认为与现代教育模式脱节的师徒制，恰恰可以使弟子在跟随师父行动的过程中，不知不觉地掌握与德性行为有关的知识，从而在以后的各种情境中都能够做出符合道德的行为，并且提高自己的道德品质。"亚里士多德期待人们能够认识到以某种方式不断重复的行动可能建立起以这种方式行动的性情。我们的深思熟虑、选择和行动形成不同的品格。"[4]

"实际上，任何一种对具体事例的道德观察都已经蕴含着某种普遍性的要素，并以此为前提。某种行为或场景之所以成为伦理反思的对象，就意味着一种普遍的道德信念已经是先决条件了。"[5]也就是说，若要产生德性行为，需要先有相应的道德原则，这样才能把这种道德原则应用到实际生活场景里。道德与原则密不可分，可以说，没有无原则的道德。亚里士多德的实践智慧可被视为知识和实践两者的理论源头。亚里士多德提出知识可以分为"episteme"和"phronesis"两种，前者就是为人们普遍知道的理论知识，比如加减乘除法；后者就是需要经过实际行动才能理解掌握的实践知识，比如伦理学。"phronesis"之所以重要，是因为它们能够指导人们的实际行动，而这是"episteme"这种形而上的知识所做不到的。从亚里士多德的主张我们可以知道，实践知识的多少也可以体现一个人的理性能力和智力水平。因此，追随德高望重者，学习他们的行事作风，不仅是机械的学习活动，更是一种与智力脑力发展有关的活动。赖尔对此有非常清晰的论述，首先，他强调实践是德性传承的唯一途径："由批评所修正、被典范和规条所激励的恰当的训练能灌输第二天性。"其次，他认为人们的习惯应该被分为两类，第一类是机械重

[1]Gilbert Ryle.Knowing how and knowing that : the presidential address［J］.Proceeding of the Aristotelian society，1945,46 : 1–2.

[2]波兰尼．个人知识——迈向后批判哲学［M］．许泽民，译．贵阳：贵州人民出版社，2000 : 78.

[3]Michael Oakeshott.Rationalism in politics［J］.Cambridge Journal，1947(1) : 81–98.

[4]Jonathan Jacobs.Aristotle's virtues:nature,knowledge,and human good［M］.New York City : Peter Lang Publishing，2004 : 112.

[5]甘绍平．当代德性论的命运［J］．中国人民大学学报，2009，23（3）: 80–88.

复（drill），第二类是训练（train）。机械重复即是像动物条件反射、动物本能一样，没有思考的参与，仅仅是像机械一般重复做一件事。“机械重复（或条件反射）由对重复的强迫接受构成。”工厂里的工人拧螺丝、儿童学习字母表等生活场景，都可被看作机械重复。然而，训练是带有人的思考的，在训练时，行为主体需要将注意力集中到这个活动中，发挥主观能动性。“训练，与此不同，虽然它也包含了大量纯粹的机械重复，却不是由机械重复构成的。它包含了批评的刺激和学生的判断的实例。他在对自己正在做的事情的思考中学习如何做事，因此每一个行动对他而言都是如何做得更好的新的课程。”机械重复和训练之间的不同，体现在通过实践培养人们的习惯时，行为主体是否发挥了主观能动性，以及行为主体在实践时是否主动思考，是否运用到了自己的智力（intelligence）。“机械重复摒弃了智力，训练则发展了智力。”彼得·温奇主张学习不是一个机械的重复的模仿过程，而是人们掌握区分是非对错的方法的过程。“学习如何做事不只是模仿其他人所做的事；它可能从模仿起步，但老师对学生才智的评估恰恰在于后者不只是简单地出于模仿而去做事的能力。”[1] 在提到维特根斯坦说的数列教学的案例后，温奇又指出：“他要学习的不只是遵循老师之示范的习惯，而且还要意识到遵循这一示范的某些方式是允许的而另一些则不允许，也就是说他必须获得运用标准的能力。他必须学会的不仅是用与老师相同的方式做事，而且还要懂得怎样才算是同样的方式。”[2]

学者们对伦理学之探索的背后，蕴藏着一种愿景，即希望人们成为道德高尚之人。“对于亚里士多德来说，德性的践行本身不是目的。德性是品质，品质产生各种行为，这些行为表明人类的卓越。”[3] 亚里士多德的思想主要建立在他对个体本性的理解，他认为我们在许多偶然事件当中，应该坚持以实现人的本质为目的。人们的行为最终都应该是为了善。善是一种个体基于自己的生活现状，不断努力，从而达到一种理想状态的指向，所以，“美德是这样一些品质，拥有它们就会使一个人获致幸福（eudaimonia），缺少它们则会妨碍他趋向于这个目的（telos）”[4]。亚里士多德的理论中还包括了潜能这种观点，即认为人们实现自己的本质，从而达到理想的状态的能力，是潜在于每一个个体的身上的，而这种潜能一旦被激发，就能帮助人们实现卓越，就能帮助人们达到所追求的理想状态。“应该这样说，一

[1] 温奇．社会科学的观念及其与哲学的关系［M］.2 版．张庆熊，张缨，等，译．上海：上海人民出版社，2004：59.
[2] 温奇．社会科学的观念及其与哲学的关系［M］.2 版．张庆熊，张缨，等，译．上海：上海人民出版社，2004：60.
[3] 麦金太尔．伦理学简史［M］．龚群，译．北京：商务印书馆，2003：121.
[4] 麦金太尔．追寻美德［M］．宋继杰，译．南京：译林出版社，2003：187.

切德性，只要某物以它为德性，就不但要使这东西状况良好，并且要给它优秀的功能……人的德性就是使人成为善良，并获得其优秀成果的品质。”[1]在古代社会，儒学代表们之所以提出一系列伦理主张，是希望能帮助人们成人。成人这个概念，就是指教化人们，从而促使人们成为与君子、圣贤一样的，有高尚道德情操的人。经过培养和激化人性中善的一面，个体就能够成为有德之人。“凡有四端于我者，知皆扩而充之矣，若火之始然，泉之始达。”（《孟子·公孙丑上》）“可欲之谓善，有诸己之谓信，充实之谓美，充实而有光辉之谓大，大而化之之谓圣，圣而不可知之之谓神。”（《孟子·尽心下》）

那么，又应该如何来化性呢？“注错习俗，所以化性也。”（《荀子·儒效》）“明礼义以化之。”（《荀子·性恶》）也就是说，人们长期做一件事，慢慢地就会养成一种习惯，之后这种习惯就不会再变化了，而人们的性格也就随着习惯的养成，发生改变，所谓“长迁而不反其初，则化矣”（《荀子·不苟》）。需要强调的是，是社会环境对人们做出礼仪习俗的要求，要求人人按照规定来行动。个体长时间处在某种社会环境下，受到该社会文化习俗的熏陶，就容易养成某种后天的习惯。教育、感化个体实际上就是对人的固有本性进行引导、调节，而且这种引导、调节往往是朝着善的方向发展的。其中，个体所处的时代环境、文化环境、社会环境都会对人的教化有着不知不觉但是作用深远的影响。外界环境会促使社会成员按照一定的要求，形成固定的行为习惯，并且坚持这些行为习惯。“夫人虽有性质美而心辩知，必将求贤师而事之，择良友而友之。得贤师而事之，则所闻者尧、舜、禹、汤之道也；得良友而友之，则所见者忠信敬让之行也。”（《荀子·性恶》）“蓬生麻中，不扶而直；白沙在涅，与之俱黑。……所渐者然也。”（《荀子·劝学》）荀子亦主张“长迁而不反其初，则化矣”（《荀子·不苟》），他将长期按照某种习俗的要求行事，从而形成个体自身的习惯，称作是“积”，即一种逐渐积蓄的过程。而这种积累，可以使得个体的固有个性发生变化，所谓“并一而不二，所以成积也”，这也就是“习俗移志，安久移质”（《荀子·儒效》）。这其实是一种个体内心的自我陶冶。

二、积善成德

“故不积跬步，无以至千里；不积小流，无以成江海。”（《荀子·劝学》）“积土

[1]Aristotle.The Nicomachean ethics [M] .Oxford : Oxford University Press, 2009 : 29.

而为山，积水而为海，旦暮积谓之岁。至高谓之天，至下谓之地，宇中六指谓之极；涂之人百姓，积善而全尽，谓之圣人。”（《荀子·儒效》）荀子认为个体提升自我道德的过程即积善的过程。此外，孔子也告诉人们，不要害怕犯错，犯错并不可怕，可怕的是犯错之后不去纠正。孔子呼吁人们主动纠错：“过则勿惮改”（《论语·子罕》），“过而不改，是谓过矣”（《论语·卫灵公》）。贤哲的形象不会因为主动纠正错误而受到影响甚至是损害，实际上，积极面对错误、及时改正错误反而更能促使个体成长。从行善的角度来看，哪怕是再小的善行也不应被忽视，人们应该从小善着手，积极自觉地“积善不怠”“见善如不及”（《论语·季氏》）；从行恶的角度来看，哪怕是再小的恶行、过失也应该引起重视，要第一时间主动纠正，对“恶”应“无微不而不改”“见不善如探汤”（《论语·季氏》）。古代贤哲强调“行”对一个人的影响，孔子提出：“始吾于人也，听其言而信其行；今吾于人也，听其言而观其行。”（《论语·公冶长》）朱熹亦提出，人们必须通过切身实践，才能领会什么是善，才能对知识的科学性、合理性有一个正确的理解。

荀子还强调了“积善、守礼、隆师”的修身工夫。荀子认为，人们可以通过持续地做善事来达道成圣，也即积善成德、积善成圣。他说：“积善成德，而神明自得，圣心备焉。”（《荀子·劝学》）“见善，修然必以自存也；见不善，愀然必以自省也。”（《荀子·修身》）人应该积善，而要积善，就必须尊敬师长，并遵守社会礼仪。“故非我而当者，吾师也。是我而当者，吾友也；谄谀我者，吾贼也。故君子隆师而亲友，以致恶其贼。”（《荀子·修身》）“礼者，所以正身也；师者，所以正礼也。”（《荀子·修身》）“故有师法者，人之大宝也。无师法者，人之大殃也。”（《荀子·儒效》）不难理解，个体的道德修为是经过外界环境塑造而成的，是由表及里的。在修炼过程中，个体离不开长者、师父的引导和教育，他们是“道”的传播者，亦是人们身边的礼仪道德典范，因此，师长是个体学习的中心，个体在学习过程中是被动地接受知识。如果没有师长的指导，个体的学习会十分困难，也很难掌握真正的、正确的礼仪。

08

第八章 道德养成的范型：尊重、良知、仁人

第一节　尊重意识

“尊重”是人类各民族在漫长历史发展中形成的最基本价值观念，或“最起码的道德共识”[1]，是个体自我道德养成中最重要的价值取向。尊重是重要的伦理学范畴，也是对待他人的一种方式，这种方式可以是一种情感性的，也可以是一种信仰式的。尊重是发自内心的对他人的一种真诚、真挚的情感，是基于人的平等、价值与尊严的深刻理解。同时，尊重也是自尊的深刻表现。汉语中的“尊重”与英语中的“尊重”的含义有所不同。在汉语中，“尊重”主要是指敬重、重视，尊贵、显要，庄重、自重;“尊人”一词表示尊敬他人。《斯坦福哲学百科全书》提到，英文中的“尊重”一词来源于拉丁文，意思是“往回看”“再看”。尊重是主体对客体进行理解的一种特定模式。尊重别人是礼之精神，即“夫礼者，自卑而尊人”(《礼记·曲礼上》)。尊重即对他人敬重,而且要发自内心地敬重。“对他人的尊重是，而且通常被承认是一项核心的道德义务。”[2]

一、尊重是将心比心以情絜情

在社会交往领域中，尊重是将心比心，是以情絜情。所谓“絜”，本义为用绳子计量圆形事物的粗细，后引申为衡量、度量、推度。以情絜情就是指在与人相处时，以人人共有的感性情欲作为行为的出发点和根本原则，以己之情推度他人之情，从自我的角度理解他人的所思所想、理解他人的需要。关于理与欲，戴震不同意把二者割裂、对立起来，而认为理存于欲，是欲本身的合理性规定。他说：“理也者，情之不爽失也；未有情不得而理得者也。凡有所施于人，反躬而静思之：人以此施于我，能受之乎？凡有所责于人，反躬而静思之：人以此责于我，能尽之

[1] 许启贤.尊重：全球的底线伦理原则［J］.云南民族学院学报（哲学社会科学版），2003（2）：11.
[2] 拉兹.价值、尊重和依系［M］.蔡蓁，译.北京：商务印书馆，2016：118.

乎？以我絜之人，则理明。天理云者，言乎自然之分理也；自然之分理，以我之情絜人之情，而无不得其平是也。”[1] 以情絜情就是将心比心，即在人际交往时根据自己的需要设身处地地为他人着想，以满足他人和自己相同的需要。因此，推己及人不是以所谓的良知去规定客体对象，也不是性中固有天理的自然呈露，而是絜矩于人己共有之情。他说：“遂己之欲者，广之能遂人之欲；达己之情者，广之能达人之情。道德之盛，使人之欲无不遂，人之情无不达，斯已矣。”[2] 这是对元典儒学推己及人思想的继承和发展。在戴震看来，自然情欲是人的固有属性，也是人性的本质规定之一，它是人的生命力的表现，因而成为人之行为最初的内在动力。“有欲而后有为，有为而归于至当不可易之谓理，无欲无为，又焉有理？”[3] 爱人即人与人之间相亲相爱，尊重人、关心人，视人如己。儒家认为，仁爱之心源于血缘亲情，人人一生下来就知道亲近父母，稍大之后又知道尊敬自己的兄长，孝悌为仁之本，仁之实即孝敬父母。人的现实生活就是将心中固有的仁爱之心推衍出来，施及于他人，此即孟子所谓的“老吾老，以及人之老；幼吾幼，以及人之幼”（《孟子·梁惠王上》）。

以情契情也就是将心比心，对此，孔子早在两千多年前就有所论述，他说：“他人有心，予忖度之；己所不欲，勿施于人。”“他人有心，予忖度之”（《诗经·小雅·巧言》），就是指“你要别人怎样对你，你也要怎样对人”（《圣经·路加福音·六》）；“己所不欲，勿施于人”（《论语·颜渊》）则是指对自我行为的约束，就是指人要摆脱以自我为中心的想法，多站在他人角度、他人立场去思考，细心体察别人的内心感受，了解他人此时的情绪状态。

二、尊重是发自内心的平等的互敬

尊重是对人以及其他事物的某种特定价值的肯定与重视，尊重最重要的即发自内心。新精神分析主义心理学家弗洛姆认为，尊重“就是指客观地正视对方的全部，并容纳对方独有的个性存在”[4]。尊重就是把自己和他人看成独立的、自由的、完整的，具有独特天性、人格和尊严的人。平等地尊重每一个人，是现代文明的

[1] 戴震．孟子字义疏证［M］．北京：中华书局，1982：2.
[2] 戴震．孟子字义疏证［M］．北京：中华书局，1982：41.
[3] 戴震．孟子字义疏证［M］．北京：中华书局，1982：58.
[4] 弗洛姆．爱的艺术［M］．李建鸣，译．上海：上海译文出版社，2008.

基本共识，这当中包括自己，也包括除自己之外的每一个人。平等地尊重他人至少有两个层面的含义：其一，平等地尊重他人要求将对方与自己放置在一个平等的位置上，尊重对方的人格尊严，不因他人的经济状况、文化教育背景或政治地位而偏待他人;其二,平等地尊重他人要求无差别地对待每一个“他人”,每一个“他人”都同样拥有其人格尊严与价值，都应该被无差别对待。心理学研究者皮亚杰认为，真正的尊重是发生在平等的个体之间的双向尊重，而个体的尊重具有从单向尊重向双向尊重发展的过程。科尔伯格（Kohlberg）在此基础上对皮亚杰的理论做了进一步的阐述，提出了尊重可以分为四类：尊重一般的人、尊重有才能的人、尊重他人的权利和尊重法律责任或道德。近年来，李瑾和费希尔（Fischer）在归纳和总结中西方文化背景下的尊重概念的基础上，提出应将尊重分为道义尊重和情感尊重，二者都是指向他人、不求回报的。

其实，我们每一个人来到世界上都有被尊重、被关怀、被肯定的渴望。要想收获别人对你的尊重，我们得学着互相尊重。17 世纪的英国诗人约翰·多恩在《没有人是一座孤岛》的布道词中说：“谁也不能像一座孤岛，在大海独踞，每个人都似一块小小的泥土，连接成整个陆地。如果一块泥土被海水冲去，欧洲就会缺其一隅，这如同一座山峡，也如同你的朋友和你自己。”[1] 这就是说，我们总是在与他人的相处中生存生活，并且我们应该骄傲地生存于与他人的交往之中。在公共空间里，人人都应守秩序、有风度，要展示人文之美、道德之美、心灵之美。

显然，中国古代社会也重视尊重，讲究讲情。但是，这种尊重，多指下对上、晚辈对长辈的尊重，如尊老爱幼、尊师爱生等。《礼记·曲礼上》中说：“夫礼者，自卑而尊人。”通过尊重，明显地体现出地位尊卑的差异，以地位之尊来确定尊重的对象标准。而在今天的现代化社会中，尊重强调的是人人之间平等，人人生而平等，人人都该得到应有的尊重。人与人之间的平等，可以体现在职业并无贵贱的差别。同时，也可以体现在人格上，即人格间的相互承认，这是对人性在美好生活中的价值的充分肯定，也是对人们的价值共享、道德共契、生存互利的充分信任。个体人格的发展是在人与人之间的相互尊重和相互承认中实现的。个体人格表现为自我在社会生活中的发展，以及对自己的生存价值与生活的可能性的自觉。社会主义核心价值观在社会层面所强调的自由、平等，正是社会所倡导的价值取向。由此，我们每一个人，不论出身、地位及财富差异，都应平等相待、相

[1]John Donne. 没有人是一座孤岛［J］. 新世纪智能，2018（3）：1.

互尊重。而在西方，现代尊重观念起源于18世纪欧洲启蒙运动，卢梭的天赋人权思想是现代尊重观念的源头和核心，它对整个人类思想有着巨大的影响。卢梭所说的天赋人权，就是承认人的价值、尊严、才能、自由。人生而平等、生而自由、生而性善，是天赋人权的最好阐释。对人的尊重，首先表现为对人的自由、平等的尊重。

在我们的日常生活中，在社会公共生活领域，我们常能听到、看到“礼让斑马线”的情形，而这恰恰折射出了人们交往时的德性素养，也愈发成为人们沟通中的共识。其实，礼让的背后是换位思考，换位思考是社会交往的必需。现实生活中强调“车让人”，并对此做出了相应的法律规定，将机动车礼让行人写入了地方条例，还纷纷出台了视频直播、值班站岗、拉绳劝导等治理招数。其实“礼让斑马线”只是公德教育中尊重的具体体现，礼让还可以体现在人们的各种社会交往中，不仅展现出了现代社会公民的公共道德素养，还展现出了文明礼仪之邦的涵养。

三、尊重是发自内心的善意善言善行

善意是社会主义核心价值观中个体层面的内容，而文明素养是友善的具体体现，所谓“良言一句暖三冬，恶语伤人六月寒”(《增广贤文》)，简单的一句“您好”“抱歉”“对不起”“请谅解”“谢谢”“再见”，都可以让人倍感温暖，即使相互间有矛盾，也会释然。同时，尊重也可以是一个微笑，一个善意的笑容可以化解人间的许多矛盾与误会。当然，尊重亦可以是人与人之间的一次谦让。纪伯伦曾说：“真正伟大的人是不压制人也不受人压制的人。”[1]这句话就是说，一个伟大的人，无论是对自己还是对他人，都是尊重的，尊重他人就是尊重自己。《孟子·梁惠王上》有云：“老吾老，以及人之老；幼吾幼，以及人之幼。”这也是尊重的一个表现，可以被解释为“博爱”。

尊重也是人的一种基本需要。美国心理学家马斯洛提出了著名的“需要层次理论”，他认为，尊重是一种仅次于自我实现的高级需求。如果尊重是我们每一个人的精神性的内在需求，那么，要求和倡导尊重的呼声就类似于要求创造和增加社会公共物品的呼声。先秦时期，墨子主张“若使天下兼相爱，爱人若爱其身”(《墨子·兼爱·上》)；孟子主张“仁者爱人，有礼者敬人。爱人者，人恒爱之；敬人者，

[1] 纪伯伦．沙与沫［M］．伊宏，伊静，伊浩，译．成都：四川文艺出版社，2010：序53.

人恒敬之”(《孟子·离娄下》);孔子也提出“己欲立而立人,己欲达而达人”(《论语·雍也》),“己所不欲,勿施于人”(《论语·颜渊》)。这些思想都包含了“尊重”这一观点。《走向全球伦理宣言》中也说:数千年以来,人类的许多宗教和伦理传统都具有并一直维系着这样一条原则——“己所不欲,勿施于人”。换句话说,即“你希望人怎样对待你,你也要怎样对待人”(《圣经·路加福音·六》)。

“只有当‘我’自己达到真正的独立时——在没有外力支援的情况下自由自在地走着自己的路,既不想去支配别人也不想利用别人——惟有此,尊重他(她)才会成为可能。”[1] 这里所表达的含义是,一个懂得自我尊重的人,才能真正尊重他人。“同时,人们有一种自己的身份感、一种自身是有价值的感觉,也因此在不被尊重的时候受到伤害,而尊重人的义务也就具有特殊的严格性。”[2]《心理学大词典》曾这样定义自尊,即自尊是“社会评价与个人的自尊要求的关系的反应”。自尊在中国文化中占有非常高的地位,《韩非子·诡使》中说:“厚重自尊,谓之‘长者’。”自尊对于一个人的重要性在于自尊是人之为人的根本,其支撑着人“生于斯,长于斯”(《申斋集·卷九》)。罗尔斯也认为:“没有自尊,就没有一件事情是值得做的……”[3] 自尊是“一种带有价值导向的内在软约束力”[4],也是一种“自律”。康德认为“自律原则是唯一的道德原则”[5],换句话说,真正的道德,是人的绝对自律,即人的意志服从于理性为自己所立的道德法则,这种服从内含着对道德法则的敬重感。对道德法则的敬重既是对自我理性的敬重,也是对自己人格尊严的敬重。简单地说,这种敬重是人在内心世界中对自我的敬重,尊重自己为自己立的法则,并服从它;尊重自己作为目的的存在,并努力成就它。因此,对自我的敬重感是道德的起点。同时,柏拉图也曾提出“德性是心灵的秩序”[6],拥有高度自尊的人,在其独处的时候,也能够以慎独来严格要求自己的行为,会自觉遵从行为规范的要求而行动,主动地审视、反省和调节自己的行为方式,因此,他们绝不会做寡廉鲜耻之事。

“自尊还是驱动一个人不断向上发展的原动力。它将全然地激励一个人体面地去追求赞美、声誉,创造成就。”[7] 自尊通过驱使个体完善自身,来维持社会关系的

[1] 弗洛姆 . 爱的艺术[M]. 萨茹菲,译 . 北京:西苑出版社,2003:40.
[2] 拉兹 . 价值、尊重和依系[M]. 蔡蓁,译 . 北京:商务印书馆,2016:160.
[3]John Rawls.A theory of justice[M].Cambridge:Harvard University Press,1971:440.
[4] 龚超 . 社会主义核心价值观与公民心灵秩序的实践转化[J]. 湖北社会科学,2015(8):182-188.
[5] 康德 . 康德著作全集(第四卷)[M]. 李秋零,译 . 北京:中国人民大学出版社,2013:396.
[6] 柏拉图 . 斐多:柏拉图对话录之一[M]. 杨绛,译 . 沈阳:辽宁人民出版社,2000.
[7] 雷恩 . 女人的圣经:让自尊引你上路[M]. 严硕,译 . 北京:中国工人出版社,2003:23.

稳定与和谐。因为，一个拥有良好道德修养的人，必然能够善待他人，从而建立起良好的人际关系。克卢卡斯曾对自尊做过一项实证研究，其结果表明“遵守道德的主要影响体现在自尊上面”[1]。他认为：“加强自尊有可能提高个人福祉，同时使整个社会受益。”[2]因此，自尊不仅能帮助人们建立起良好的心灵秩序，对不文明行为起到一定的制约作用，还能促进整个社会的文明。另外，自尊亦是获取他人尊重的前提。“自敬，则人敬之；自慢，则人慢之。”（《读书录·卷一》）“尊严和自尊齐进共退，我们得到的尊严滋养了我们的自尊，而明明白白的自尊会使他人尊重我们。”[3]只有自尊的人，才能赢得别人的尊重。否则就会像《孟子·离娄上》中所描述的那样：“人必自侮然后人侮之，家必自毁然后人毁之，国必自伐然后人伐之。”尊重与自尊是每个人创造生活、创造自我时的相互承认，是社会形成共享价值（shared values）的基本条件。康德认为，人在作为目的时，人的尊严即普遍人性的尊严，它存在于一切人格的共同人性中，现实的人性尽管有着复杂性和多样性，但仍然有着向善的可能性。

[1]Clucas Claudine.Understanding self-respect and its relationship to self-esteem [J].Personality and Social Psychology Bulletin，2020 (6)：855.

[2]Clucas Claudine.Understanding self-respect and its relationship to self-esteem [J].Personality and Social Psychology Bulletin，2020 (6)：853.

[3] 福勒. 尊严的提升 [M]. 张关林，译. 上海：上海人民出版社，2008：18.

第二节 良知良能

一、良知即天理

“良知”的概念源于孟子，他说：“人之所不学而能者，其良能也。所不虑而知者，其良知也。”（《孟子·尽心上》）何谓“良知”呢？王阳明说：“心者，身之主也。而心之虚灵明觉，即所谓本然之良知也。”（《王阳明全集·语录二·答顾东桥书》）又说：“良知者，心之本体，即前所谓恒照者也。”（《传习录·卷中·答陆原静书》）这里，王阳明将“良知”作为心之本体（朱熹称之为“天理”），他说：“良知是天理之昭明灵觉处，故良知即是天理。”（《传习录·卷下·答欧阳崇一》）而“良知”即“天命之性，粹然至善”，即认为一切善或德性都来源于这个良知，“盖良知只是一个天理自然明觉发见处，只是一个真诚恻怛，便是他本体。故致此良知之真诚恻怛以事亲，便是孝；致此良知之真诚恻怛以从兄，便是弟；致此良知之真诚恻怛以事君，便是忠，只是一个良知”（《传习录·卷中·答聂文蔚书二》）。这就是说，人有光明的良知，就可以行孝、悌之善，昭明的良知是一切善的根源。王守仁接续此种观点讲：“是非之心，不虑而知，不学而能，所谓良知也。”（《传习录》）他认为，良知作为一种天然具有的“是非之心”“只是一个天理”“无间于圣愚”（《传习录》）。由此可知，良知是一种与生俱来的秉性。

洛克曾说过，良心自由是每个人的自然权利，“真正的宗教的全部生命和动力，只在于内在的心灵里的确信”[1]，“悟性的本质就在于，它不可能因外力的原因而被迫去信仰任何东西”[2]。每个人都有责任去规劝、勉励和说服谬误者，并通过说理来引导他领悟真理，但不可强制。换句话说，当采取强迫或高压政策时，如果人们

---

[1] 洛克．论宗教宽容——致友人的一封信［M］．吴云贵，译．北京：商务印书馆，1982：6.

[2] 洛克．论宗教宽容——致友人的一封信［M］．吴云贵，译．北京：商务印书馆，1982：6.

不遵循或者违反了权力当局所规定的原则、规范，就会被权力当局惩罚，从而害怕失去已经拥有的东西，如国家保障的工作机会、身份职位以及各种各样的机会等。在这种情形下，个体不是按照道德良知自觉自愿地遵循和追求道德至善和价值理想，而是出于对生存的恐惧，被迫成为表面上的顺从者，去换取生存的条件，而这不是真正的良知。

二、良知即最基本的底线

何为良知？良知即为最基本、最起码的坚守底线，是为人之道。通俗地讲，就是不伤人、不害人，如在自己能力范围尽可能予以他人帮助。良知可用一句话来概括，即心中有人（有自我、有他人），有物（大自然）。每个人本来都有一颗善良的心，如果按照这善良之心去做，人就会有善行。心学大师王阳明就是这样认为的，他说："尔那一点良知，是尔自家底准则。尔意念着处，他是便知是，非便知非，更瞒他一些不得。尔只不要欺他，实实落落依着他做去，善便存，恶便去，他这里何等稳当快乐！"（《传习录卷下·陈九川录》）这是从理想的角度来讲的，落实到现实生活中的情形则很复杂，很多时候，顺着良知而行是说起来容易做起来难，因为现实生活中会有许多情形阻碍人们去追求善良。另外，还有些情形可能会欺骗蒙蔽自己的良知，对此，王阳明强调"不欺骗自己的良知"。虽然每个人都有良心、良知，都有善心，但它们往往容易被欺骗和蒙蔽。所以，每个人都应该对自己的那点良知和善心加以保护，以便由良知和善心引出善行来。

王阳明在《传习录》中还提出了"满街皆圣人"的口号，认为人的心中本来就有一个圣人。他在这里所说的满街圣人，仅仅是从良知本体而言的，并非指现实的人就是圣人。圣人之所以为圣，就在于他使自己胸中的良知在他的言行中流溢、发扬出来。王阳明说："心之良知是谓圣，圣人之学，惟是致此良知而已。"（《阳明先生文集·书魏师孟卷》）所以说，每个人心中都有良知，良知是成圣的内在根据。正因如此，王阳明提出了"圣人可学而至"的口号。此即是说，任何人经过学习，都可以成为圣人。虽然人的资质不同，但每个人心中都有个至善的良知本体，因此，资质的高低并不能妨碍人们上达于"圣人"，其差别只在于每个人的努力程度不同，对良知的明觉程度不同。

三、良知与致良知

王阳明不仅提出“良知”，还提出“致良知”，所谓“良知良能，愚夫愚妇与圣人同，但圣人能致其良知，而愚夫愚妇不能致，此圣愚之所由分也”（《传习录》）。正因为本然的良知不能为每一个主体所能达到，因此，需要主体后天的致知工夫。后天的致知，就是让“愚夫愚妇”“精察此心之天理，以致其本然之良知”（《传习录》）。人只有“致良知”，才能做到“公是非，同好恶，视人犹己，视国犹家，而以天地万物为一体”（《传习录·答聂文蔚书》）。古代圣王就是因为做到了这一点，才成就了治世伟业。在他眼中，“良知之学不明，天下之人用其私智以相比轧，是以人各有心，而偏琐僻陋之见，狡伪阴邪之术，至于不可胜说”（《传习录》）。这就是说，社会充满了沽名钓誉之徒，行阴谋苟且之事、嫉妒贤能、恣纵情欲等社会不良现象众多，这都是有悖于儒家道义的，王阳明作为有责任感的士大夫，以“为生民立命”的担当，呼吁人们“致良知”。每念及此便“戚然痛心”。为此，他大力提倡“致良知”之法，同时也呼吁社会民众“致良知”。“扶持匡翼，共明良知之学于天下，使天下之人皆知自致其良知，以相安相养，去其自私自利之蔽，一洗逸妒胜忿之习，以济于大同”（《传习录·答聂文蔚书》）。也就是说，要将“本然之知”化为“明觉之知”：本然的良知是“天理之昭明”，是至善至美的人之本性，没有任何亏缺障蔽，是高尚的德性，“本来自明”；这种本然之良知人人皆同、人人皆有，但由于私意障碍，使得不同的人对良知的明觉程度不同。他进一步强调，“致良知”也就是“胜私复礼”，也就是克去私欲对“良知”的障蔽，复明主体心中的“天理”。因为“心外无学”，“致知格物”就是要向内用功，学问只是在主体内心求“良知”。“良知之外别无知矣，故致良知是学问大头脑，是圣人教人第一义。”（《传习录·答欧阳崇一书》）

罗汝芳将王阳明的良知本体表述为通俗易懂的“赤子之心”，即人初生时的本然状态。他认为，人的至善本性是与生俱来的，婴儿在未与外界接触时就知道爱父母、敬兄长。若保养好这份仁爱的本心，将之推而广之，以孝亲敬长之心去爱其他的人，那么就会形成人人互敬互爱的社会风气。人之所以产生恶行，是因为他长大后在与外界接触的过程中被“那世习粗暴之气染坏了”。因此，人要去恶行善，就应消除外界不良习气对本心的遮蔽，恢复纯然至善的“赤子之心”。由此可知，良知是一种与生俱来的秉性。何谓良心本心？所谓良心者，与恶心相对立，指的是善良之心，不包括认知之心。明代泰州学派的代表人物罗近溪，在嘉靖年间出任宁国府的知府时就热衷于乡约宣讲，将劝民行善作为其施政的一项重要措施。在《宁国府乡约训语》和《里仁乡约训语》中，罗近溪分别提到："凡此许多孝顺，皆只要不失了孩提的一念良心，便用之不尽""然孟子说'孩提稍长，无不知敬其兄'，亦是他良心明白，知得个次序，自不敢乱去干犯。今日也只要依着那个幼年不敢干犯哥哥的心，谨慎将去，莫着那世习粗暴之气染坏了""盖是吾人之生，不止是血肉之躯，其视听言动，个个灵灵明明，有一良知之心以主宰"。

由此可以看出，良心本心具有以下特点：一是良心本心是一种纯粹善良的心，而不是认知之心；二是良心本心是先天的，是人人所固有并且内在于人的，是人所固有的良知良能的显现，"仁义礼智，非由外铄我也，我固有之也"（《孟子·告子上》）；三是良心本心是性善的根据和基础。良心本心首先表现为恻隐、羞恶、恭敬、是非之心，恻隐、羞恶、恭敬、是非之心分别是仁义礼智之性的发端。"恻隐之心，仁之端也;羞恶之心，义之端也;辞让之心，礼之端也;是非之心，智之端也。"（《孟子·公孙丑上》）中国古代社会所倡导的仁、义、礼、智、信，就是良知。某种程度上，这就是天理，一则这是思想家们对人类社会发展的深刻总结，是以无数人的生命为代价换取的结果；二则这是先哲们对自然天道规律的探究，并应用于人类社会人道。在儒家看来，每个人本来都有一颗善良的心，这使得行善得以可能。我们平时所谓"丧尽天良"（《履园丛话·臆论》）中的"天良"，就是天生的良心。每个人都有良心，人们做坏事则是由于良心被蒙蔽造成的，是没有按照自己的良心去做。如果做了坏事之后，心中有不安，则表示这个人"良心未泯"；如果做了坏事之后，没有什么不安，那他的良心就已经被深深地尘封了。但只要有人能够将他良心上的这层灰尘抹掉，他的良心就还会显现。

第三节 仁人爱物

苏霍姆林斯基认为："薄情会产生冷漠，冷漠会产生自私自利，而自私自利则是残酷无情之源。"[1] 我们的道德教育，应该教会人们拥有一颗宽厚仁慈的心。"仁人""爱物"是中国传统文化的核心价值取向，是中国古代社会道德教育的重要核心，也是当代社会个体自我道德养成的核心观念。

一、仁人即爱人

"仁"是核心观念，也是儒家道德范畴的核心。孔子言"仁"，包括恭、宽、信、敏、慧、智、勇、忠、恕、孝、弟（同悌）等内容。"仁人"乃德之基本，"仁人"即忠勇为本，诚信立身，恭恕待人，孝悌予亲。"忠勇为本，诚信立身"就是忠于祖国，热爱人民，不怕牺牲，主张正义，反对邪恶，敢于和坏人坏事做斗争，做仁人志士；实事求是，不虚假，不浮夸，不欺诈，做实事，求实效，做诚信之人。"恭恕待人，孝悌予亲"就是与人友好相处，合作共事，礼貌待人，体惜他人，尊师爱生，诲人不倦，有宽容之心；孝敬老人，敬爱兄长，帮助兄弟姐妹，养成家庭美德。儒家的做人之道，对全人类都有着广泛而深刻的影响，如韩国便以"孝悌忠信，礼义廉耻"（《论语·学而》）来教化学生，新加坡以"忠孝仁爱，礼义廉耻"来塑造学生的心灵。

孔子提出了"仁者爱人"（《论语·颜渊》）的思想。这里的"爱人"，就是要对人有同情心，乐于关心人、善于帮助别人。孟子把爱当作人生来就有的善性，他说："恻隐之心，仁之端也。"（《孟子·公孙丑章句上》）他认为人生来就有一种爱人之心，因而他提倡"老吾老以及人之老，幼吾幼以及人之幼"（《孟子·梁惠王上》），要求人们不仅要敬爱自己的长辈，而且要扩大到敬爱别人的长辈；不仅要疼爱自己

[1] 苏霍姆林斯基，帕夫雷什中学［M］. 赵玮，等，译. 北京：教育科学出版社，1983：20.

的子女，而且要扩大到疼爱别人的子女。墨子则提倡“兼相爱”“爱无差等”“有力者疾以助人，有财者勉以分人，有道者劝以教人”（《墨子·尚贤下》）的理想。墨子的爱，是一种推己及人的爱，要求对一切人都同样相爱，没有差别、不分等级，鼓励人要不相欺侮，不相傲视，和睦相处。这些思想都凝结着人类的共同情感，体现着尊重他人、爱护他人、帮助他人的本质要求，从而成为中华民族生生不息的内在动力。张载在其名篇《西铭》中提出“天下一家”的思想：“乾称父，坤称母；予兹藐焉，乃浑然中处。故天地之塞，吾其体；天地之帅，吾其性。民，吾同胞；物，吾与也。大君者，吾父母宗子；其大臣，宗子之家相也。尊高年，所以长其长；慈孤弱，所以幼吾幼。圣其合德，贤其秀也。凡天下疲癃残疾。茕独鳏寡，皆吾兄弟之颠连而无告者也。”（《西铭》）家庭相亲相爱之情，被扩大到普天之下，要求人们在天、地、人及万物的范围内唯行“仁爱亲情”。

西方思想史上关于友爱的思想也是极为丰富的。16—18 世纪的欧洲空想社会主义者设想的理想社会，也大都把人与人之间的互助友爱作为社会和谐的重要表征。18 世纪法国空想社会主义者巴贝夫描写其理想的“平等共和国”时指出：“社会公正地对待一切人，并负责对儿童、病人和老弱给予同等的关怀。社会帮助青年人，这是在他们身上投资，使他们长大成人时能为社会服务，社会照顾病人和老弱的人，这是向他们还清债务，如果他们丧失做有用工作的能力，社会就尽人道的义务。”[1]

二、爱物

儒家不仅倡导仁人、爱人，倡导天下一家、四海之内皆兄弟，同时，也主张“爱物”。“爱物”是儒学和道教的共识，是爱心之最高境界。庄子说“万物皆一也”（《庄子·德充符》），即是主张齐物我、齐贵贱、齐生死，天人合一。《孟子·尽心上》讲的“亲亲”“仁民”“爱物”，是爱的三个层次。爱自己的亲属，是动物也普遍具有的本能；推己及人而爱民，是爱心的更高境界；推人及物而爱物，是爱心的最高层次。“爱物”即和谐万物，取用有度，也就是热爱万物，对万物取之有制，克制私欲，不竭泽而渔。“爱物”是人性的试金石。“爱物”已成为 20 世纪以来人类最强烈的呼声。

[1]G. 韦耶德，C. 韦耶德 . 巴贝夫文选（附导论、题解和注释）[M] . 梅溪，译 . 北京：商务印书馆，1962：92.

“天地之道，博也，厚也，高也，明也，悠也，久也。今夫天斯昭昭之多，及其无穷也，日月星辰系焉，万物覆焉。今夫地一撮土之多，及其广厚载华岳而不重，振河海而不泄，万物载焉。”（《中庸·第二十六章》）天地之大德曰生，它们无不持载，无不覆育。圣人中和于天，性纯德渊；其浩翰之仁，与天之生生之道同一，表现为博爱、泛爱。“大哉，圣人之道！洋洋乎，发育万物，峻极于天。”（《中庸·第二十七章》）天地之道真实不妄，但此本体之真却非空洞的抽象，它即表现为万物之生长发育。换句话说，万物的生长发育就是本体之真的现实性确证。格物乃“穷至事物之理，欲其极处无不到也”（《大学章句集注》），儒家对客观世界所存物理的总的态度是顺天应人，遵循自然规律，相信“万物并育而不相害，道并行而不相悖”（《礼记·中庸》），所以，“格物”之“格”并不是强求改变之义，而只是认识到万物事理的内在规律并遵循之。作为仁者，自然就要求仁爱万物，此时的仁更多的是不干涉、不破坏，是严格遵循天地万物及事理的自然运行规律与内在法则。如“不违农时，谷不可胜食也；数罟不入洿池，鱼鳖不可胜食也；斧斤以时入山林，材木不可胜用也”（《孟子·梁惠王上》）。圣人正是觉悟到这一点，至诚通天，从而把他人、把万物都视为自己的同类同伴，打破物我的界限，以其博大的胸怀，泛爱万物，溥博如天，渊泉如渊。同时，中国古代思想家特别注重人类的发展是否顺应自然规律，强调实现与自然的和谐相处，即实现所谓的万物“和处”，如《袁氏世范》中对农业生产活动遵从自然规律的认识就非常深刻。

其实，人是大自然运行系统中的一分子，人的生存需要大自然馈予的食物，人需要水，需要空气（氧气），离开大自然，人无法生存。因此，人与大自然的融合是人的天性，也是人的较高境界的追求。就个体生命而言，就个人生活而言，人总是可以放情于大自然。尤其是在当代中国，我们所设想的蓝天白云的图景，所倡导的绿水青山就是金山银山，所倡导的美丽中国，是符合天道，符合人性的，这是人的合理的个体生存价值取向。西方所说的知识分子，不仅是指他们具有某种知识技能，而且还指他们是社会的良心，是人类基本价值的维护者。余英时说:“所谓‘知识分子’，除了献身于专业工作以外，同时还必须深切地关怀着国家、社会、以至世界上一切有公共利害之事，而且这种关怀又必须是超越个人（包括个人所属的小团体）的私利之上的。所以有人指出，‘知识分子’事实上具有一种宗教承当的精神。”[1] 当然，儒士与知识分子还有很大不同，儒士侧重于身心的修好，知识

[1] 辛华，任菁. 内在超越之路——余英时新儒学论著辑要［M］. 北京：中国广播电视出版社，1992：126.

分子侧重于某种专业知识的占有与传播。但他们也有共同点，即都重视对社会的参与。

中国古代社会儒家士人针对家庭子弟展开的日常生态伦理观，往往表现于定立家训、家诫之中。比如南宋袁采编订的《袁氏世范》就凸显了万物平等的思想，告诫子孙当爱物如己，不可随意杀生，因为“飞禽走兽之于人，形性虽殊，而喜聚恶散，贪生畏死，其情则与人同”（《袁氏世范·世范卷下·治家》），所以“物之有望于人，犹人之有望于天也”（《袁氏世范·世范卷下·治家》）。在天寒地冻之时，照顾好家里的牲畜家禽，实乃“仁人之用心，见物我为一理也”（《袁氏世范·世范卷下·治家》）之仁爱、平等理念的表现。正因为万物平等，所以讲究少杀、慎杀，切不可为满足口腹之欲而滥杀。明代名臣高攀龙在《高子家训》中为此告诫子弟，“少杀生命，最可养心，最可惜福。一般皮肉、一般痛苦，物但不能言耳。不知其刀俎之间，何等苦恼，我却以日用口腹，人事应酬，略不为彼思量，岂复有仁心乎”（《高子遗书·家训》）。此即是让人要珍惜有度、不可铺张浪费，体现了儒家的爱物思想。清代康熙帝也在《庭训格言》中教导子弟称：“世之财物，天地所生，以养人者有限。人若节用，自可有余；奢用则顷刻尽耳，何处得增益耶？朕为帝王，何等物不可用，然而朕之衣食毫无过费，所以然者，物为天地所生有限之财而惜之也。”（《庭训格言·八》）

中国古代社会，中华民族历史上，从来都有民族的脊梁。他们悲天悯人，而此语出自清代黄宗羲的《朱人远墓志铭》：“嗟乎！人远悲天悯人之怀，岂为一己之不遇乎！”悲天即悲叹时世，悯即哀怜，悯人即怜悯众人。对混乱的时世感到悲伤；对困苦的人民表示怜悯。唐代现实主义大诗人杜甫在其诗《茅屋为秋风所破歌》中写道“八月秋高风怒号，卷我屋上三重茅……布衾多年冷似铁，娇儿恶卧踏里裂。床头屋漏无干处，雨脚如麻未断绝。自经丧乱少睡眠，长夜沾湿何由彻！安得广厦千万间，大庇天下寒士俱欢颜！风雨不动安如山。呜呼！何时眼前突兀见此屋，吾庐独破受冻死亦足！”可谓是句句惊人，句句感人，而其中这一句“安得广厦千万间，大庇天下寒士俱欢颜”更是表现出诗人的胸襟与情怀：诗人自己贫困交加、艰难困苦，自己的妻儿老小正在受苦受难，但他此时不是想到自己，不是想到自己的小家，而考虑的是天下寒士，是苍生民众。宋代范仲淹在《岳阳楼记》也有“先天下之忧而忧，后天下之乐而乐”这样的名句，张载也写下了“为天地立心，为生民立命，为往圣继绝学，为万世开太平”的宏大名言……这些话语激励着无数中国人为苍生、民众而奋斗。

中国古代社会的仁人志士仁人爱物、悲天悯人，更有家国情怀，并把这些良好品质视为自己为官执政的理念。陈继儒有言:“大丈夫当有忧国之心。”顾炎武称:“保天下者,匹夫之贱,与有责焉耳矣。”林则徐在《赴戍登程口告示家人》中写道:“苟利国家生死以，岂因祸福避趋之。”范仲淹立志称:“不以一心之戚而忘天下之忧。”梁启超言称:“以国事为己事，以国权为己权，以国耻为己耻，以国荣为己荣。”这些观念激励与引领一代代志士不断为国家、民族而奋斗。

三、追求类生命

孔子对“樊迟问仁”(《论语·颜渊》)的回答，可以算是他对“仁”的内涵的最本质界说。“樊迟问仁。子曰:‘爱人。’”(《论语·颜渊》)“爱人”即是他说的“泛爱众”(《论语·学而》)，即要求爱社会上的一切人，而不只是爱社会中的某一部分人。“仁者爱人”(《论语·颜渊》)，就是要人人相亲相爱，即所谓四海之内皆兄弟。这即是“民胞物与”(《西铭》)和“万物一体”的“爱物”思想。人的类生命本质决定了人要不断地超越自己的功利性需要，追求更高层次的生命生活。人是社会发展的主体和主题，社会的发展说到底其实是人的发展，而人的发展最终只能表现为个体的发展史。它是无数个体，以自己有限的生命，通过对人类的无限的永恒的社会价值的追求和实现，不断积淀而成的。当人进入自觉的“类”存在时，“人才开始称得上充分自觉了的获得自由的人”。[1] 这说明，只有当人在本质上超越了物质自然时，才会在认识和改造世界的活动中获得自主和自由，而这是人性中最为根本的东西。前一种生命决定了人被自然规律所支配的本能性生活，而后一种生命所追求的是理性价值的永恒，是超越本能的生活。人不同于动物之处就在于“人不会仅仅以活着为满足，人还有更高的追求，人活着是为了实现人的‘超生命’的本性”[2]。

荀子提出:“天地者，生之本也；先祖者，类之本也。”(《荀子·礼论》)又说:“无天地，恶生？无先祖，恶出？”(《荀子·礼论》)意思是说，生命是天地给予的。生命虽可推源至天地（如西方的“上帝”)，但每个人的生命又直接出自他（她）

[1] 高青海.人就是“人”[M].沈阳:辽宁人民出版社，2001：263.
[2] 高青海.人就是“人”[M].沈阳:辽宁人民出版社，2001：15.

的父母和先祖。所以，自汉代起，中国人就特别重视“孝”。这样一来，中国人便不把每个个人直接系之于天地，而是认为个人都是某家的子孙。所以，古人写自传，如司马迁的《太史公自序》、班固的《汉书·自纪》、王充的《论衡·自纪》等，都叙述了自己的家世。这些自传中既有他们的“个人”或“自我”，也把“自我”放在家世背景之中。这意味着，他们不是孤单的个人，他们之所以成为史学家、思想家，是和“先祖之所出”（《春秋繁露》）分不开的。历史学家钱穆对此论述道：“中国人既重历史，故重时间观，虽一文一物，必求其历久相传，一气贯注，如一生命之存在，乃无古今新旧之隔阂。即如三千年来一泰伯墓，在吾家乡村间，亦一气相承，一体相融。乡人只感其可敬，未觉其为远古之与我相隔也。即如客堂书斋中一幅古字画，亦可属数百年千年以上物，虽甚可贵，但与其他陈设亦一体相融，未觉其古今之相隔。即如《诗经》三百首，《论语》二十篇，使家中子弟诵之，亦可琅琅在口，默默在心，使吾心与三千年两千五百年前古人心融为一体。亦未见有古今彼我之相隔。故凡中国人心，苟受相当教育，具相当修养，则我心即史心，五千年中华民族之大生命，即融入吾此短暂狭窄之小生命中，而有何古今新旧之足辨。中国五千年历史文化之一气相承，亦即此之故。”[1] 后来，孟子提出了所谓“老吾老而及人之老，幼吾幼而及人之幼”（《孟子·梁惠王上》）。儒家还提出了理想社会的图景：“大道之行也，天下为公……故人不独亲其亲，不独子其子，使老有所终，壮有所用，幼有所长，鳏寡孤独废疾者，皆有所养……是谓大同。”（《礼记·礼运篇》）

钱穆还论述道：“性则个人小体生命所各别具有，道则人群大生命之共同趋向，由此以成其悠久广大之大生命。性之合于道者谓之德，德具于内，不待外求。食衣住行物质生活，皆须赖于外。苟求之外而忘其内，丧其德，有生活，无生命。……生活不能日新又新，而生命能之。……生活维持为手段，生命成长为目的。知为手段，行为目的。……生命则是共同和合的。由共同和合的大生命中演化出小生命，非由分别的小生命中可凑合为大生命。大生命是天，是自然。人是小生命，乃有生活。”[2]

马克思曾在《1844 年经济学哲学手稿》中给人的本质作了界定：“一个种的全部特性、种的类特性就在于生命活动的性质，而人的类特性恰恰就是自由的有意识的活动。”[3] 近年来，高清海先生系统研究了西方哲学，尤其是吸取了马克思主义的观点，他提出的“类哲学”在哲学界引起了颇多的讨论，“类哲学”给人的重大

[1] 钱穆．中国史学发微［M］．北京：生活·读书·新知三联书店，2009：117.
[2] 深圳大学国学研究所．中国文化与中国哲学（1987）［M］．北京：生活·读书·新知三联书店，1988：27–28.
[3] 马克思，恩格斯．马克思恩格斯全集（第 42 卷）［M］．北京：人民出版社，1995：96.

启迪在于它是把人作为人的存在、发展和完善的本有的理论，高清海先生从人的“双重生命”中深刻地把握了人之为人的内在规定性。所谓人的双重生命，就是指人的“种生命”和“类生命”的统一。前者指的是“被给予的自然生命”，后者指的是人“自我创生的自为生命”。[1] 高先生认为：“生命的产生，是自然进化的一次重大飞跃；人的产生，则可以说是生命进化的一次重大飞跃。”[2] 而作为这两次飞跃所产生的人的双重生命之间，既具有必然的联系，又具有本质上的差异。

当人进入自觉的“类”存在时，“人才开始称得上充分自觉了的获得自由的人”。[3] 人的生命，是一种追求理性价值的永恒性的生命，是超越本能的生活。人不同于动物之处就在于“人不会仅仅以活着为满足，人还有更高的追求，人活着是为了实现人的‘超生命’的本性”[4]。关于类生命的理解主要有以下方面：一是个人的存在、发展需要社会、他人的关爱和帮助，所谓有人人为我，我为人人；二是个体生命是有限的，人生不过百年，人都是匆匆过客。不能要求所有人都为他所生存的社会贡献正能量，但他（她）至少不能危害他人，更不能谋财害命；三是人通过自我修养，便可以顿悟、渐悟，以至觉解（冯友兰语）。人生的意义在于善待生命、善待他人，乃至牺牲小我完成大我；四是人更多情况下是普普通通的凡人，过着平凡人的生活，只有少数人才能超越世俗，追求更高意义的生命，即成贤成圣；五是人不管是自觉自愿还是无知无欲、没有觉解，都应是类生命长河中的一滴水，无数水滴汇聚起来，便形成巨大的势能，呵护着人类社会向更美好的境界的发展。同时，人是族类中的一员，会自觉自愿为族类而奋斗，且这种付出可以不要求回报，但不能成为他人利用的工具，因此就需要制度的保障。

[1] 高清海．“人”的双重生命观：种生命与类生命［J］．江海学刊，2001（1）：77–82，43.
[2] 高清海．高清海哲学文存［M］．长春：吉林人民出版社，1997：5.
[3] 高清海．人就是“人”［M］．沈阳：辽宁人民出版社，2001：263.
[4] 高清海．人就是“人”［M］．沈阳：辽宁人民出版社，2001：15.

09

第九章 道德养成的着力点：事上磨练

第一节　道德实践的着力

个体自我的道德养成离不开自我修为，修为不只是知、情、意，更重要的是行，而行也是一个很宽泛的概念。真正的道德养成就是在事上磨练，即注重道德实践，注重在职业中的养成、在家庭中的养成、在社会公共生活中的养成、在日用伦常生活中的养成。对此，王阳明认为，个体自我的道德修为和道德养成，不是单纯地坐在那里冥思苦想，还需要在日用常行之中修炼，“人须在事上磨，方立得住，方能静亦定，动亦定”(《传习录》)。他在谈到自己的儒学与佛老之别时说，吾儒养心，未尝离却事物(《传习录》),而佛老之学“养心”却有“外人伦，遗事物”之蔽。所谓“圣人之求尽其心也，以天地万物为一体也。……未尝外人伦，遗事物，而专以存心养性为事，则固圣门精一之学也”[1]。

一、道德实践阐释

有学者认为，宋代理学家对道德认知与道德实践两者关系论述之精微完备，是宋代学术成就的一个特点，“修养之法之毕备也。躬行实践，不专事空谈……皆以实行有得”[2]。道德实践是人类社会的一种独有活动，是一定历史时期、一个社会、一个政府有组织而开展的实践活动，这种活动是精神外化的活动，是道德认知向道德行为转化的活动，其活动目的在于维护社会秩序与和谐，使人与社会、人与人之间达到和谐。同时，它还是一系列具有道德意义的外部活动，如道德行为、道德交往、道德教育等。道德实践也可被称为道德活动，它是指人类生活中，在一定道德意识的指导和影响下而进行的社会活动，其中包括个体行为和群体行为。

[1] 王守仁．王阳明全集［M］．吴光，钱明，董平，等，编校．上海：上海古籍出版社，1992：793.
[2] 柳诒徵．中国文化史［M］．北京：中华书局，2015：873.

它的基本活动形式主要是按照一定的道德原则和道德规范，通过善恶、荣辱、正义与非正义等价值评价标准而实现的。同时，道德实践还表现为一定社会、一定组织依据其道德体系、道德理想等，针对那个社会的民众开展道德教育等系列活动。道德实践是道德意识的重要组成部分，道德意识主要包括道德活动、道德意识和道德规范，它们既相互区别，又紧密联系。同时，道德实践除了具有时代性、民族性，还存在着连续性、恒久性。例如，在中国古代社会的道德实践活动中，一些核心价值观念如仁、义、礼、智、信，就具有恒久性。还有许多个体自我修为的路径与方法，也具有跨时空的传承性。一个社会的道德实践，最重要的，就是要落实在社会民众，即个体自我身上。个体自我的道德实践是一种主观见之于客观的外化，是个体自我德性养成的过程，也是个体自我获得道德层面价值意义的过程。

中国古代社会，贤哲们都十分注重个体的道德践行。北宋哲学家张载指出，人的认识能力和认识结果可以分为两部分：一是以人的理性观察事物所获得的知识，可以称为“见闻之知”；二是通过人心直接体验而获得的伦理纲常以及知识，而这取决于个体自我的修炼程度，认识的结果表现在为人处世的“践履”上，可称为“德性之知”。明儒王阳明则强调知行合一，他认为，知不是纯粹的理论知识，而是对人伦纲常的体认，是包含着情感和意志的“良知”，这种知的最大特点，就是具有行，即有道德实践的倾向和性质。

二、道德实践平台打造

道德实践不仅是个体自我修为的事，社会也应积极引导个体自我的道德实践，而这种引导到达一定程度时，即可称为道德实践教育。所谓道德实践教育，就是针对民众开展的有组织、有计划的道德教育，就是把为人之道、为人之德的准则、规范，融入易被人接受的实践活动中，从而促进个体自我的道德养成。道德实践教育是变“言语德育”为“行动德育”的一种教育方式，这种教育方式，重视人的主体参与和亲身体验，可以让人在实践活动中得到启迪，也可以使个体自我在活动中认知道德规范、培养道德情操、感悟道德真谛，最终助推个体自我的道德养成。

道德实践教育平台的打造是很重要的，良好的道德实践教育平台，可以提高社会民众参与的积极性，营造一种人人都愿意参与道德实践的氛围。这样，有助于个体自我强化道德认知、践行道德行为、实践道德养成。因此，政府、高校和社会各阶级，都应当依据自身实际情况，为民众道德实践提供所需的实践平台，这样一来，不仅有助于个体自我的道德养成，也有助于整个社会的道德水准的提高。

当代社会打造道德实践平台的着力点即群众性，就是让更多的人易于参与、乐于参与，让更多的人在道德实践过程中有获得感。这样一来，可以从很大程度上提升全体社会成员的道德意识，从而形成一种崇德向善的社会风尚。比如利用好新媒体，推出给短视频、系列文章点赞等互动途径；又如面向全社会征集好人好事范例，更好地展示道德模范的风采，切实发挥榜样示范引领作用；再如通过海选活动，让广大民众自己挑选身边看似不起眼，但可以传播社会正能量的好人好事，让他们挖掘出自己心目中最美的道德模范，通过身边平凡人的身边事与平凡事，激起大家的共鸣。

德育实践基地是道德实践教育平台的重点，德育实践基地的打造，应以能力强、影响范围广、德育价值大等作为导向，它的打造对于个体自我的道德素养养成十分重要。为了保障个体道德实践长期稳定有效，就必须打造稳定的德育实践基地。这就要求在坚持一定导向的同时，注重社会、学校及家庭的联动。社会方面，可以整合爱国主义教育基地、公益性文化设施和资源环境保护课程等多方面的教育资源，充分利用当地博物馆、历史名人故居等硬件设施，为个体道德实践提供稳定的社会实践活动基地。学校方面，学校应主动承担起德育教育的责任。青少年大部分时间都是在学校里度过的，由此，学校应注重打造校内的德育实践基地。课程是学校教育教学的核心，这就要求学校优先注重道德教育的精品课程建设，同时，也要在其他课程（如语文、历史等文科，或是数学、物理等理科）中融入道德教育。此外，学校的校园文化建设也很重要：在硬件设施方面，学校应该充分利用图书馆、校史馆以及学生活动中心等场所，作为学生的德育实践基地，还可以在校内安装广告牌、宣传栏、电子屏等宣传设备，积极宣扬优秀道德人物的感人事迹；在软件设施方面，学校可以开展道德模范教师、道德模范班集体、道德模范学生等评选活动，以身边典型榜样的力量来引导学生自觉地投身于道德实践活动中。

三、道德实践联动机制

道德实践教育平台的打造，有利于个体自我道德养成。需要注意的是，德育实践基地的建设应该遵循一定的标准，同时还应建立健全相关的道德机制，这有利于依照科学的评价标准去评判道德实践过程中人的各种行为。

一是建立健全相关制度。道德与法律都是重要的社会调控手段。为了让各类道德实践活动实现理论知识与实践活动的有机有效融合，必须建立健全相关规章制度与法律体系。有了相应的制度，就可以对个体自我的道德实践行为进行必要的监督与约束，对那些不当的道德实践行为予以谴责，甚至予以法律制裁，以此来规导个体自我的道德实践行为。同时，道德作为一种柔性制度，是法律的有益补充，它注重将那些民众内心认可的、被普遍接受的且利于社会进步的风俗习惯以及某种具体的规则规范外化与固化，这将助推个体自我道德养成。

二是健全奖惩机制。所谓道德奖惩，就是在道德实践过程中，对坚守道德者予以奖励，对不守道德者予以惩罚。这有助于个体自我在道德实践中明辨是非，并助推个体自我自觉地调节、遵守道德，从而利于个体自我的道德养成。对此，马克思曾经指出："没有无义务的权利，也没有无权利的义务。"[1]可以看出，这种道德奖惩方式认为，培育个体自我道德实践行为能力有其内在规律。应该说，在道德层面建立相应的奖惩制度，奖励有德行为，是对有德行为的肯定，同时，也是对社会上消极、丑恶的行为的谴责与抵制，是对"缺德"行为的惩罚。当然，这种奖励更多时候是精神层面上的褒奖与鼓励。

三是完善道德评价机制。道德评价是指通过对社会、团体或他人的道德行为进行善恶判断后所表明的倾向性态度。为建立科学有效的道德评价机制，应该坚持实事求是，应该坚持以人为本。建立科学规范的评价标准，是需要优先考虑的内容。当然，从历史发展的角度看，评价标准具有历史性，而且也会随着时间不断发展变化，故应该坚持道德评价与社会评价、历史评价的统一。而在道德评价中，明确道德评价的主体也很重要。道德评价与其他评价不同，道德评价在评价主体、评价对象和评价依据上，都具有一定的特殊性。其中，评价主体同样也要接受评价，所以评价者本人必须品行端正且客观公正，这样才能让被评价者心悦诚服地接受评价。相反，如果评价者自身不能坚持公平公正，且自身品行不好，那么，所产生的评价势必会在民众中产生消极的后果，因为民众的眼睛是雪亮的，人人心中都有一杆秤。

[1] 马克思，恩格斯．马克思恩格斯选集（第2卷）[M]．中共中央马克思恩格斯列宁斯大林著作编译局，编译．北京：人民出版社，1995：137.

第二节　家庭社会的润化

一、家风家训的滋养

家庭是人类社会演变发展到一定程度才出现的一种组织。人类社会早期是母系社会；后来经过演变，是父系社会；再后来，到了当代社会，是男女平等、家庭成员平等的社会。家庭是一个人出生、成长的摇篮，是温馨的港湾，也是个体自我道德养成最基础、最基本的地方。在中国古代社会中，家庭教育具有一种政治意义，故儒家提出所谓“修身齐家治国平天下”。古之圣王舜，就是因为能“齐家”而被举荐：“瞽子，父顽，母嚣，象傲，克谐以孝，烝烝乂，不格奸。”（《尚书·尧典》）周代的选士制、汉代的察举孝廉，都着眼于士人的德行，尤其是家中的孝、悌之行。家庭的最大特点就是充满着浓浓的情，这种情是亲情。同时，自古以来，家庭中的家风、家训除了助推个体自我成长，也助推个体自我的道德养成。

1.亲情

亲情是以血缘关系为纽带的，是对双亲、亲属、家庭的最本真、最原始、最永恒、最无私的自然感情，是一个人善心、爱心和良心的综合表现，是情感世界的美好玫瑰。古代中国是通过“亚细亚”的“维新”路径迈入文明社会门槛的，这就使上古氏族社会的组织形式被带入到古代文明社会，氏族宗法血亲传统的强固力量得以延续和发展。血缘关系从而成为人与人之间相互连结的纽带，“尧舜之道，孝悌而已矣”（《孟子·告子上》）。这种以宗法血缘为纽带的等级结构，内在地规定了中国古代社会特有的人伦关系：宗族成员之间既“亲亲”又“尊尊”，也就是既要恩爱相亲，又要尊卑有序。所谓是“天有十日，人有十等，下所以事上，上，所以共神也；故王臣公，公臣大夫，大夫臣士，士臣皂，皂臣舆，舆臣隶，隶臣僚，僚臣仆，仆臣台”，这是一张以等级秩序为基础、以尊卑之礼划分权利与义务的关系网。在这里，“亲亲”，即血缘，是居主导地位的，“君子不施其亲，不使大臣怨乎不以”。在宗法血亲礼制结构的历史背景下，以孔子、孟子为代表的儒学还确立了“血亲情理”这种基本精神，主张血缘亲情是构成人的整体性存在的最高价值指向，强调“孝弟也者，其为仁之本与”“天之生物也，使之一本”，以一般原理的形式,清晰地肯定了血缘亲情的至上地位。同时,儒学还明确主张“事亲为大”“孝子之至，莫大乎尊亲”，即要求民众个体或群体，在与血亲发生团体性冲突时，应该“舍己以取孝”“舍仁以取孝”。孟子进一步明确了“父子有亲，君臣有义，夫妇有别，长幼有序，朋友有信”的“人伦”，凸显了人们在某些特殊人际关系中维系情感和谐、恪守道德规范的意义。这种血缘亲情构成了个体性与群体性，尤其体现在家庭人伦方面既“亲亲”又“尊尊”的价值取向上。但更重要的是，中国古代社会主张“以情为本”，认为人因情而爱与有责任。中国人最重家庭亲情，在中国这块古老大地上，只要是到了节日，尤其是传统节日，不管回家的路有多长、有多难，远方的游子也要想方设法地往家赶。这就是情与亲情的力量。

2.家风

“家”是家庭，“风”是风气，家风就是指一个家庭或家族世代相传的风尚和生活作风，也即一个家庭当中的风气。家风又称门风，是给家中后人们树立的价值准则。家风一词,最早见于西晋文学家潘岳的作品中。西晋文学家夏侯湛,将《诗经》中有目无文的六篇“笙诗”补缀成了《周诗》，并且拿给潘岳读。潘岳读后认为，这些诗篇不仅温文尔雅，而且体现了孝悌的本性。为与友人唱和，潘岳作了《家风诗》，自述家族风尚：“绾发绾发，发亦鬓止。日祇日祇，敬亦慎止。靡专靡有，受之父母。鸣鹤匪和，析薪弗荷。隐忧孔疚，我堂靡构。义方既训，家道颖颖。岂敢荒宁，一日三省。”在该诗中，作者通过歌颂祖德、称赞自己的家族传统来自我勉励，但他并没有描述自己的家世。家风，是一个家庭的主流的道德价值导向，社会学家将其称为“家庭文化”，心理学家则称之为“精神风貌”，其内容是一个家庭所有成员共有的生活习惯、思维方式及言谈举止等的总和，也是家庭成员的品格、文化素养、道德情操等的具体体现。家风通过日常生活影响孩子的心灵、塑造孩子的德性，是一种无言的教育、无字的典籍、无声的力量，是最基本、最直接、最经常的德性教育。鲁迅先生曾说过：“父母对于子女，应该健全地产生，尽力地教育，完全地解放。”[1]家长的言行举止、生活习惯等，都会潜移默化子女的世界观、人生观、价值观，甚至左右孩子一生的道德行为。著名翻译家傅雷教育孩子就不止于言教，而是更注重身教。他在1962年给傅敏的信中说：“我和你妈妈给你的榜样总还是勤劳认真的……我对青年人、对我自己的要求，除了吃苦（肉体上、物质上的吃苦）以外，从不比党对党团员的要求低，这是你知道的。但愿我们大家都来不断提高自己，不仅是学识，而尤其是修养和品德！”[2]

历史长河中的许多名人，都很注重家风建设，并留下了不朽的格言警句。如诸葛亮的《诫子书》，“夫君子之行，静以修身，俭以养德，非淡泊无以明志，非宁静无以致远”；司马谈的《命子迁》，使得司马迁子承父业，撰写出“史家之绝唱，无韵之离骚”的《史记》；曾国藩的十六字家风箴言“家俭则兴，人勤则健；能勤能俭，永不贫贱”也是名垂青史；还有朱伯庐的“一粥一饭，当思来处不易。半丝半缕，恒念物力维艰”。当然，在历史上也有一些家族家庭“家风坏，堕落始，腐败生”。家风不正，便会上行下效。明朝大学士严嵩义子遍天下，父子都是高官，权高势重，可是，这些权利不是用以国家、用以民族、用以苍生，而是用来买官卖官、谋财害命。最后，严世蕃被杀头，严嵩80多岁还到墓地要饭，直至最后饿死。真是所谓“骄奢淫逸，所自邪也。四者之来，宠禄过也”。

3.家训

家训在中国历史上的绵延不衰有其历史渊源。中国社会长期存在着两种结构模式：一是乡、县、郡、府、国的政权结构；二是个人、家庭、家族的宗法结构。宗法制以血缘关系为纽带，对于稳定传统社会秩序、维护传统价值观念都起着极其重要的作用。同时，在中国思想史上占据主导地位的儒家，更重视家庭伦理。家庭教育中的“孝悌”被认为是儒家核心观念“仁”的根本。家训、家诫是指以儒家思想为宗，以“历代先贤大儒语录教导”“名人模范事迹、美德懿行”“帝、后训谕皇室、宫闱的诏诰”等为主要内容，以“家书、诗词篇言、碑铭等简明训示”为主要形式的一系列读物，是儒家士人围绕“教子立身、睦亲治家、处世之道”等多个方面展开的品性教化活动与方式。“训”字在许慎笔下被注释为“说教也。说教者，说释而必顺其理，引申之凡顺皆曰训”。而“家训”一词则最早见于范晔《后汉书·边让传》，

[1] 鲁迅. 我们现在怎样做父亲［J］. 基础教育，2008（4）：61-64.
[2] 傅雷. 傅雷家书［M］. 沈阳：辽宁教育出版社，2004：278.

时人蔡皇向何进举荐边让，称其“髫就夙孤，不尽家训”，言下之意是边让因为父母早逝，而未接受到早期的家庭教育。自此，家训的基本含义得以明了，并流传下来。“家训”就是指家庭里的德性长者对家庭成员（特别是子孙）的劝诫、训导、教育，是保证他们既有德性又有才能的一系列活动和内容的综合。《辞海》将“家训”一词定义为“父母对子女的训导”和“父祖为子孙写的训导之辞”；《辞源》则将其定义为“家训言居家之道，以垂训子孙者”；今人霍松林先生将其看成“中国古代进行家教的各种文字记录，包括散文、诗歌、格言等等，通常称为家训，它是古人向后代传播修身治家、为人处世道理的最基本的方法，也是我国古代长期延续下来的家长教育儿女的最基本的形式”[1]。《尚书虞夏书》记载亮帝命夔“典乐”，“教胄子，直而温，宽而栗，刚而无虐，简而无傲”，这应该是古代中国关于家庭教育的最早记载了。另外，孔子对孔鲤的教导、孟母三迁的故事等，也都是家庭教育起源和萌芽的表现。魏晋南北朝时期，“诫子书”一类的早期家训以散文、章句的形式开始出现，最著名的当数诸葛亮的《诫子书》。而以专著形式出现，在历史上产生巨大影响的家训，当推《颜氏家训》。到了宋代，家训、家诫得到长足发展，影响较大的有司马光所著的《司马温公家范》和袁采的《袁氏世范》。到明清时期，以《郑氏规范》《曾国藩家书》等为代表的家训、家范，在社会上有了一定影响。

《颜氏家训》是中国古代社会一部较有代表性的家训，其为南北朝时人颜之推所撰，是中国古代最早的家训。《颜氏家训》一书为颜之推晚年写成，二十篇，古作两卷，《隋书·经籍志》未著录，唐志宋志均作七卷。该书内容广博，体例完备。晁公武评论此书“述立身治家之法，辨正时俗之谬”。颜之推本人是北朝杰出的文学家，所以《颜氏家训》又“兼论字画音训，并正典故，品第文艺”。古人为《颜氏家训》做注疏校勘整理者甚多，其中可知最早的是北宋沈拱，撰有《考证》一卷，清人朱拭、卢文昭、赵曦明、郝彭行都曾为该书作注。今人王利器先生撰《颜氏家训集解》，对前人的成果搜罗完备，附有己见，应是研究《颜氏家训》的最好参考。《颜氏家训》广记南北风俗人情，涉及教育、宗教、语言文字、伦理关系等方面。也正因为《颜氏家训》内容的广博、体例的完备，《颜氏家训》一书成为后世家训的楷模，被人称为“历代家训之祖”。《颜氏家训》在历史上影响深远，同时，也在社会教化中发挥了重要作用。宋代的家训、家诫类读物及规约，较南北朝时期，可谓丰富多样。自颜之推作就《颜氏家训》后，宋代注重以家训、家诫的形式开

[1] 翟博．中国家训经典［M］．海口：海南出版社，2002：1.

展对人的德性教育。司马光的《司马温公家范》《居家杂仪》《训俭示康》以及被称为"《颜氏家训》之亚"的《袁氏世范》，都是其中的代表。

两宋时期或者说中国古代社会中的家训，力倡修身治家、教亲睦族、敬老爱幼、节俭戒奢等价值取向或道德规范。这里以勤俭道德规范为例进行论述。中国古代社会，从皇室之家到普通百姓，均会通过家训及教诫等方式要求后人勤俭持家，强调严戒奢侈之风。形成这种理念的原因如下：一是勤俭关系到家庭的正常运转，中国传统社会是个农业社会，生产力不发达，生产资料和消费资料有限，因此必须勤俭持家，否则人们很难生存；二是勤俭与否关系国与家的存亡，"历览前贤国与家，成由勤俭败由奢"（李商隐《咏史》）；三是勤俭可以助养德性，诸葛亮在《诫子书》中说"静以修身，俭以养德"。士人希望子弟拒斥奢靡、以俭养德，从而保持家业家声。自古以来，节俭是君子应具备的美德之一。孔子曾说："礼，与其奢也，宁俭；丧，与其易也，宁戚。"（《论语·八佾》）太过奢侈则越礼悖法，与其奢华越礼，不如俭朴以自修。蒙童可以通过节俭的行为养成良好的道德品质。勤俭可以帮助修炼个人品德，"俭之一字，其益有三，安分于己，无求于人，可以养廉；减我身心之奉，以周极苦之人，可以广德；忍不足于目前，留有余于他日，可以福后"（陈宏谋《训俗遗规》）。节俭对于个体而言，可以增益德性，如果节俭自成德性，则可以养廉、可以养德、可以造福后代。由此看来，勤俭是人的一种道德修养，通过各种具体的节俭行为，可以促进人的道德的完善。勤与俭紧密相连，不可分离。勤为开源，增加财富；俭为节流，积累财富。不勤劳则没有收入，不节俭则会造成浪费。勤俭的原则是量入为出，"农工商贾，各安本分，务凡事量入以为出，每岁十分留二三，以备不虞，毋争虚体而多闲费，此中等之家理财之法也"（陈宏谋《训俗遗规》）。对于蒙童的启蒙教育，可在家庭生活的种种具体事务中完成。治家的勤与俭，是治生的一体两面。勤为治生之本，只有勤奋，才能创造更多财富；俭是重要手段，只有节俭，只有量入为出，才能以备不虞，家业兴旺。虽然儒家传统提倡重义轻利，不主张过于追求物欲利益，但也并未否定追求合理物质利益的正当性。当然，家训中还有不少训诫列举了反面例子，以此告诫子女奢靡带来的危害。勤俭既可以养家，又可以养德，而懒惰与奢靡则会导致家败与德丧。司马光曾论述过俭和奢的辩证关系："夫俭则寡欲，君子寡欲，则不役于物，可以直道而行；小人寡欲，则能谨身节用，远罪丰家。……侈则多欲，君子多欲，则贪慕富贵，枉道速祸；小人多欲，则多求妄用，败家丧身。是以居官必贿，居乡必盗。"（司马光《训俭示康》）司马光直接把节俭与否作为君子与小人的分界，因此可以看到，节俭与道德修养是紧密相连的。俭则寡欲，不被外物所役使，即达到我们所追求的直道而行的境界。小人多欲，则易被物欲所惑，不仅修养有亏，且因欲壑难填，易取不义之财，导致丧身败家。正因如此，崇尚节俭是历代家训不变的主题。

同时，除了个人为人处世、成人成才的一些价值取向或道德规范外，注重家国情怀也是一个重要价值取向。苏轼是我国古代著名的政治家、文学家，虽然仕途坎坷、命途多舛，但他自始至终以高尚德行践履为官之德，他之所以具备这种品行，与他自幼接受的良好的家庭教育有着密切关系。据苏辙记载，其母程氏乃眉山望族大理寺卿程文应之女，自幼聪慧过人，家学渊源颇为深厚，读书识理，对家国社会的盛衰兴亡常有自己的理解。程夫人在苏洵考学外出期间，担负起苏轼、苏辙两兄弟的教育任务。她秉承儒家的伦理之道，从言行间给两兄弟以名节操行之教。有一次，程夫人教苏轼学习《后汉书·范榜传》，讲到范榜遭遇党锢之祸，但他节义天地，诀别之时劝母亲不要过分悲伤，隔不忍之恩。范榜之母亦知晓大义，以名节为重，对儿子说道："即有令名，复求寿考，可得兼乎？"对这个显示了范家母子高尚的义利观和名节观的故事，程夫人感慨啼喊，苏轼亦受感染。他问母亲，假如自己有一天做了范榜，母亲会怎么办？程夫人以范榜之母自励，回答苏轼称："汝果能死直道，吾无戚焉！"在与母子关系有关的榜样故事的习染中，苏轼不知不觉间完成了德性的升华。

另外，在中国古代社会，家庭教育中孩童所使用的蒙学读物，对于孩童道德教育及道德养成也起着重要作用。按照李泽厚先生的界定，蒙学读物当数民俗文化和小传统，通过儒学教义，它与处于大传统地位的精英文化，是相互渗透和联系的。儒家的经典义理通过蒙学得以广泛传播，成为指导民众的价值观和行为规范。正是在这个意义上，在家庭教育中家训、家规家教依据儒家伦理精神而对家庭成员开展教育。如今，家庭教育仍然发挥着关键且重要的作用，家庭是个体自我道德养成的重要场所。

二、职业生涯细化

现实生活中的人是家庭生活中的人，家庭环境及家庭教育也包括道德教育，对于一个人的成长十分重要。但是一个人不仅在家庭中成长，还在职业中生活，甚至可以说一个人成人成才更多是在职业生活中而成。

职业是指人们从事的相对稳定的、有收入的、专门类别的工作，它是对人们的经济状况、文化水平、行为模式、生活方式以及思想情操的综合反映，也是一个人的权利、义务、社会职责和社会地位的综合表现。职业是人的谋生途径或渠道，从大的方面来讲，也可以说是人自我实现人生价值的渠道与舞台。可以说，一个人一生的大半时间都是在职业中度过的，人的职业生活使从业者进入一种社会情境，而这种社会情境因职业不同而有差异，从而使从业者具有相应职业的角色特点。

显然，从事一定职业都会有其职业价值观及道德规范，这种职业价值观（也应包括道德价值观）引导着人的观念、信念、态度，支配着人认识世界、认识自我，也认识自我与他人、外界的关系。这样可以说，个体自我的道德养成最重要的时间与空间是在职业生涯中，因此个体自我应在职业生涯中磨练自己的意志，强化职业道德素养，而这也是个体自我职业道德修养的应有之义。

三、社会环境影响

一个人的生存与生活不仅在家庭、在职业中，还在社会生活或者公共社会生活中，社会风气会影响个体自我成长，影响个体自我的道德养成。

1.乐教的陶冶

中国古代社会贤哲们都非常注重社会风气、社会环境对人的影响。孔子曾说："性相近也，习相远也。"（《论语·阳货》）这里有习、有性，这一观念在日后的儒学演化过程中，逐渐演化出"性习之争"的问题。孔子并未拘泥于以"性"论"人"，而是更多地把成人与"习"相关联。此处所谓的"习"，即习俗，"里仁为美，择不处仁，焉得知"（《论语·里仁》），人所处的周边环境，对德性的养成有着一定程度的影响，"孟母三迁"的故事，其实讲的就是人的德性养成与环境的密切关系。墨子还提出"染于苍则苍，染于黄则黄"（《墨子·所染》）。当然，社会环境或风俗习俗对于个体自我德性养成有重要影响，但个体自我具有较强主体性、主动性，有选择的能力。柏拉图在比较是否受过教育的人的本质时，借用"洞穴囚徒"之比喻不仅说明人对真理的探求是一个不断克服困难，远离迷误、错觉与遮蔽，逐步趋近真理的过程，还说明心灵都有求真求善的本能，但"因所取的方向不同，它可以变得有用而有益也可以变得无用而有害”。[1] 教育（这里应是人性教化）作用的关键在于促使灵魂转向。柏拉图还借神话故事强调：不是神决定人的命运，而是人自己选择命运。人的不同的生活选择必然决定不同的性格和命运。约翰·密尔认为：“凡是听凭世界或者他自己所属的一部分世界代替自己选定生活方案的人，除需要一个人猿般的模仿力外便不需要任何其他能力。可是要由自己选定生活方案的人就要使用他的一切能力了。他必须使用观察力去看，使用推论力和判断力去预测，使用活动力去搜集为作决定之用的各项材料，然后使用思辨力去作出决定，而在作出决定之后还必须使用毅力和自制力去坚持自己的考虑周详的决定。他需要和运用那些属性，是随着其行为当中按照自己的判断和情感来决定的部分之增大而与之恰正相应的。”[2] 于是，人的智力的和德性的能力经过自己自由选择和自我追求而得到了发展，按照密尔的话来说，最终人的个性得到了自由发展。而“个性的自由发展乃是福祉的首要要素之一”“不只是和所称文明、教化、教育、文化等一切东西并列的一个因素，而且自身又是所有那些东西的一个必要部分和必要条件”。所以密尔才说，“一个人只要保有一些说得过去的数量的常识和经验，他自己规划其存在的方式总是最好的，不是因为这方式本身算最好，而是因为这是他自己的方式”，康德则认为，“没有人能强制我按照他的方式（按照他设想的别人福祉）而可以幸福，而是每一个人都可以按照自己所认为是美好的途径去追求自己的幸福，只要他不伤害别人也根据可能的普遍法则而能与每个人的自由相共处的那种追逐类似目的的自由（也就是别人的权利）”。[3] 应该说，这种人的自主性在那些德性修养较高的贤人、圣人身上表现较为明显，而对于一般的普通民众来说，他们则很难摆脱环境的影响。好的环境使人向上向好，差的环境则会使人变坏变差。

当然，一个社会环境（人的道德养成）不只是自然而然地存在，还与社会道德的引导有关。中国古代社会特别注重社会环境、社会风气对人的引导。中国古代社会一个重要优良传统即重视音乐、文学等艺术来培养人的审美情操，陶冶人的性情。《周礼春官宗伯》云：“以六律、六同、五声、八音、六舞、大合乐，以致鬼神示，以和邦国，以谐万民，以安宾客，以说远人，以作动物。”其学习音乐的目的超越了技术层面，而注重人的性情的陶冶。徐复观对此评价道：“‘曲’与‘数’，是技术上的问题；‘志’是形成一个乐章的精神。‘人’是呈现某一精神的人格主体。

[1] 柏拉图．理想国［M］．郭斌和，张竹明，译．北京：商务印书馆，1986：278.
[2] 密尔．论自由［M］．许宝骙，译．北京：商务印书馆，2009：69.
[3] 康德．历史理性批判文集［M］．何兆武，译．北京：商务印书馆，1990：195.

孔子对音乐的学习，是要由技术以深入于技术后面的精神，更进而要把握到此精神具有者的具体人格。这正可以看出一个伟大艺术家的艺术活动的过程。对乐章后面的人格的把握，即是孔子自己人格向音乐中的沉浸、融合。”[1]孔子认为，判断一个社会及其民众的良风美俗，“入其国，其教可知也……广博易良，乐教也”。他提出“安上治民，莫善于礼；移风易俗，莫善于乐”。当颜渊求教治国之道时，他说：“行夏之时，乘殷之辂，服周之冕，乐则韶舞。”其明确之意是尽善尽美的雅颂之乐可以使人身心和谐。同时也需要“放郑声，远佞人”，否则就会出现“郑声淫，佞人殆”的危险局面。

在荀子看来，乐教能进一步帮助人们“化性起伪”。他重视人之乐情的客观存在，称“夫乐者，乐也，人情之所必不免也”。乐作为人情的外在显现，会遇到一个矛盾，那就是“人不能不乐，乐则不能无形，形而不为道，则不能无乱”。为此，“先王恶其乱也，故制雅颂之声以导之，使其声足以乐而不流”。在这里，荀子提出“雅颂之声”就是以乐制情的乐教核心，其目的在于引导人的性情向合乎礼义规范的方向发展。雅颂音乐之所以能引导人，就在于其音乐对天道大自然规律模仿与阐释。所以他说：“声乐之象：鼓大丽，钟统实，磬廉制，竽笙箫和，管籥发猛，埙篪翁博，瑟易良，琴妇好，歌清尽，舞意天道兼。鼓，其乐之君邪！故鼓似天，钟似地，磬似水，竽笙箫管籥似星辰日月，鞉、柷拊、椌、楬似万物。”由此，君子的个人修为就应该符合天人一道之理，故“君子以钟鼓道志，以琴瑟乐心。动以干戚，饰以羽旄，从以磬管。故其清明象天，其广大象地，其俯仰周旋有似于四时。故乐行而志清，礼修而行成，耳目聪明，血气和平，移风易俗，天下皆宁，莫善于乐。故曰：乐者，乐也。君子乐得其道，小人乐得其欲，以道制欲，则乐而不乱；以欲忘道，则惑而不乐。故乐者，所以道乐也。金石丝竹，所以道德也。乐行而民乡方矣。故乐者，治人之盛者也”（《荀子·乐论》）。由此可以看出，音乐既能“再现宇宙、天地、自然的运动规律，表现出‘天之道’”，也能运用一定的节奏、声音、形象表现人的情志，展现出“人之道”，“人之道”和“天之道”在乐中得以贯通，因而乐具有了感动人之善心的功能。在荀子看来，主体人只有通过欣赏“先王之乐”（即“雅乐”“正音”），才能满足其情感需要，才可以陶冶性情。“夫民有好恶之情，而无喜怒之应，则乱。先王恶其乱也，故修其行，正其乐，而天下顺焉……故乐行而志清，礼修而行成，耳目聪明，血气和平，移风易俗，天下皆宁，美善相乐。”即人有好恶情感需要，

[1] 徐复观. 中国艺术精神［M］. 桂林：广西师范大学出版社，2007：5.

与之相应有喜悲表现，于是也有好恶的遵循。荀子认为，“先王之乐”最能表达喜怒的原则，因此，他积极提倡乐教，反对墨子的“非乐”主张。这个区别具有根本性。“以道制欲，则乐而不乱；以欲忘道，则惑而不乐。故乐（指音乐）者，所以道乐也。”道即规则理性，欲即自然本能。以道制欲，其乐是理性指导下的乐，故乐而不乱；以欲忘道，其乐只是情欲之乐，感性之乐，故不能有真正意义上的快乐。荀子作《乐论》，就是从理论上解决这些问题的。就礼而言，其根本作用是“养情”，何以“养情”在于“有序”“有分”，即人人各得其序，各安其分。就乐（乐教之乐）而言，其根本作用在于安情、适性，能使人得到快乐。乐是人的情感需要。荀子还主张以礼节之，以乐（音乐）导之。以乐导之，并不是取消乐的需要，而是使之符合社会的需要，“感动人之善心”。他说：“故人不能不乐，乐则不能无形，形而不为道（导），则不能无乱。先王恶其乱也，故制雅颂之声以道（导）之，使其声足以乐而不流，使其文足以辨而不諰，使其曲、直、繁、省、廉、肉、节奏足以感动人之善心。”“人不能不乐”之“乐”，是指人的情感需要，人人都有实现和表达快乐这种情感的需要。“乐则不能无形”之“形”，则是指情感活动表现于外者，人的情感需要只有表现于外，才能实现。他主张用“先王之乐”进行引导。这样，情感需要及其体验就转变成社会感化的问题，即通过“乐教”陶冶人的性情。

2.典型榜样的感染

“近朱者赤，近墨者黑”，尤其对于青少年来说，朋辈效应是很强的，换句话说，典型榜样在一定范围内对人的影响是很大的。任何时代都有典型榜样。典型榜样的言行将较抽象的道德标准具体化、人性化，使个体在形象性、感染性的范例影响下引发情感上的共鸣，并学习榜样。当代社会，多种评选活动层出不穷，如“感动中国”“道德模范”等，通过宣传道德事迹分享感动，引领良好的社会道德风气之形成。典型榜样有着较大的示范作用，能使个体在特殊情境中认知、认可、认同，并且在不知不觉中效仿。

榜样示范的心理机制有两个层面；一是模仿，班杜拉的社会学习论认为，模仿是指按一种已有的行为模式习得与之相类似模式的行为活动，它可以巩固或改变原有的行为，也可以使原来潜伏存在而未外显的行为得到表现，还能使人学到新的原来不会的行为。二是暗示，指用含蓄的、间接的方式对别人的心理和行为产生影响。即在一定情境中，使人不知不觉地接受一定观念，并且不自觉地按照一定方式行动。而这种不自觉则具有无意识的特性。因此榜样示范的心理机制也就是无意识的心理机制的表现形式。典型榜样来源现实生活中,来自于普通民众身边,是身边人与身边事,是平凡人做出的不平凡的事。典型榜样的择取是依据一定社会需要与道德价值观进行提炼与“形象化”。显然,典型榜样在道德层面具有一定感染力、向心力,但不能无限夸大。同时,典型榜样择取应实事求是、力求真实,如果人为虚假放大就会失去作用。“无论是在事件还是人物,在形塑典型和树立榜样时,我们总是简单地把它拔高、再拔高,认为只有把形象塑造得高、大、全才有说服力和影响力”[1]。这种被形象化和抽象化的榜样在现实生活中难以取得实效,民众也不会去模仿。

青少年儿童的模仿有其自身的特点,即由近及远(从模仿身边的人开始,随后模仿较远的人)、由小到大。发展的基本趋势是:从无意识模仿到有意识模仿,从游戏的模仿到生活实践的模仿,尤其是从模仿榜样的进程中产生类似的言谈举止,到内心世界真正认同,甚至对之有独到的理解。个体的儿童青少年时期,父母就是孩童的第一老师,父母的言传身教对孩子有重要的影响。韩非子强调了父母的言传身教的榜样作用。《韩非子·外储说左上》中的“曾子杀彘”的故事说明了,父母是孩子最早的老师,父母的一言一行对孩子的身心发展有着比其他人更为重要的影响。

另外,社会生活中道德教育工作者自身就是一种典型榜样,如教师、政府公职人员以及其他有公众影响的人物,对青少年具有极强的引导性,容易使青少年特别是那些模仿者跟风效仿。因此,道德教育者、教师、政府官员,特别是明星公众人物应表现出较高的道德责任感,争做道德典型。对此,孔子非常注重身教的作用:“其身正,不令而行;其身不正,虽令不从。”为此,他主张:“苟正其身矣,于从政乎何有?不能正其身,如正人合?”孟子在《孟子·滕文公上》中说:“上有好者,下必有甚焉者矣。君子之德,风也;小人之德,草也;草上之风,必偃。”这句话很好地说明了上对下的榜样示范作用。我们平时所讲的“上梁不正,下梁歪”也就是这个意思。

[1] 白明亮,姚敏. 幽暗意识与榜样教育——一种道德教育的反思[J]. 南京师大学报(社会科学版),2004(2):81–85.

第三节　生活世界的回归

一、生活世界

“生活世界”是一个哲学范畴的概念。胡塞尔基于近代以来欧洲科学主义与人文主义尖锐对立、工具理性主义使“科学丧失了生活的意义”的时代背景，在对“科学世界”进行价值批判的基础上提出“生活世界”的概念。“生活世界”概念的提出在西方当代哲学中具有重要影响，它深刻剖析了科学技术手段对人性的漠视，澄明了被“科学世界”遮蔽了的人的存在价值与意义问题。自胡塞尔的《欧洲科学的危机和超验现象学》《生活世界现象学》问世后，许茨的《社会实在问题》、哈贝马斯的《交往行动理论》、维特根斯坦的《哲学研究》、赫勒的《日常生活》、海德格尔的《存在与时间》等都对“生活世界”理论进行了探讨，向“生活世界”回归已成为西方当代哲学的普遍趋势。但从本质上看，以胡塞尔为代表西方哲学家们提出的“生活世界”是一个“精神构造物”，是一个理想世界和观念世界，一个逃避现实的世界，“他们将人的存在视为一种自然人，剥离了人的物质生产语境，以‘头脑风暴’为主要的思维方式去思考现实的生活世界”，因而他们“最终无法找到科学地走出危机的办法”。马克思“生活世界”理论以“现实的人”的实践（首先是物质生产活动）为出发点和立脚点，揭示了现实生活世界是“个人现在受抽象统治”的世界，这种抽象的统治力量本质上是社会关系的资本。显然，“生活世界”是相对于科学世界来说的，但不是两个对立世界。尊重与重视科学发展，大力提高人类物质文化水准是人类社会发展的应有之义。但是在现实世界中大力发展科学，有偏重科学的倾向，即走向了科学主义，从而有见物不见人的倾向。

当代的教育也强调道德教育要看重人的生命、人的生存状态和人的主体地位。由此，在很大程度上，道德教育要更贴近实际、贴近生活，要摆脱见物不见人的状态。道德教育应该借鉴西方现当代存在论哲学向“生活世界”回归的思想，即道德教育应“向生活世界回归”。而对于如何回归，即是要让道德回归到人的真实世界，即道德是为人所设所用。也就是说，人是目的，道德最终要以保障人的尊严、幸福为目的。人是鲜活而具体的，人的生活世界是丰富多彩的，应把人的德育、德性融入生活世界中。

二、人性涵养日用生活化

中国古代社会注重将道德教育融入社会生活之中，具体表现为礼教、乐教乃至选贤举能、论功行赏、崇德等形式。《毛诗序》曰：“风，风也，教也；风以动之，教以化之。”古代传统德性教育形成了其“风化”即生活化、社会化的特征，是一种全方位、多渠道、多角度的渗透。

中国古代社会德性教育多依托一套礼仪系统而展开，并且其特点是渗透在民众的人伦日用中，在人的不知不觉中，并且在润养人的性情中完成人性的升华。《礼记·经解》言：“礼之教化也微，其止邪也于未形，使人日徙善远罪而不自知也。是以先王隆之也。”司马迁在《礼书》也称“缘人情而制礼，依人性而作仪”。中国古代社会不仅重礼，更重乐，关注艺术作品对人的教化，对此，荀子有许多论述。而礼乐作为一种文化系统和生活方式，携带着大量的文化信息，与百姓的日常生活紧密相关，潜移默化人的品性。对此，杜维明指出：在儒家的脉络中，礼与人类沟通的社会视界密切相关。由《礼记》所代表的社会视界，不是将社会定义为一种基于契约关系上的对立系统，而是一种强调沟通、信赖的社群。由士、农、工、商四民分工所组成的社会，是一种协同运作的社会。作为对这一协同运作有所贡献的成员，每一个人都有义务承认他人的存在并服务于公益。[1]可见，中国古代社会的德性教育特别注重在人的日常生活中开展，并且更重视顺人性，含人情，一切服务于人的生活、生命。人存有道，且道不远人，符合人性、人情就是道，此道并非金字塔尖上少数人之道，而是广大的普通民众之道。由此，儒家礼仪仪规同宗教教规教仪是有差别的，它是源于民众，服务民众并为民众乐意接受的，而这源于儒学“仁”这一核心观念，“仁学”即“人学”。

明清之际更加注重将德性教育融入日常生活中，这可能与明清之际社会发

[1] 杜维明. 东亚价值与多元现代性［M］. 北京：中国社会科学出版社，2001：184.

展有关。经济上，商品经济大力发展，人们生活上更加懂得人的生活价值与意义。西方基督教自16世纪宗教改革以后也走的是肯定日常人生（The affirmation of ordinary life）这条路。而这种肯定现实的日常人生也是在长期与中世纪的教会斗争中而来的。当然，对于如何面对上帝，如何完成上帝所赋予的责任和使命，每一个基督徒都可以通过科学济世、企业成就、社会改进或任何其他有益于人类的工作等都来对上帝负责。同时，儒家“日用常伦化”也不仅指个人生活琐事，也指公共事务，重视“家事、国事、天下事，事事关心”。戴震一方面强调“体民之情，遂民之欲”，另一方面则谴责在上位者“以理杀人”。他在《绪言》中开宗明义，界定“道”之名义，说：“大致在天地则气化流行，生生不息，是谓道；在人物则人伦日用，凡生生所有事，亦如气化之不可已，是谓道。”他的思想应是一个最有代表性的“日用常行化”的思想。由此，德性教育或个体自我道德养成应注重“日用常行化”，注重“润物细无声”。

三、洒扫应对

周敦颐强调“圣人之道，入乎耳，存乎心，蕴之为德行，行之为事业”[1]，意指在道德养成过程中，个体要有正确道德认知，更要躬行实践；邵雍“尚行”，兼重“事心”与“行得”；张载教童子以洒扫应对，因为“洒扫”不仅是家务，“应对”不仅是日常交往，而是“诚心所为，亦是义理所当为也”[2]，即主张洒扫应对是返“诚”的途径，是个体自我修为的重要一步；二程提出“人之进于贤德，必有其渐，习而后能安，非可陵节而遽至也”[3]，认为道德养成过程是长期练习实践的循序渐进过程；朱熹也主张人的德性修养、道德养成应从日常生活细微之处入手，并遵循“礼”与“理”等规范，为此，他说“夫童蒙之学，始于衣服冠履，次及言语步趋，次及洒扫涓洁，次及读书写文字，及有杂细事宜，皆所当知”[4]。

其实，中国古代社会的德性教育，尤其是孩童启蒙教育，总是主张积极的入世态度，并且坚持以孔子的“孝悌为仁之本”（《论语·学而》），而不管是二程的“著衣吃饭亦是做功夫处”“洒扫应对与性命孝悌亦是一统事”，还是朱熹的“就日用

[1] 周敦颐．周敦颐集［M］．北京：中华书局，1990：34.
[2] 张载．张载集［M］．北京：中华书局，1978：287.
[3] 程颢，程颐．二程集［M］．北京：中华书局，2004：1027.
[4] 朱熹．四书章句集注［M］．北京：中华书局，1983：32.

事上提升”，都力图将道德价值观念融入现实生活中，在日常生活中注重个体的道德养成。对此，陶行知有言：“没有生活做中心的教育是死教育。没有生活做中心的学校是死学校。没有生活做中心的书本是死书本。”[1]这里虽然指的是一般性教育，但同样适用于道德教育。这就是说我们的教育包括道德教育，就是让人不仅学会做人，更要学会生活。这是因为人作为人，尤其是普通民众，好好地活着是第一要务。由此我们的制度安排与设计，包括道德制度，应当关注着现世人的真实生活。在中国古代社会，道德养成对接日常生活，与人伦日用连为一体，传统启蒙教材都注重这些：一是文化知识教育；二是伦理道德教育；三是人情世故教育。文化知识教育侧重对儿童进行名物杂字等知识的传授，与日常生活有着千丝万缕的联系；伦理道德教育重点讲授亲情伦理，让儿童明确伦理关系，用以指导现实生活；人情世故从内容上看尽管并非儿童专属，但是因其贴近生活、反映现实，同时又具有普适性，因此早在明清时期就被广泛用于儿童的启蒙教育之中。综上，我们应坚持在人的日用常伦中细化规范，在不知不觉中养成道德意识。

[1] 华中师范学院教育科学研究所. 陶行知全集（第 2 卷）[M]. 长沙：湖南教育出版社，1985：289.

10

第十章 道德养成的境界：慎独、敬畏、自觉

第一节　自律慎独觉解

一、自律自控

自律就是人们自己制定出道德规律，又要求自己遵守，即“人为自己立法”。康德认为道德的根据存在于道德行动的主体之中，是人为自己造出道德法规，而不受外界影响。他还提出道德原则自明，道德行为自主。自律是一切真正道德原则的源泉，只有遵循自律的行为才是真正的道德行为。也就是说，道德主体不再把道德规范看成是一种外在的束缚或负担，而是能够将其转化为自身积极的、内化的意识或意念，从而实现个体道德的完善。

个体自我的自律完成过程可分为三个阶段。一是完全他律阶段。在这个阶段，孩童还没有独立的理性思考能力，在道德认知图式上还没有建立一套系统的、完整的价值体系。表面上看，孩童似乎按自己的道德认知图式，即自我价值标准做出思考、判断并抉择，而实质上，其行为只是被长辈、老师或其他成年人威望所慑服的结果，他们只是在简单地模仿、套用长辈、老师或其他成年人的道德图式。二是低级的自律阶段。随着孩童年龄增长、知识面的扩大、心智的成熟，他们对于人生、社会和世界逐渐有了理性的思考，在自我的道德认知图式上，也会形成一些基本的价值观念与规则体系。三是高级自律阶段。随着孩童的年龄增长和心智的成熟，个体自我的道德认知图式、规范体系变得较为系统、较为清晰。个体自我的主观意识也不再是盲目、纯主观的东西，而更多的是对自身与外部关系的理性审视，从而呈现出较成熟的主体自我的自律。

在道德养成过程中，每个人都会面临“现实我”“社会我”“理想我”之间的矛盾问题。作为社会主流价值观念，社会道德规范是对一个“道德人”的最基础层次的道德要求，它虽不具有强制性，但却是每个人要成为“社会我”都应当自觉遵守与践行的基本准则。但是在现实社会中，并不是每一个人都具有美德，“现实我”要成为“社会我”甚至“理想我”需要个体自我努力，在道德养成过程中，个体就要坚持自律、自控并且从细微处着手，从点滴小事做起，“勿以善小而不为，勿以恶小而为之”，严格要求自己，时刻保持着应有的德性素养。道德养成是一个自我剖析、自我斗争、自我改造和自我提高的过程，在这一过程中，外部的条件和影响起到很大的作用，但个体自身的努力更是关键所在，道德养成就是看个人有没有高度的自觉自律性，能否意识自控。个体应时时刻刻与自己不良的欲念作斗争，不断纠正自身的缺点与不足，努力做到“克己自律”。

自律既是个体自我道德养成方法，也是个体自我道德养成的境界，一个成熟或者一个有较高的道德修养或素养的人，一定是一个有较强自律能力的人。自律具体表现在以下几个方面。一是生活的自律。所谓生活自律，就是养成好的生活习惯，规范好自己的言谈举止，说话要注意分寸、注意场合，懂得尊重他人，不可出言伤人，尽量避免祸从口出。行为上有规有矩，真诚有信，举止得体。而饮食等方面则不暴饮暴食，不贪吃贪睡。二是欲望的自律。欲望如同洪水猛兽，若控制不好，它就会将你吞噬。欲望自律即去除内心多余的欲望，让自己坚守初心，学会知足。现实生活中有不少人，就是因为心中欲望过盛，又不加以控制，结果在错误的道路上渐行渐远，甚至走向人生异路。三是心灵的自律。心灵的自律，靠的是自控，靠的是自省，其中的意味只能自己去领会。心灵的自律是最难的，需要用一生去修行。除此之外，还要能够去除内心的私心杂念。同时，我们要想达到心灵的自律，就要学会凡事看淡，凡事随缘，一切顺其自然，还要拿得起，放得下，忘得了，能释怀。

显然，现实生活中能够达到自律，尤其是能做到心灵自律的人，可以称为大师、大家、高人了。但是，拥有自律，是做人做事走向成功的基石，保持自律，才能更好地向心中的目标前进。

二、慎独

慎独就是个体自我道德养成的方法，也是个体道德养成的境界。先说“慎”字，刘宝楠的《论语正义》曰：“《尔雅释诂》：‘慎，诚也。’《说文》：‘慎，谨也。’‘诚’、‘谨’义同。”《尔雅释诂》曰：“神，慎也。”杨倞注之为“神之，不敢慢也”。郝懿行的《尔雅义疏》则引杨倞注曰:“不敢慢即慎矣。”《玉篇心部》曰:“慎，思也。”俞樾的《群经平议》曰：“慎、真，古通用。”《方言》卷一则曰：“慎，思也，秦晋或曰慎，凡思之貌亦曰慎。”《说文通训定声坤部》曰:“慎，假借为顺。”《墨子·天志中》曰:“天之意不可不慎也。”杨倞注曰：“慎读为顺。”孙治让闲诂：“慎与顺同，上下文屡云顺天意。”总之，“慎”的基本义是谨慎、真诚。而“独”字，《说文》曰：“独，犬相得而斗也，从犬蜀声，羊为群，犬为独也。”段玉裁注曰：“犬好斗，好斗则独而不群。”“独”在字面上可理解为空间上的独处。《广雅释诂》曰:“特,独也。”《正字·通犬部》曰:“独，猨类，似猿而稍大。猨性群，独性特。”《庄子·齐物论》曰:“曩子行，今子止；曩子坐，今子起。何其无特操与？”这是魍魉责问影子为什么没有自己独立的操守。成中英疏曰：“特，独也。”《礼记礼器》曰：“天子无介，祭天特牲。”陈潘集说曰：“特，独也。”(《广雅释诂》)《尔雅释水》曰：“大夫方舟，士特舟。”特舟就是独舟。《礼记礼器》曰：“圭璋，特。”《陈游集说》曰：“玉之贵者，不以他物俪之,故谓之特,言独用之也。”《辞源》把慎独解释为“在独处时能谨慎不苟”,《辞海》给慎独所下的定义是:“在独处无人注意时，自己的行为也要谨慎不苟。”要做到“慎独”，就要在“隐蔽”处下功夫，别人看不到听不到的地方，是一个完善自我德性的重要场所。它强调要从“微处”和“隐处”下功夫：一方面，要防微杜渐，不因善小而不为，不因恶小而为之，这既能积小善而成大德，又可避免出现“千里之堤，溃于蚁穴”的状况；另一方面，个体要在那些人们不注意或注意不到的地方严格要求自己，坚持道德要求。显然，一般说来，在众目睽睽之下，人们一般会注意检点自己的言行，但在无人监督的情况下，在做了坏事也不可能有人知道的地方，往往会有不少人对自己的要求有所放松，甚至肆无忌惮。因此，“慎独”是个体自我道德养成的一种很高的境界，它虽然着眼于“隐”和“微”，但却能因小见大，因微见著。

当然，“慎独”的“慎”就是小心谨慎，随时戒备，而“独”就是独处，独自行事。即在他人和社会监督不到、法律和道德舆论管不到的地方独自行事。“慎独”作为一种道德境界，就是注意在没有外在监督的情况下坚持自己的道德信念，自觉按照道德要求行事，不因为无人监督而为所欲为。对此，儒家认为，要想在道德上达到至高无上的境界，慎独是必经之路。徐复观说：“先秦儒家的人性论在孟、荀已个别发展成熟，这些成果在《大学》得到一个富有深度的综合，称得上是先秦儒家人性论的完成。‘慎独’意味着修养功夫,这个观念到了《大学》就发展成‘诚意’,这被认为是儒家修养功夫发展的顶点。”[1]《礼记·大学》中关于慎独的文字为：“所谓诚其意者，毋自欺也，如恶恶臭，如好好色。此之谓自谦。故君子慎其独也。小人闲居为不善，无所不至，见君子而后厌然，掩其不善而著其善，人之视己，如见其肺肝然，则何益矣。此谓诚于中，形于外，故君子必慎其独也。”(《礼记·慎独》)《大学》这段话是孟子“思诚”说与荀子“慎独”说的综合。这样,不讲“慎独”就难以说明意志的纯化与坚定，故荀子的“慎独”，即认为个体如果没有坚强的道德意志，那么必有伪善的行为。《大学》所阐明的“诚意”，是要求个体自我保持意志上的纯化专一，从而使自我有高度的自制力，即使在独自一人时也做到问心无愧。从字面上讲，“诚意”意味着个体自我心存端正而不存邪念，并且强调个体自我不受外界因素以及情绪干扰，始终保持着清醒头脑，所谓“修身在正其心者，身有所忿懥，则不得其正，有所恐惧，则不得其正，有所好乐，则不得其正；有所忧患，则不得其正”(《礼记·大学》)。这里的“身”即是“心”,心正是说不因愤怒、恐惧、好乐、忧患等情感而丧失理智，要求主体不因情感的一时冲动而丧失德性。

“慎”是中国古代社会的一个重要德目,儒家经典中多有记载,比如“慎乃有位，敬修其可愿”(《尚书·大禹谟》)、“慎行其身”(《礼记·祭义》)、“慎尔言也”(《诗经·巷伯》)等。在《荀子·劝学》中，荀子更是直接指出了“君子居必择乡，游必就士，所以防邪僻而近中正也”的道理。可见，先哲们对于慎德的高度关注。如果在德上不慎，则极易形成“害”“困”等人生风险。从这一点来看，这种“慎”不仅涵盖了慎修，还涵盖了“慎交”等要求。前者即要求个体自我不断修养慎言慎行，以符合传统的“君子谨于言而慎于行”等行为规范，家训中即是以此教诫子孙内修省身，成就自身的美德。如汉代马援在撰写《诫兄子严敦书》时指出：“吾欲汝曹闻人过失，如闻父母之名，耳可得闻，口不可得言也。”他认为:“好议论人长短，妄是非正法，此吾所大恶也，宁死不愿子孙有此行也。”他对侄子们提出慎言要求，原因就在于他认为“妄是非正法”等行为在“大恶”范围，因此，要求侄子们应通过“慎言”注重自我修身。我们常说“祸从口出”，有时乱言乱语，导致自身遭殃甚至累及家族,所以家训中也要求子孙为避祸而慎。在北齐魏收所撰的《枕中篇》中，他认为“门有倚祸，事不可不密；墙有伏寇，言不可而失”，而且他强调“宜谛其言,宜端其行。言之不善,行之不正,鬼执强梁,人囚径廷”。而嵇康则在《家戒》直接对子女提出要求，告诫子女“夫言语，君子之机，机动物应，则是非之行著矣，

[1] 徐复观.中国人性论史［M］.上海：华东师范大学出版社，2005：284.

故不可不慎”。

易见，慎独是一种内在的精神体悟，是一种道德修身方法，更是自我道德养成的至高境界。“谨慎独处论”千百年来为人们所认可，既是道德养成的至高境界，也是道德养成的一个重要途径，具有很强的操作性。而其实慎独不仅指“身独”，也还指“心独”。正如梁漱溟所说：“慎者，宇宙生命的不独者，宇宙生命的无对。”

三、觉解

“觉解”范畴是冯友兰先生提出的，他在《新原人》第一章称：“人生亦有其最特出显著底性质，易于使我们对其得到了解，对其有觉解。解是了解……觉是自觉。人作某事，了解某事是怎样一回事，此是了解，此是解；他于作某事时，自觉其是作某事，此是自觉，此是觉。”[1]

关于“觉解”的阐释，冯友兰指出，“觉解”是人最本质的规定性。他说，“人是有觉解的东西，或有较高程度底觉解底东西”，因此“人生是有觉解底生活，或有较高程度底觉解底生活”。冯氏强调：“这是人之所以异于禽兽，人生之所以异于别底动物的生活者。”[2] 即觉解是人与动物相区别的地方，这也恰恰说明人与动物有着本质差异。在冯友兰那里，觉解还有高与低的区别。冯先生认为：“对于事物底了解必依概念。凡依内涵最浅底概念底了解，即是最低程度底了解。”冯先生进一步认为，人对于宇宙人生可以有不同程度的“觉解”。冯先生说：“境界有高低。此所谓高低的分别，是以到某种境界所需要底人的觉解的多少为标准。其需要觉解多者，其境界高；其需要觉解少者，其境界低。”[3] 在天地境界中的人，“有完全底高一层底觉解。此即是说，他已完全知性，因其已知天。他已知天，所以他知人不但是社会的全的一部分，而并且是宇宙的全的一部分”。仁民爱物依然是当今社会的至高境界。社会发展的真正动力，就是激发亿万群众潜能，重视与肯定个人利益，适度的社会差等是社会进步的必然，但人对于获得财富后的处置却关系到个人觉解与境界。冯友兰先生提出人生四重境界说（自然、功利、道德、天地），可以说，人的境界是分层的，同时，人的境界是可以觉解的，何谓觉解，即自我觉悟或经他人指点、环境影响而觉悟，自我觉解者可以是身居要职的领导，或是

[1] 冯友兰．贞元六书（下）[M]．上海：华东师范大学出版社，1996：525–526.
[2] 冯友兰．三松堂全集：第 1 册—第 2 册 中国哲学史新编 [M]．郑州：河南人民出版社，2001：472.
[3] 冯友兰．贞元六书（下）[M]．上海：华东师范大学出版社，1996：557.

富甲一方的大贾，或身无分文的平民，这些人皆可以通过自我觉解而心忧天下。觉解是人的本质反映，因为，人是文化化的人，是历史长河中的一朵浪花。常有人说起，人生在世关注“吃喝”二字，也有人说人生在世着重“奉献”二字。显然，人生境界有高有低，不可由法律规范强制，但可教化引领。其实，人生真谛不在吃喝，不在个人财富积累，而在于由物质向精神提升，由小我向大我提升，由仁爱亲情向仁民爱物提升。同时，人要有一颗善良之心，中国自古就有“老吾老及人之老，幼吾幼及人之幼”，墨子就提出“有力者疾以助人，有财者勉以分人，有道者劝以教人”。

中国传统儒学特别重视人禽之别，君子与小人之别。人不仅有物质需要，有喜怒哀乐，有七情六欲，有自己家庭乃至家族之亲情与友情，还有精神追求。魏晋时期的曹丕、石崇都有高贵的地位与显赫的功绩，但他们仍然慨叹人生“年寿有时而尽，荣乐止乎其身”，即人的肉体生命有限，享乐也是有限的，而“未若文章之无穷”，即人的精神生命能借助诗文传于后世，而那些为人类社会进步做贡献的仁人志士也将被人类永远铭记，这正是古代倡导之三不朽：立德、立功、立言。

第二节　敬畏内敛正气

一、敬畏

1.诚与敬

“诚”在儒家那里，是一个重要的概念，是哲学范畴，其本义指信实无欺或真实无妄的心理状态。孟子最早提出这一概念，指履行道德规范之中恳切笃实的心理状态。孟子提出“诚者，天之道也”。“明乎善”的关键在于“反身”，即自我反省是否有真心实意为善的念头。如有此念头，就是“反身而诚”；如无此念头，就是“反身不诚”。孟子的“思诚自反”的逻辑思路为:先赋予天以“诚”这样的德性，然后又以为人应“思诚”去与“天道”取得一致,达到“人道”与“天道”的合一。

孟子是重视“思”的，“反身而诚”也就是“思诚”，但这所谓“思”，不是以“诚”为客观对象而思之，也不是分析地去思考，而是自我明觉之“思”，此“思”具有个体自我体验的性质。如果说，孔子提出仁者之乐的思想，那么，孟子则进一步将乐与仁、诚统一起来，提出“反身而诚，乐莫大焉”。

关于“诚”，南宋朱熹将之解释为“真实无妄”，但它并非现象的既在，而是本质的呈露。“惟天下至诚，为能尽其性；能尽其性，则能尽人之性；能尽人之性，则能尽物之性；能尽物之性，则可以赞天地之化育；可以赞天地之化育，则可以与天地参矣。”（《中庸》）天人合一,并不需要取消自我的存在、否定天人之间的差异，而是充分发挥、实现自己的本性，达到这一境界的就是圣人。《中庸》关于“诚”的论述，主要在下面几段话中:“诚者自成也，而道自道也。诚者，物之终始，不诚无物。是故君子诚之为贵。诚者，非自成己而已也，所以成物也。成己，仁也。成物，知也。性之德也，合内外之道也。故时措之宜也。”（《中庸·二十五章》）“诚者，天之道也，诚之者，人之道也。诚者，不勉而中不思而得:从容中道，圣人也。”

(《中庸·二十章》)“唯天下至诚，为能经纶为天下之大经，立天下之大本，知天地之化育。夫焉有所倚？肫肫其仁！渊渊其渊，浩浩其天！苟不固聪明圣知达天德者，其孰能知之？”(《中庸·三十二章》)。至诚是“诚”的最高境界，人能至诚则可以参与宇宙大化的转化或创造。《中庸》所说的“诚者物之始终，不诚无物”中的“诚”，既是事物的显现，也是事物存在的本原。《中庸》还说:“诚则形，形则著，著则明，明则动，动则变，变则化，唯天下至诚为能化。”在这里，事物的存在突出显现运动、变通、转化都是通过“诚”来促成或体现的。《中庸》中的这种“诚”的思想对后世的儒者产生了深远的影响。北宋大儒周敦颐所作的《通书》便是对《中庸》“诚”的思想继承。在他看来，“诚”是“万物资始”的宇宙本体，也是人“纯粹至善”的先天本体。“人极”即“诚”,“立人极”即“立诚”。他说:“诚者;圣人之本。”(《通书·诚上第一》)“圣，诚而已矣。”(《通书·诚下第二》)首先他把人放在天地之间，然后把“诚”放在圣或圣人之中，“万物生生而变化无穷焉，惟人也，得其秀而最灵”(《太极图说》)。《中庸》有“唯天下至诚，为能尽其性”，从而最终达到“赞天地化育”，与天地相参的境界。唐儒李翱说:“是故诚者，圣人之性也，寂然不动，广大清明，照乎天地，感而遂通天下之故，行止语默，无不处于极也。复其性者，贤人，循之而不已者，不已则能归其源矣。”[1]在《中庸》中，有“至诚尽性”“至诚如神”“至诚无息”三个命题，这三个命题对于理解“诚”至关重要，李石岑正是由此三个命题展开对“诚”的解释。关于“至诚尽性”,李石岑解释说:“它(《中庸》)认为人的本性是‘诚’,万物的本性亦是‘诚’,推而至于宇宙全体,亦无往而非‘诚’。所谓‘至诚’，乃尽力表现所本有的‘诚’，如果尽力表现所本有的‘诚’，便没有不能推动其他事物之理。所以孟子说：‘至诚而不动者，未之有也。’表现所本有的‘诚’，是谓‘尽性’。……表现自己所本有的‘诚’，也能表现其他事物所本有的‘诚’,因为‘诚’是一体的。所以能尽己之性,亦能尽人之性,亦能尽物之性。”[2]“诚”的层次就是尽性的层次，人在多大程度上舒放自己，也就在多大程度上实现了尽性：小人是“寡信”,君子是“克诚”,圣人是“至诚”。汉代刘歆说:“至诚则金石为开。”陈善在《扪虱新话》中就记载过至诚则“灵”的故事：释迦牟尼在世时，有个和尚资质愚鲁，没有会通事物的灵性，释迦牟尼让他诵读“苕帚”二字，他便早晚不住地念叨；但每次念“苕”就忘了“帚”，或者念“帚”便忘了“苕”，总不能顺畅

[1] 李翱．李翱集（卷二）[M]．兰州：甘肃人民出版社，1992：6–7.
[2] 李石岑．中国哲学十讲 [M]．桂林：广西师范大学出版社，2010：169–170.

地念出这两个字来。然而他并不气馁，总是自责愚笨，并专心致志在这两个字上，念诵不已。有一天，他突然朗声念出了“苕帚”二字，从此思维豁然贯通获得了灵性，成了一个高人。

《庸庵笔记》载：曾国藩有不成文的规定，每天早晨一定要召集幕僚一起用餐。李鸿章刚入幕府，对曾国藩的规定还没有完全摸透，有一天，因为疏懒没有去用餐。于是片刻间，便有差役巡捕接二连三地来催促，而且转告说：“一定要等到幕僚到齐之后才能开饭。”李鸿章听罢便慌慌忙忙地披衣前往。席间，曾国藩没有说一句话。吃完饭，曾国藩危言正色道：“少荃！既入我幕，我有言相告，此处所尚，惟一‘诚’字。”李鸿章为之悚然。面对李鸿章的疲沓作风，曾国藩既不指责他“不忠”，也不说他“无礼”，甚至也不谈他违反“营规”，而是以“诚”相告，可见“诚”在曾国藩心目中占据何等重要的位置。他在给贺长龄的信中写道：“窃以为天地之所以不息，国之所以立，贤人之德业之所以可大可久，皆诚为之也。”他还认为自己一生毛病，百孔杂出，关键就在于不诚实。在“八本”中，他给自己定下了一条做人的原则——“立身以不妄语为本”。显然，作为历史人物，曾国藩有其不足的一面，然而，他对于中国传统以及儒家基本价值观念的信奉、理解、阐释以及践行值得后人借鉴。这里所说的“诚”，是人与自然合一的最高体认，诚既是天道，也是人道，是天道与人道的合一，但就其真正实现而言，诚就在自己的心里。所谓“反身而诚”，就是返回到自己的内心，实现心中之诚，一旦实现了诚，也就体验到最大的快乐。有了这种境界，就能够“所过者化，所存者神，上下与天地同流”，处处都合于天道，处处都是自由的，因此也就无往而不乐。《礼记》即充分论述了虔敬和真诚的重要作用。

由此，无论《中庸》中的“诚”，还是周敦颐的“诚”，或者曾国藩的“诚”，都是宇宙大化流行的本性，人处其间，就应弘扬光大这一本性，这既是天之大道，也是人之大道。从理论上来说，“诚”是人的本性的绝对性，是人不可须臾离之的天性。现代人讲“诚”，往往说诚实、诚意、诚心、诚挚，但这些语词只叙述了“诚”的倾向性和情感性，远远没有涵括儒者对“诚”的基本立场和态度。那不仅仅是无欺、无虚、无隐，即真、实、显，还包括完成、实现或完善的意思。

2.敬与畏

“敬”表现为敬人，尊敬别人也就是尊敬自己，《说苑·敬慎》云：“敬人者，非敬人也，自敬也；贵人者，非贵人也，自贵也。”对人“敬”，就是恭敬礼貌；对事“敬”，就是严肃认真。孔子讲“居敬而行简”，子夏讲“望之俨然”，都是说的“敬”。孔子还认为礼不仅是那些玉帛祭品和礼仪形式，更重要的是虔敬的心情和态度。《礼记》充分论述了虔敬和真诚的重要作用。《礼记》言“毋不敬”，把“敬”作为行礼的基本要求。《礼记·祭义》曰“君子生则敬养，死则敬享”，把敬作为尽孝的基本态度。《礼记·祭统》也认为“四时尝之祭，乃是治国之本：尝之义大矣，治国之本也”，认为君主必须用虔敬的态度对待大祭：“其德盛者其志厚，其志厚者其义章，其义章者其祭也敬。祭敬，则竟内之子孙莫敢不敬矣。”（《礼记·祭统》）而对那些祭祀不敬者，《礼记》提出了严肃批评，认为他们不配为民之父母：“祭而不敬，何以为民父母矣！”同时，虔敬的态度来源于内心的真诚。《礼记·祭统》道：“是故贤者之祭也，致其诚信，与其忠敬……”为了准备祭品，天子诸侯要亲耕，王后要亲蚕，以亲身致其诚信：“诚信之谓尽，尽之谓敬。敬尽然后可以事神明，此祭之道也。”（《礼记·祭统》）宋代理学家讲“居敬”。朱熹就说：“学者工夫，唯在居敬穷理二事。”朱熹认为：“敬之一字，圣学之所以成始而成终者也。”（《大学或问》）对于“敬”，朱熹指出：“敬非是块然兀坐，耳无所闻、目无所见、心无所思，则后谓之敬。只是有所畏谨，不敢放纵。如此则身心收敛，如有所畏。”（《朱子语类》卷十二）在此，“敬”是指个人能够自觉摒除外界干扰，收敛身心而专注于某种信念与信条。同时，这也是个体所达到的精神境界。儒家认为，通过践行外在的儒家规范，不仅能使人养成良好的生活习惯，而且还能培养内在的“敬”的情感。敬就是“识得此理，以诚敬存之”，或者说“涵养须用敬，进学在致知”。明理（致知）和诚敬不可分割。儒学在讨论“为学之方”时，也重视“志”。但是，意志有双重的品格：自愿与专一。自愿即通过自由选择来作出决定，专一即在行动中一贯地坚持下去。正统派儒学在“为学之方”中讲的意志，主要是指意志的“专一”的品格。程朱强调为去人欲而要让“天理”永存于人心之中，须用“敬”来涵养。“所谓敬者，主一之谓敬，所谓一者，无适之谓一。”此即是说，“敬”就是用意志的力量使人专注于天理，灭尽人欲。可见，程朱理学在讨论“为学之方”中宣扬的“敬”“诚”时，强调的是意志的专一。

孔子对天地自然运行和人在其中所应遵循的规律表明了基本态度。子曰：“天何言哉？四时行焉，百物生焉，天何言哉？”虽然此论述本来是针对如何做学问这一问题而发的，但是孔子以天地作比，同时也说明了他对天地自然运行的尊重，所以他又说："君子有三畏：畏天命，畏大人，畏圣人之言。"朱熹对此解释称："天命者，天所赋之正理也。"那么，为了适应这种天理流行，人类也应像自然一样遵循天理，比如治国理政的实践需要的是"敬事而信，节用而爱人，使民以时"。就像《周易乾文》中所说的："夫大人者，与天地合其德，与日月合其明，与四时合其序，与鬼神合其吉凶。先天而天弗违，后天而奉天时。天且弗违，而况于人乎，况于鬼神乎！"儒家也重"怕"。《诗经》言："战战兢兢，如临深渊，如履薄冰。"这已深入儒者的灵魂深处，化作了儒者的生活方式，它不是偶然的姿态。儒家的哲学是一种"怕"的哲学，也就是对自己的内敛，对他人的有所不敢。"怕"在哪里？儒者也并不是什么事都"怕"，也不是什么人都"怕"。孔子也只有三"怕"：天命、大人和圣人之言。孔子的"怕"实际上是一种敬畏，他担心自己会轻慢和玷污这一理想境界，所以在孔子的心目中，人生的理想和道德的高度是神圣而崇高的，不可轻侮也不可辜负。德国哲学家海德格尔也曾说到"怕"，其多偏重"畏"。"畏"在海德格尔那里，是个关于天的存在体验的概念。从词义上看，"畏"和"怕"是相近的，从存在论来看，"怕"与"畏"也相联系。海德格尔说："这两个现象多半总是不分的，而且是怕的东西被算成畏，而有畏的性质的东西则被称为怕。"[1]但在他那里，"怕"的对象总是具体的、确定的，而"畏"的对象则是抽象的、不确定的。总之，"畏"是海德格尔对人的日常生存状态的说明，作为人他必然要沉湎于世态物情，必然要在世界和他人之中展开自己的人生。此时，海德格尔说："日常的熟悉自行垮台了。此在个别化了，但却是作为在世的存在个别化的。'在之中'进入了非在家之存在论'样式'。"[2]曾国藩曾总结道："敬之一字，孔门持以教人，春秋士大夫亦常言之，至程朱则千言万语不离此旨。"可见"敬"是儒家做人的基本态度。那么如何才能算得上"敬"呢？早年曾国藩与朋友交往时，他的好友吴竹如告诉他，舍"敬"字别无下手之处，总以严肃为要。晚年，曾国藩说："内而专静纯一，外而整齐严肃，敬之工夫也；出门如见大宾，使民如承大祭，敬之气象也；修己以安百姓，笃恭而平天下，敬之效验也。程子谓上下一于恭敬，则天地自位，万物自育，气无不和，四灵毕至，聪明睿智，皆由此出。"

易见，"怕"是对人与事的战战兢兢，"敬"是对人与事的恭恭谨谨；"怕"是从反面来说事，"敬"则是从正面来论道。

---

[1] 海德格尔 . 存在与时间［M］. 陈嘉映，王庆节，译 . 北京：生活·读书·新知三联书店，1987：224.
[2] 海德格尔 . 存在与时间［M］. 陈嘉映，王庆节，译 . 北京：生活·读书·新知三联书店，1987：228.

3.谦恭

恭敬即谨慎、虔诚，行于己须恭，事于人须敬。因此，孔子把恭敬作为“君子之道”的重要内容：“子谓子产，有君子之道四焉：其行己也恭，其事上也敬，其养民也惠，其使民也义。”（《论语·公冶长》）礼让即谨逊。无论恭与敬，必须以礼为标准，若不依于礼，则恭将变得自卑，敬将化为畏葸，只有立于礼、依于礼，才能恭敬而不失自尊。孔子所说的“君子矜而不争”（《论语·卫灵公），也必须以立于礼来解释。南怀瑾认为：“人的‘意识’在头脑中活动就会促使神经细胞的变化，表现在面貌、气色、神情之间，那是逃不掉自己内心影响外形的规律的。因此，只有‘诚意’最为重要。《大学》中‘诚于中形于外’说的也就是这个意思。”[1]

谦恭和谦虚是德性修养的基础。谦虚是一种文化化的性格。羊枯说：“恭为德首。”王阳明也说：“谦者，众善之基。”（《王阳明全集·传习录下》）正所谓，“谦谦君子”（《周易·谦卦》）。《周易》里有“劳谦，君子有终，吉”（《周易·谦卦》），还有“谦也者，致恭以存其位者也”（《周易·系辞上》）。《周易》的这种谦逊的思想在后世儒家那里得到了正反两方面的表述。《尚书·说命中》云：“有其善，丧厥善；矜其能，丧厥功。”意思是说：夸耀自己的德性，即使有德也会失去；夸耀自己的才能，即使有才也会失去。《左传·定公十三年》有言：“骄而不亡者；未之有也。”《说苑·敬慎》写道：“德行广大而守以恭者荣，土地博裕而守以俭者安，禄位尊盛而守以卑者贵，人众兵强而守以畏者胜；聪明睿智而守以愚者益，博闻多记而守以浅者广。”这六种自守，都是谦虚的。《河南程氏遗书》记载：“富贵骄人，固不善；学问骄人，害亦不细。”元代胡祗遹深有感触地说：“少年富贵才俊为不幸。”因为年少安富尊荣、才华横溢最易滋长骄情与惰性，所以才是人生的大不幸。所有这些思想都表达了一个共同的主旨：“满招损，谦受益。”《尚书》还说：“汝惟不矜，天下莫与汝争能；汝惟不伐，天下莫与汝争功。”（《尚书·大禹漠》）你不逞能，天下就没有谁与你争能；你不夸功，天下就没有谁与你争功。刘劭说：“自伐其善，则莫不恶也。”（《人物志·八观》）刘劭还说：“卑让降下者，茂进之遂路也；矜奋侵陵者，毁塞之险途也。”（《人物志·释争》）也就是说，谦卑礼让、甘居人下，是勤勉上进的大道，而自夸逞能欺凌强霸，是失败停滞的危途。韩信无疑是战争史上罕见的军事谋略家和指挥家，但他并不懂得谦让进退之理，他被自己的军事才华和盖世功勋冲昏了头脑，恃才凌物，逞能显功，最终被皇后吕雉所毒杀。难怪司马迁感叹道：“假令韩信学道谦让，

[1] 南怀瑾 . 原本大学微言［M］. 北京：世界知识出版社，1998：26.

不伐己功，不矜其能，则庶几哉，于汉家勋可以比周、召、太公之徒，后世血食矣。”（司马迁《史记·淮阴侯列传》）《尚书·秦誓》说：“人之有技，若已有之。人之彦圣，其心好之。”明代吴麟征说：“进学莫如谦。”（《家诫要言》）清人申居郧也说：“才子多傲，余曰傲便是不才。”（《西岩赘语》）这话可谓说到了症结处。所以要正确对待自己和他人的优点，要谦虚。明代名士杨继盛对他的两个儿子说：“人之胜于我，则敬重之，不可有傲忌之心；人之不如我，则谦待之，不可有轻贱之意。”（《杨椒山遗嘱》）

谦恭是个体自我待人处事的一种生活态度，是一种相信他人的智慧和力量，是一种诚敬用事、永不满足的精神。古人把谦恭分为三类：有声明而不自满，叫作“鸣谦”；有功劳而不骄傲，叫作“劳谦”；施惠于人而不自居，叫作“撝谦”。谦恭是以对他人的尊重与尊敬为前提的。古人说：“满招损，谦收益。”又说：“谦，德之柄也。”一个谦恭的人能够看到他人的优点和自己的不足，善于取人之长，补己之短。而且，谦恭既是对他人也是对自己的尊重。孟子说：“敬人者，人恒敬之。”“不敬人者，是不自敬也。”

任何一个群体或团体为了一个共同目标，都应群策群力、共同奋斗。当功成事遂之后，就会有论功行赏，而这时最能显现人的德性品性。《汉书》卷四十一《张良传》记载，张良是秦末汉初杰出的军事谋略家，与萧何、韩信同被称为“汉初三杰”。汉朝建立以后，在汉六年，即公元前201年刘邦打算对功臣进行册封，但张良不曾有战功。高帝说：“出谋划策于营帐之中，决定胜负在千里之外，这就是子房（即张良）的功劳。让张良自己从齐国选择三万户作为封邑。”张良说：“当初我在下邳起事，与主上会合在留县，这是上天让我跟随陛下。陛下采用我的计谋，幸而经常生效，我只愿受封留县就足够了，不敢承受三万户。”于是封张良为留侯，同萧何等人一起受封。

谦恭也可称谦让，它是体现个体自我与他人之关系的基本道德素养，是一种宽容、仁爱、真诚精神的体现。在公共场所，这种谦让尤其重要，我们经常可以看到，一些人在一些小事上的不谦让有可能给自己和他人带来麻烦。平时我们说的“退一步海阔天空”就是要求人们在遇到矛盾的时候，要懂得谦让，这样才有利于人际关系的和谐。比如，在坐车的时候，我们可以先让那些老弱病残孕先上车，或者给他们让个座；在交通拥挤的时候，不要抢车道；等等，这些都是最基本的道德素养。朋友之间、同事之间、夫妻之间、兄弟之间、父母子女之间都需谦让。

日常生活中的谦让可能表现为只说一声“对不起”“请原谅”“很抱歉”，但真正的谦让是个体自我有底气和自信心的外显，是见识多广的表现，也是自我牺牲精神的表现。谦让能让我们体会到人间的真诚和温暖，能使个体自我感知世间的大度和宽容，能使个体自我心宽气顺、心安理得，也能使人与人之间多一份友情真诚，能使我们的社会和谐融洽。

二、内敛

内敛自我的言谈举止谨小慎微，内敛是自我内心节情，内敛是内心宁静，内敛是自我的浩然正气。

1.节情

庄子曾提出“喜怒哀乐不入于胸次”，意思是说，感情的流露经过过滤、净化了，过滤情感依靠的便是智慧。智如同过滤器，情感要经过这器物的“净化”。沈宗骞也从艺术角度论述内在性情的涵养与笔墨气韵间的关系，他说：“笔墨之道本乎性情，凡所以涵养性情者存之，所以残贼性情者则去之，自然俗日离而雅可日几也。夫刻欲求存未必长存，力欲求去未必尽去，彼纷纷于内，逐逐于外者，亦思从事于兹，以几大雅，其可得乎？故欲求雅者，先于平日平其争竞躁戾之气，息其机巧便利之风，揣摩古人之能恬淡冲和，潇洒流利者，实由摆脱一切纷争驰逐，希荣慕势。弃时世之共好，穷理趣之独腴，勿忘勿助，优柔渐渍，将不求存而自存，不求去而自去矣。”[1]

道家提出“心斋”（《庄子·人间世》）、“养心”（《庄子·在宥》）之说。孔子主张节制，认为感情的表现应“乐而不淫，哀而不伤”“怨而不怒”，极端的宣泄非“执中”之道，要以理性调节情感。孔子明白，情感只存在雅、俗之分，所以，“美”必须以“善”为核心，否则“人而不仁如乐何？”（《论语·小佾》）仁善之心是知乐、用乐的内在前提。礼是秩序的规范，乐（其他艺术亦然）则从心灵上陶养人，使之“成人”。《论语·宪问》中说：“子路问成人，子曰：‘若臧武仲之知，公绰之不欲，卞庄子之勇，冉求之艺，文之以礼乐，亦可以为成人矣。’”由此，孔子才“恶紫之夺朱”“恶郑声之乱雅乐”，才将季氏八佾舞于庭视为不可容忍的僭礼行为。所以，艺术有抒

[1] 沈宗骞．芥舟学画编［M］．济南：山东画报出版社，2013：63.

情畅怀的享受一面，也有节制情感的一面。“温柔敦厚”不仅成了衡度人的价值标准，也成了衡量艺术品风格的尺度。郭熙娴于此道，并无家学渊源，纯由“天性”得来。这“天性”，即游方之外的潇洒性格，这正是艺术家所持之秉性。对此，郭熙说："世人止知吾落笔作画，却不知画非易事。庄子谓画史解衣盘礴，此真得画家之法。人须养得胸中宽快，意思悦适，如所谓易直子谅，油然之心生，则人之啼笑情状，物之尖斜偃蹇，自然布列于心中，不觉见之于笔下……不然，则志意已抑郁沉滞，局在一曲，如何得写貌物情，摅发人思哉……余因暇日，阅晋唐古今诗什，其中佳句，有道尽人腹中之事，有装出目前之景。然不因静居燕坐，明窗净几，一炷炉香，万虑消沉，则佳句好意，亦看不出。幽情类趣，亦想不成。”[1]这一段话，不仅道出郭熙的思想之所从来，更写出一个艺术家如何“养神”以使精神融通于外界。“解衣盘礴”出自《庄子》，而“易直子谅”则本于《乐记》。《乐记》曰：“致乐以治心，则易直子谅之心，油然生矣。”《正义》曰：“易谓和易，直谓正直，子谓子爱，谅谓诚信。”郭熙对儒、道学理的融合显而易见。而“暇日”的生活情趣，士人学子的清闲气象，即读晋唐诗，静居燕坐，窗明几净，香绕虑沉。这可谓“治心”之道，而“治心”正是通往人心纯净之路径。此时，“境界已熟，心手已应，方始纵横中度，左右逢源”[2]。欧阳修也予以肯定:“苏子美尝言，明窗净几，笔砚纸墨，皆极精良，亦自是人生一乐。然能得此乐者甚稀，其不为外物移其好者，又特稀也。”[3]中国哲学及其艺术足以使人的胸襟潇洒，精神超迈，从而美化人的心灵。

郭熙在论吴道子的绘画艺术时认为，是“得之于心，故无不妙”。所谓“得心”，即“夫心能不牵于外物，则其守全，万物森然出于一镜”。黄庭坚亦说：“欲得妙于笔，当得妙于心。”[4]心妙之诀，在于“不牵于外物”。“守全”“存真”，方能使受污染的心灵“全真”，如此也才能与未受污染的自然融一，心与物的距离、对抗消解了，使净化心灵与净化的自然贴近，使彼我之间和谐无间，而净化的对象，便是那蝇营狗苟的世俗心态。郭熙以学字“消日”，谓“于静坐中，自是一乐事”，士大夫将字、画技巧的训练与心灵的修养融为一体，心灵的澄澈正由这不经意而又全神贯注的清雅生活涵泳出来。总之，中国艺术（画学）是治心、养性之学，是向内以净化人心。宋人将书法、绘画等艺术称为“玩墨”“墨戏”，表现出他们全身心的投入，

[1] 郭熙．林泉高致［M］．北京：中华书局，2010：81.
[2] 郭熙．林泉高致［M］．北京：中华书局，2010：81.
[3] 欧阳修．欧阳修全集（第5册）［M］．北京：中华书局，2001：1977.
[4] 黄庭坚．黄庭坚全集（第1册）［M］．成都：四川大学出版社，2001：416.

有着极严肃的艺术态度，实现了严格意义上的艺术观念的觉醒。汉代儒生注《诗》，动辄“助人伦，成教化”，以《诗》为教化手段，没有一丝“玩”的意绪，乃至唐代，张彦远在《历代名画记》中，还板着面孔说：“图画者，有国之鸿宝，理乱之纪纲。”裴孝源在《贞观公私画史》中也说：“其于忠臣孝子，贤愚美恶，莫不图之屋壁，以训将来。或想功烈于千年，聆英威于百代，乃心存懿迹，默匠仪形。”郭熙也未必无此种迂阔之见，他说：“然则自帝王名公巨儒相袭而画者，皆有所述作也。如今成都周公礼殿，有西晋益州刺史张牧画三皇、五帝、三代至汉以来，君臣贤圣人物灿然满殿，令人识万世礼乐。”（《林泉高致·画题》）广义地说，中国画学（其他艺术门类亦然）是现代之所谓“美育”，即以“美”的精神陶养国民情操的理论。将此传统发扬光大者，在现代，首推蔡元培。诚然，“美育”不是美术教育的意思，但蔡元培的美育思想，尤重视美术对于人的陶养作用。1918 年 4 月，北京大学画法研究会成立，蔡元培专为该会写了《北京大学画法研究会旨趣书》，他提请“会员注意者，画有雅俗之别，所谓雅者，谓志趣高尚，胸襟潇洒”。1920 年，在《美术的起源》一文中，蔡元培指出：“美术与社会的关系，是无论何等时代，都是显著的了。从柏拉图提出美育主义后，多少教育家都认为美术是改进社会的工具。”[1]1921 年，《美术与科学的关系》发表，蔡元培指出，此二者不可偏废，在“知识以外兼养感情，就是治科学以外，兼治美术。有了美术的兴趣，不但觉得人生很有意义，很有价值，就是治科学的时候，也一定添了勇敢活泼的精神”。[2]于人心的陶养有大功效的中国画艺术熏陶人的画论精神，到了这位大师手里，顿时光彩夺目，传统画学精神的生命力被开掘与释放出来了。蔡元培的杰出贡献是，他将古典画学的“治心”“养性”之说，提升到陶冶国民情操的美育高度。

2.息心

“息心”即排除杂念，是澄心滤志，使心灵平衡。现代科学研究证实，人体疾病，在相当的程度上是源于心理性原因的，神经系统平衡的失调，诱发出生理机制的紊乱，因此，西方当代心理治疗方法颇为风行。而为了忌躁、忌俗，中国古代官场的士大夫，要心追山水之乐，所借助的，便是绘画，“不下堂筵，坐穷泉壑，猿声鸟啼，依约在耳，山光水色，滉漾夺目，此岂不快人意，实获我心哉？”[3]净

[1] 蔡元培．美术的起原［M］// 高平叔．蔡元培美育论集．长沙：湖南教育出版社，1987：80.
[2] 高平叔．蔡元培全集（第 4 卷）［M］．北京：中华书局，1984：327–328.
[3] 郭熙．林泉高致［M］．北京：中华书局，2010：11.

化人心，也利于社会发展，未有人心狂躁而社会能安宁的。对此，徐复观先生说："艺术对人生、社会的意义，并不在于完全顺着人生社会现实上的要求；而有时是在于表面上好像是逆着这种要求，但实际则是将人的精神、社会的倾向，通过艺术的逆地反映，而得到某种意味的净化、修养，以保持人生社会发展中的均衡，维持生命的活力、社会的活力于不坠。山水画在今日更有其重要意义的原因正在于此。顺着现实跑，与现实争长短的艺术，对人生、社会的作用而言，正是'以水济水'、'以火济火'，使紧张的生活更紧张，使混乱的社会更混乱，简直完全失掉了艺术所以成立的意义。"[1] 其实，徐复观先生不经意地说出了现代中国文艺批评之积弊。清人王昱说："学画所以养性情，且可涤烦襟，破孤闷，释躁心，迎静气。昔人谓山水家多寿，盖烟云供养，眼前无非生机，古来各家享大耋者居多，良有以也。"[2] 这是就创作一面说，从欣赏者言，中国画无异清风拂面，令人心净志纯，清人方熏云也说"云霞汤（同荡，涤除之意——引者注）胸襟，花竹怡性情。物本无心，何与人事？其所以相感者，必大有妙理。画家一丘一壑、一草一花，使望者息心，览者动色，乃为极构"[3]。宋代真德秀所撰《真西山文集》卷二十八有一段作者与萧守中论乐、诗的记载，可谓深得庄学神髓，录如次："夫山川之秀杰者，其钟于人必异，因吾子襟韵不凡，益以信玉笥（山名，在江西境内）之为奇观也必矣。……予闻伯阳氏之为道也，损之又损，以至于无为。故学之者，亦必堕肢体，黜聪明，离形去智，然后同于大道。今子戒于言而归之默，善矣！顾未能忘琴与诗焉。"子默然而笑曰："有是哉！然琴以养吾之心，而吾本无心，虽终日弹，而日未尝弹，可也；诗以畅吾之情，而吾本无情，虽终日吟，而日未尝吟，可也。琴未尝弹，与无琴同，诗未尝吟与无诗同。曾何累之有哉？"子曰："子之言，达矣！"萧守中隐于玉笥，得山川之养泳而"襟韵不凡"。大自然不是被动地被当作人类生息之所，它是一个生命的活体，是可以作用于人的，如同人一样，山川崖穴亦有精神风韵。都是以玄学论事，其精神在于彻底地排除显意识，着力地强调心理、精神的作用，降低纯生理意义的行为价值。而全段话的命脉，只在于一"累"字。此所谓"累"，即一切世俗的网陷。世俗的追逐足以使人的自然之性淡化，使天性泯灭，故去"累"而达到"无累"的境界，使心灵空净明澈，正是使艺术得以成为艺术的机要。中国古代社会中，人与自然和谐共处，而不是人征服自然，与自然为"敌"。故所谓"空"，

[1] 李维武．徐复观文集［M］．武汉：湖北人民出版社，2002：280.
[2] 黄宾虹，邓实．美术丛书（初集第二辑）［M］．杭州：浙江人民美术出版社，2013：58.
[3] 潘运告．清人论画［M］．长沙：湖南美术出版社，2004：162.

是指涤荡社会的俗尘，在心灵上去作一番“排空”功夫，排空而归于“空”。这个层面“空”了，那个层面便充实，这充实的便是自然精神。精神的“物化”使心灵免于尘俗的戕残与污染。这不是人”向“物”的跌落，而是精神从污向净的提升。《庄子·达生》中有一段寓言：纪渻子为王养斗鸡。十日而问：“鸡已乎？”曰：“未也，方虚骄而恃气。”十日又问，曰：“未也，犹应向景。”十日又问，曰：“未也，犹疾视而盛气。”十日又问，曰：“几矣，鸡虽有鸣者，已无变矣，望之似木鸡矣，其德全矣。异鸡无敢应者，反走矣。”

3.致静

儒家认为，要反躬自省，将自己融入“静”。老子认为，人之所以会贪得无厌，这是因为人失去本性的结果。要想天下大治，身心健康，首先要恢复人失去的本性。老子认为人的本性是“朴”，只有“视素保朴，少私寡欲”才能治理好邦国，求得天下大治。“少私寡欲”，并非要人去“绝欲”，而是教人要少欲。因此，老子提出“致虚极，守静笃”的修持方法，让自己的心灵处在一个极其虚无的境地，踏踏实实地守住内心的宁静。清静才是天下的正道，人做到了致虚守静，就不会盲动、乱动和浮躁，不刻意起念头，顺其自然，直到虚怀若谷，心境澄明。庄子认为，圣人之心正是通过虚静，才达到了明镜一样洞察秋毫的境地，照彻宇宙。他主张坐忘，坐就是不动，忘就是不起念头，坐忘也就是通过心静无欲，忘记外界一切事物，甚至忘记自身形体的存在，从而消除人与物之间的界限，与天地浑然一体，达到人与“道”冥合的得道境界。

宋明理学开创者周敦颐也强调“主静”其“静”，不是动静的静，而是无欲，“无欲故静”。荀子说，心认识事物时，如果要排除外界干扰，准确认识事物，就要“虚一而静”。“虚一而静”，指虚心、专一而冷静地观察事物，就能得到正确的认识。荀子的“静”也是指排除其他的心理反应和情绪反应，没有过多的欲望。周敦颐之后，不少理学家都把“静”视作修为方法。尽管朱熹很少说“静”，但他说“敬”，“敬”其实也是指心至诚而静。程颐则把“静”引向“静坐”的修持方法。心学家认为静坐是悟学和修身的重要方式。陆九渊的门人就专门打坐，通过较长时间的静坐而达到心静无欲，获得直悟。

清代大儒曾国藩，也把“静坐”当作修身的主要方法。他说：“每日不拘何时，静坐片刻。”（《修身十三条》）他每天都要静坐半小时，达到心中无任何杂念的状态。

他甚至在遗嘱中向家人提出“内而专静纯一，外而整齐严肃”(《曾国藩诫子书》)。佛教是禁欲的，无欲无求才能四大皆空。佛教认为，包括人在内的宇宙中的一切，都是“缘起”的产物，缘聚则生，缘散则灭，因此，所有的一切也都是变化无常的。人如果执着于这些变化无常的事物就会堕入无尽的生死轮回之中，毫无快乐可言，只有痛苦。要免除世间之苦，就不要对世上的一切有任何欲望要求。“禅、定、慧”三学概括了佛教教义和修行方法。禅即静，静虑；定指心力集中；慧指无漏的智慧，即涅槃境界。“禅”和“定”是获得“慧”的手段和修持方法。禅定，使心不着“相”，无任何欲求，达到四大皆空的境界。修禅定并不一定要静坐，可以是行、坐、立、卧等姿势，但一定要达到心静。端正姿态，放松身体的肌肉，放松头脑的神经是基本的要求。关键在于不要起念头，把所有的思想通通放下。如果心中老是担心自己不能静，反而会紧张。放松以至无欲，这是悟禅的前提。

儒家强调以自我修养为中心，但并不排除外在努力，这即是使家庭、社群、国家和天下成为个体自我修养必要的环境。自我“体现”一个不断扩大的人际网络，处于一个动态的过程之中，由此，个体自我经过自我修为以及社会的助推使个体自我更好融入社会，与他人也会更好沟通，并呈现出独有境界。

三、浩然正气

人的一种至高境界，即孟子所说的“我知言，我善养吾浩然之气”，浩然之气至大至刚，充塞天地，是正气。但气受志的统帅。“夫志，气之帅也；气，体之充也。夫志至焉；故曰‘持其志，无暴其气。’”不仅要养气，还要尚志，没有坚定而端正的志向，也是不可能养好气的。何谓尚志？“仁义而已矣。杀一无罪非仁也，非其有而取之非义也。居恶在？仁是也；路恶在？义是也。居仁由义，大人之事备矣。”养气尚志需要一个漫长的过程，只有不断地践行仁，不断地坚持义，才能使意志坚强。

第三节　自愿、自然、大爱

一、自觉自愿

自觉表现为主体在有所认识与觉悟的基础上主动去做。道德实践自觉意识指的是道德实践主体基于提升自身道德水平、道德修养与道德实践能力的考量而主动产生积极道德之为的主体意识。从本质上讲，道德实践养成本就是人的内在养成过程。人与动物之间之所以具有明显差别，其根源就在于人可以在实践过程中发挥主观能动性，从而实现社会价值，这种价值也会随着社会发展以人自身的存在方式得以显现。人的自觉意识帮助人类主动选择、主动发展。基于此，道德实践养成过程始于自觉，道德发挥的强大社会力量也根源于个体自觉意识，道德实践自觉意识是促进个体形成高尚品质、实现全面发展的前提与动力。对于推动道德实践养成过程来说，主体的道德实践自觉意识是内因，外因依赖于内因而产生外在影响。只有在发挥主体道德实践自觉意识的基础上，外在的客观条件才能更有效地发挥相应的作用，道德实践主体才能不断内化道德价值观，推动他律不断向自律转化，使道德实践养成成为人的内在追求，从而真正提升人的道德实践能力。需要强调的是，个体道德实践自觉意识不是先天存在的，而是在后期不断接受教育、完善自我的过程中培养、发展起来的。

在文艺复兴时期，西方人道主义肯定人的尊严，赞美人的意志自由和自愿原则。但丁认为，“自由的第一原则就是意志自由”[1]，人通过出于意志自由的行动来达到幸福。瓦拉认为，“上帝虽能预见到人做的某些将来的行为，可是这行为不是在强制下干的”，上帝的预知并不是自由意志的障碍，在上帝的控制下，自由意志的存在是可能的，因此，人做的事还是他自愿干的。皮科也认为，人可以“凭自

[1] 但丁．论世界帝国［M］．朱虹，译．北京：商务印书馆，1985：19.

己的自由意志来决定你本性的界限”“将你自己造成你所喜欢的任何模样”。在近代，西方哲学家尤其强调人的行为的自愿原则和意志自由。正如恩格斯所说：“自路德和加尔文的宗教改革以来，就牢固地确立了一个原则，即一个人只有在他把握意志的完全自由而行动时，他才能对自己的这些行为负完全的责任，而对于任何强迫人从事不道德行为的做法进行反抗，乃是道德上的义务。”[1]

显然，中国传统儒学并非正统派儒学一统天下，孔孟、董仲舒到宋明理学家是儒家，荀子、柳宗元到王夫之、黄宗羲也是儒家。但荀子、柳宗元、王夫之、黄宗羲等人与正统派儒学片面强调自觉原则不同，他们强调自觉与自愿相统一。荀子在这方面的观点，前文已述。柳宗元提出“明以鉴之，志以取之”的观点，认为自然界赋予人意志（志）与理智（明）两种能力，用理智明鉴而“敏以求之”，靠意志择取而“为之不厌”。这就包含了自觉原则和自愿原则相统一的思想。王夫之重视意志的力量，强调人格的培养以“正志为本”，人性的形成是与人能进行权衡和选择而“自取自用”分不开的。同时，他又强调“正其志于道”，使志向服从于对道的理性认识，并锲而不舍地坚持下去。这也阐明了德性行为应是自觉原则与自愿原则的统一。黄宗羲既指出要成为“豪杰之士”，首先要立“志”，把志向坚持、贯彻于言行之中，又指出“养气持志”而“气亦无非理义矣”，说明了理智和意志相统一才能造就“豪杰”。可见，他们都强调自觉原则与自愿原则的统一。

我们也应当看到儒家注重自觉原则和意志的专一，是有合理因素的。因为道德行为确实需要出自理性的自觉和意志的坚定。自觉地理解，就能始终不渝地发挥意志的力量，把在艰苦环境中“苦其心志，劳其筋骨，饿其体肤，空乏其身，行拂乱其所为”的行动，看作锻炼自己的机会，且在任何时候都能做到“慎独”，都不放松对自己的言行进行自我检查的“自省”，通过这样持久不懈的修养，以求把自己培养成为“富贵不能淫，贫贱不能移，威武不能屈’’的“大丈夫”，达到“仁者不忧，智者不惑，勇者不惧”的思想境界，在必须作出牺牲时能自觉地“杀身以成仁”和“舍生取义”。这是一种高度推崇理性的自觉与意志的坚定的理论。

二、自然境界

被后世儒者所传颂的“吾与点也”，是孔子提出的人与自然界之间的一种微妙

[1] 恩格斯. 家庭、私有制和国家的起源［M］. 北京：人民出版社，2018.

的生命关系的论述，是一种人生体验，表达了对人生意义的理解。当孔子问他的学生们各有什么志向、志趣时，曾点说："暮春者，春服既成，冠者五六人，童子六七人，浴乎沂，风乎舞雩，咏而归。"这是说，在温和的暮春时节，穿上春天的服装，和五六个成年人、六七个童子，一起到沂水边洗澡，到舞雩台（祭天祷雨之处）吹风，然后唱着歌儿回家。孔子听后，感叹说："吾与点也。"从这里可以看出，孔子向往一种自由的、自然的生活方式，这应是所有人所向往的自由、自在的生活，蕴含着人与自然的和谐关系，即在自然界的山水中去感受美，去体验乐，这是孔子所追求的人生理想。从中，还可以看出，他要追求的人生理想是人与社会、自然的整体和谐，其中也包含社会理想，这就是"老者安之，朋友信之，少者怀之"。曾点所说的"与冠者五六人，童子六七人"，指的是几个志同道合的朋友乃至亲人放情于山水，享受着真正意义上的山水之乐，这也是人的一种返归自然的本然状态，表明人已超越功利，超越烦恼，是人的一种美好的心态。"人不但应在社会中，堂堂地做一个人；亦应于宇宙中间，堂堂地做一个人。"此种境界中的人即可"与天地参""赞天地之化育"。王阳明对于这种情怀有深刻的论说："仁者以天地万物为一体，莫非己也。……君子之学，为己之学也。为己故必克己，克己则无己。"（《王文成公全书·书王嘉秀请益卷》）要达到天地万物一体之仁，成就大人君子，离不开"为己"，"为己"先要"克己""无己"，"克己"要向内寻求克除一己之私和有我之欲，正因为私己之心让我与世界对立隔离，导致了我与他人和万物的疏离，"须是克去己私，真能以天地万物为一体"（《王文成公全书·与黄宗贤》），所以，只有克去己心之私欲，才能回归天地万物一体之仁的境地。王阳明说："夫为大人之学者，亦惟去其私欲之蔽，以自明其明德，复其天地万物一体之本然而已耳。"（《王文成公全书·大学问》）

三、大爱无私

朱熹说："仁者如水，有一杯水，有一溪水，有一江水，圣人便是大海水。"（《朱子语类·卷三三》）"杯水、溪水、江水、大海水"，是用个人施"仁"的群体大小作为其衡量尺度，施"仁"的对象越多，道德成就也越高。圣人是道德最完善的人，所以圣人是大海水。"无私故能成其私"的道家，老子在他的《道德经》中特别阐述了利己利他的思想："天地所以能长且久者，以其不自生，故能长生。是以圣人后其身而身先，外其身而身存。非以其无私邪？故能成其私。”天地之所以能够长久存在，是因为它们无私，它们不有意为自己求长久存在，而是去滋养天地之间的万物，结果反而能够长久存在。因此，圣人效法天地的无私，把自身的位置摆在众人的后面，反而能赢得众人的拥戴而德高望重。上善若水，水如“道”一样，是无私的，正因为水大公无私、全心全意地滋润着万物，它的力量才会是无穷的，不可战胜的。真正有道的人（圣人），不会私自积累财富，这是圣人无私无我的圣高境界。

小乘佛教是度己的，大乘佛教度人度己，普度众生。佛教认为，任何有利于他人的善行都会产生功德，利他就是利己。修行者多布施他人，接济他人，教化他人远离众恶，多做利他之事，就是利己的修为。但如果只想到布施他人，让自己的福报更大，这还是小乘，还达不到更高的修为。更高的修为是，只想到无私地奉献自己，毫无私心。在佛教修为中，最初信佛的人，希望成佛，这是必要的。但是当修行到一定阶段，就不要有“我”的观念，要破“我执”，破除自己想通过利他得到福报的自私心，否则将永远不能成佛。地藏菩萨说：“我不入地狱，谁入地狱！”他的最大志愿是到地狱去救人，而不在于自己成不成佛。他说：“地狱不空，誓不成佛！”他忘了自己，专为他人，这才是菩萨。易见，这种境界与老子无私“故能成其私”的观点如出一辙。圣人也好，菩萨也罢，他们都是因为有无私的奉献精神，才成就了他们自己。美国散文作家爱默生说：“人生最美好的一项补偿，就是凡事诚心诚意帮助他人，最终自己也一定会受益。”[1]

[1] 邹建国. 浅议儒道释的自利利他思想［J］. 科教导刊（上旬刊），2011（3）：231-232.

参考文献

一、马克思主义经典著作

[1] 马克思，恩格斯 . 马克思恩格斯全集（第 1 卷）[M]. 北京：人民出版社，1995.
[2] 马克思，恩格斯 . 马克思恩格斯全集（第 30 卷）[M]. 北京：人民出版社，1995.
[3] 马克思，恩格斯 . 马克思恩格斯全集（第 3 卷）[M]. 北京：人民出版社，2002.
[4] 马克思，恩格斯 . 马克思恩格斯全集（第 44 卷）[M]. 北京：人民出版社，2001.
[5] 马克思，恩格斯 . 马克思恩格斯选集（第 1–4 卷）[M]. 北京：人民出版社，1995.
[6] 马克思，恩格斯 . 马列著作选读（哲学卷）[M]. 北京：人民出版社，1988.
[7] 马克思，恩格斯 . 德意志意识形态（节选本）[M]. 北京：人民出版社，2003.
[8] 列宁 . 列宁选集（第 1 卷）[M]. 北京：人民出版社，1995.
[9] 列宁 . 列宁选集（第 2 卷）[M]. 北京：人民出版社，1995.
[10] 列宁 . 列宁选集（第 4 卷）[M]. 北京：人民出版社，1995.
[11] 毛泽东 . 毛泽东书信选集 [M]. 北京：人民出版社，1983.
[12] 毛泽东 . 毛泽东选集（第 2 卷）[M]. 北京：人民出版社，1991.
[13] 毛泽东 . 毛泽东著作选读（下册）[M]. 北京：人民出版社，1986.
[14] 中共中央宣传部 . 习近平总书记系列重要讲话读本 [M]. 北京：人民出版社，2014.

二、外文著作及译著

[1] Alexander J.C.Culture and society : contemporary debates [M].Cambridge : Cambridge University Press，1990.

[2] E.Fromm.Escape of freedom [M].London：Macmillan Publishers Limited，1994.

[3] E.Fromm.The heart of man [M].New York City：Harper&Row Publisher,1964.

[4] H.Spencer.The principle of sociology [M].London：Macmillan Publishers Limited，1969.

[5] Hall，David L.Thinking From the Han：Self，Truth，and Transcendence in Chinese and Western Culture [M].New York City：University of New York Press，1997.

[6] J.Sartre.Being and nothingness [M].New York City：Philosophical Library，1956.

[7] Peters.R.S.Moral development and education [M].London：Routledge，1981.

[8] Van Loon.The story of mankind [M].Charlottesville：University of Virginia Library，1997.

[9] W.Dilthey.Introduction to the human Science [M].Princeton：Princeton University Press，1991.

[10] 鲍桑葵.个体的价值与命运 [M].李超杰，朱锐，译.北京：商务印书馆，2012.

[11] 柏拉图.柏拉图全集 [M].王晓朝，译.北京：北京人民出版社，2002.

[12] 但丁.论世界帝国 [M].朱虹，译.北京：商务印书馆，1985.

[13] 海德格尔.存在与时间 [M].陈嘉映，王庆节，译.北京：生活·读书·新知三联书店，1987.

[14] 黑格尔.哲学史讲演录（第2卷）[M].贺麟，王大庆，译.北京：商务印书馆，1983.

[15] 康德.历史理性批判文集 [M].何兆武，译.北京：商务印书馆，1990.

[16] 林毓生.中国意识的危机 [M].穆善培，译.贵阳：贵州人民出版社，1986.

[17] 罗素.西方哲学史（上卷）[M].何兆武，李约瑟，译.北京：商务印书馆，1982.

[18] 芮玛丽.同治中兴：中国保守主义的最后抵抗（1862–1874）[M].房德邻，等，译.北京：中国社会科学出版社，2002.

[19] 色诺芬.回忆苏格拉底 [M].吴永泉，译.北京：商务印书馆，1984.

[20] 华特生.康德哲学原著选读 [M].韦卓民，译.北京：商务印书馆，1963.

三、中文著作

[1] 班高杰.传统启蒙教育中的道德养成与价值观建构研究 [M].上海：三联书店，2020.

[2] 班固.汉书 [M].长沙：岳麓书社，1993.

[3] 陈戍国.中国礼制史（先秦卷）[M].长沙：湖南教育出版社，2011.

[4] 陈谷嘉，朱汉民.中国德育思想史研究 [M].杭州：浙江教育出版社，1998.

[5] 陈亮.陈亮集 [M].北京：中华书局，1974.

[6] 邓卓明.当代国外社会思潮专题研究 [M].重庆：西南师范大学出版社，2002.

[7] 董建辉 . 明清乡约：理论演进与实践发展 [M] . 厦门：厦门大学出版社，2008.
[8] 董仲舒 . 春秋繁露 [M] . 北京：中华书局，1975.
[9] 段自成 . 清代北方官办乡约研究 [M] . 北京：中国社会科学出版社，2009.
[10] 范晔 . 后汉书 [M] . 北京：中华书局，1965.
[11] 冯秀军 . 教化·规约·生成——古代中华民族精神化育研究 [M] . 北京：中国社会科学出版社，2009.
[12] 葛兆光 . 中国思想史 [M] . 上海：复旦大学出版社，2000.
[13] 龚鹏程 . 汉代思潮 [M] . 北京：商务印书馆，2005.
[14] 谷应泰 . 明史纪事本末 [M] . 北京：中华书局，1977.
[15] 韩星 . 儒法整合：秦汉政治文化论 [M] . 北京：中国社会科学出版社，2005.
[16] 韩星 . 儒家人文精神 [M] . 西安：陕西人民出版社，2012.
[17] 何建华 . 道德选择论 [M] . 杭州：浙江人民出版社，2000.
[18] 洪修平 . 中国儒佛道三教关系研究 [M] . 北京：中国社会科学出版社，2011.
[19] 黄留珠 . 秦汉仕进制度 [M] . 西安：西北大学出版社，1985.
[20] 黄蓉生 . 青年学研究 [M] . 成都：四川人民出版社，2001.
[21] 翦伯赞 . 秦汉史 [M] . 北京：北京大学出版社，1983.
[22] 金春峰 . 汉代思想史 [M] . 北京：中国社会科学出版社，1987.
[23] 李承贵 . 生生的传统——20 世纪中国传统哲学认知范式研究[M]. 北京：中国社会科学出版社，2018.
[24] 李明辉 . 儒家视野下的政治思想 [M] . 北京：北京大学出版社，2005.
[25] 李肃东 . 个体道德论 [M] . 武汉：华中理工大学出版社，1994.
[26] 李焘 . 续资治通鉴长编 [M] . 北京：中华书局，1995.
[27] 李泽厚 . 中国古代思想史论 [M] . 北京：人民出版社，1985.
[28] 梁满仓 . 魏晋南北朝五礼制度考论 [M] . 北京：社会科学文献出版社，2009.
[29] 梁启超 . 先秦政治思想史 [M] . 北京：东方出版社，1996.
[30] 林红 . 道德完善视域下的个体发展研究 [M] . 广州：广东人民出版社，2010.
[31] 刘康德 . 魏晋风度与东方人格 [M] . 沈阳：辽宁教育出版社，1991.
[32] 刘泽华 . 中国古代政治思想史 [M] . 天津：南开大学出版社，1992.
[33] 刘振东 . 中国儒学史：魏晋南北朝卷 [M] . 广州：广东教育出版社，1998.
[34] 柳诒徵 . 中国文化史 [M] . 北京：中华书局，2015.

[35] 罗洪铁 . 思想政治教育原理与方法研究 [M]. 贵阳: 贵州人民出版社，2002.

[36] 吕思勉 . 中国制度史 [M]. 上海: 上海教育出版社，2002.

[37] 钱穆 . 国史大纲 [M]. 北京: 商务印书馆，1994.

[38] 钱穆 . 论语新解 [M]. 成都: 巴蜀书社，1985.

[39] 钱穆 . 中国文化史导论 [M]. 北京: 商务印书馆，1994.

[40] 邱伟光，张耀灿 . 思想政治教育学原理 [M]. 北京: 高等教育出版社，1999.

[41] 瞿葆奎 . 教育基本理论之研究（1978—1995）[M]. 福州: 福建教育出版社，1998.

[42] 任继愈，张岱年，冯契，等 . 中国哲学史通览 [M]. 上海: 东方出版中心，2005.

[43] 司马光 . 资治通鉴 [M]. 北京: 中华书局，1956.

[44] 司马迁 . 史记 [M]. 北京: 中华书局，1982.

[45] 田秀云 . 社会道德与个体道德 [M]. 北京: 人民出版社，2004.

[46] 王充 . 论衡 [M]. 上海: 上海人民出版社，1974.

[47] 王春林 . 和而不同: 儒释道与中国文化 [M]. 郑州: 中州古籍出版社，2015.

[48] 王夫之 . 读通鉴论 [M]. 北京: 中华书局，1975.

[49] 王敬华 . 道德选择研究: 以价值论为视角 [M]. 北京: 中国社会科学出版社，2008.

[50] 王先谦 . 诸子集成·荀子集解 [M]. 上海: 上海书店，1986.

[51] 韦政通 . 先秦七大哲学家 [M]. 南京: 江苏教育出版社，2006.

[52] 吴乃恭 . 儒家思想研究 [M]. 长春: 东北师范大学出版社，1988.

[53] 吴新颖，陈翰苑 . 儒家成人论 [M]. 北京: 人民出版社，2021.

[54] 吴新颖，杨定明 . 儒家教化论 [M]. 杭州: 浙江大学出版社，2018.

[55] 吴新颖 . 儒学与中国传统文化 [M]. 北京: 中央民族大学出版社，2012.

[56] 吴宣德 . 中国教育制度通史（第四卷）[M]. 济南: 山东教育出版社，2000.

[57] 徐大同 . 西方政治思想史 [M]. 天津: 天津教育出版社，2000.

[58] 徐复观 . 两汉思想史 [M]. 上海: 华东师范大学出版社，2001.

[59] 徐复观 . 中国人性论史 [M]. 上海: 上海三联书店，2001.

[60] 杨伯峻 . 论语译注 [M]. 北京: 中华书局，1980.

[61] 杨伯峻 . 孟子译注 [M]. 北京: 中华书局，1960.

[62] 杨国荣 . 成己与成物——意义世界的生成 [M]. 北京: 北京大学出版社，2011.

[63] 余英时 . 士与中国文化 [M]. 上海: 上海人民出版社，1987.

[64] 余治平 . 唯天为大 [M]. 北京: 商务印书馆，2003.

[65] 翟博 . 中国家训经典 [M]. 海口：海南出版社，2002.
[66] 张岱年 . 中国哲学大纲 [M]. 南京：江苏教育出版社，2005.
[67] 赵敏俐 . 文学传统与中国文化 [M]. 长春：东北师范大学出版社，1993.
[68] 周桂钿，李祥俊 . 中国学术通史（秦汉卷）[M]. 北京：人民出版社，2004.
[69] 周桂钿 . 春秋繁露译注 [M]. 北京：中华书局，2011.
[70] 周桂钿 . 董学探微 [M]. 北京：北京师范大学出版社，1989.
[71] 朱贻庭 . 伦理学大辞典 [M]. 上海：上海辞书出版社，2011.
[72] 朱义禄 . 儒家理想人格与中国文化 [M]. 沈阳：辽宁教育出版社，1991.

四、学位论文类

[1] 程艳芝 . 孔子"成人之道"思想论析 [D]. 郑州：郑州大学，2012.
[2] 付元琼 . 汉代家训研究 [D]. 南宁：广西师范大学，2008.
[3] 焦成举 . 论我国古代思想道德教化方法及其现代启示 [D]. 重庆：西南大学，2007.
[4] 康喆清 . 董仲舒教化思想研究 [D]. 南京：南京理工大学，2013.
[5] 李学娟 . 两汉教化研究 [D]. 济南：山东大学 .2009.
[6] 梁加花 . 魏晋南北朝家训研究 [D]. 南京：南京师范大学，2011.
[7] 刘宏章 . 科举制度的政治功能探析 [D]. 长沙：湖南师范大学，2009.
[8] 刘华荣 . 儒家教化思想研究 [D]. 兰州：兰州大学，2014.
[9] 刘静 . 走向民间生活的明代儒学教化研究 [D]. 上海：华东师范大学，2004.
[10] 孟彦 . 汉代循吏初探 [D]. 济南：山东师范大学，2012.
[11] 潘伟娜 . 宋代新编童蒙读物初探 [D]. 成都：四川大学，2005.
[12] 秦跃宇 . 魏晋士大夫玄儒兼治研究 [D]. 扬州：扬州大学，2005.
[13] 孙汉杰 . 论孔子的"成人"思想 [D]. 长春：东北师范大学，2007.
[14] 唐文胜 . 论儒家教化思想 [D]. 合肥：安徽大学，2003.
[15] 田张霞 . 康熙年间江南地区社会教化研究 [D]. 南京：南京师范大学，2006.
[16] 王明真 . 成人之道——程明道"体贴"修养工夫论 [D]. 成都：四川大学，2006.
[17] 王赛艳 . 董仲舒教化思想研究 [D]. 广州：华南师范大学，2007.
[18] 王有英 . 清前期社会教化研究 [D]. 上海：华东师范大学，2005.
[19] 魏志远 . 礼秩与实用：从明代中后期的日用类书看儒家伦理民间化 [D]. 天津：南开大学，

2013.
[20] 熊瑜 . 朱熹伦理教化研究 [D]. 成都：四川大学，2003.
[21] 杨建宏 . 宋代礼制与基层社会控制研究 [D]. 成都：四川大学，2006.
[22] 岳娇娇 . 陈亮、朱熹"成人"之辩研究 [D]. 南京：南京大学，2019.
[23] 臧要科 . 人学视角下的孔孟荀思想研究 [D]. 开封：河南大学，2004.
[24] 张俊芳 .《中庸》的理想人格学说 [D]. 上海：华东师范大学，2017.
[25] 张亮 . 先秦及两汉循吏与儒家文化传播 [D]. 西安：陕西师范大学，2007.
[26] 张雪红 . 传播与转型：走向生活世界的宋代社会教化研究 [D]. 上海：华东师范大学，2010.
[27] 赵静 . 陈亮"成人之道"思想研究 [D]. 曲阜：曲阜师范大学，2012.
[28] 郅美丽 . 宋代蒙学教育研究 [D]. 南京：南京师范大学，2004.
[29] 朱婧 . 陈亮"成人"思想研究 [D]. 苏州：苏州科技大学，2019.
[30] 朱明勋 . 中国传统家训研究 [D]. 成都：四川大学，2004.

五、学术期刊类

[1] 白奚 . 儒家礼治思想与社会和谐 [J]. 哲学动态，2006（5）.
[2] 班高杰 . 君子人格与成人之道 [J]. 理论月刊，2014（11）.
[3] 卞利 . 明清时期徽州的乡约简论 [J]. 安徽大学学报，2002（6）.
[4] 曹德本，方妍 . 中国传统义利文化研究 [J]. 清华大学学报（哲学社会科学版），2005（1）.
[5] 曹国庆 . 王守仁的心学思想与他的乡约模式 [J]. 社会科学战线，1994（6）.
[6] 曹影，李秋 . 汉代教化的源起及其德育职能 [J]. 北华大学学报（社会科学版），2002（4）.
[7] 曹影 ."教化"的缘起、内涵及与道德教育的异同 [J]. 长白学刊，2005（2）.
[8] 曾海龙 .《论语》中两个"性"字的含义及相互关系 [J]. 理论界，2010（9）.
[9] 陈芬萍 . 成人之道 德育为本——儒家教育思想对学校德育的几点启示 [J]. 合肥学院学报（社会科学版），2006（4）.
[10] 陈开先 . 孔子仁学思想及其现代意义 [J]. 孔子研究，2001（2）.
[11] 陈秋燕 . 儒学的人格学说简论 [J]. 西南民族大学学报（人文社科版），2005（10）.
[12] 陈亚萍，梁励 . 论儒家教育思想主旨——"成人之道"[J]. 江苏社会科学，1997（6）.
[13] 陈延斌 . 试论明清家训的发展及其教化实践 [J]. 齐鲁学刊，2003（1）.
[14] 陈宗章，尉天骄 ."教化"：一个需要澄清的概念 [J]. 河海大学学报（哲学社会科学版），

2011，13（4）.

[15] 陈宗章."道德的政治"抑或"政治的道德"——先秦儒家"教化"思想的本质辨析［J］.河南师范大学学报（哲学社会科学版），2011，38（6）.

[16] 程卫军.中国传统哲学特质浅探［J］.法制与社会，2009（9）.

[17] 戴孝军.和谐人性的塑造——加达默尔和孔子"教化"理论之比较［J］.中国海洋大学学报（社会科学版），2012（5）.

[18] 董树利，绳晓燕."教化"涵义新解［J］.龙岩学院学报，2005（2）.

[19] 杜崙."仁学"体系概述［J］.中国哲学史，2011（2）.

[20] 杜维明，钱文忠，盛勤.中国古代儒学知识分子的结构与功能［J］.开放时代，2000（3）.

[21] 范红伟.试析孔子"成人之道"的现代价值建构［J］.社会科学论坛，2006（4）.

[22] 高明峰.司马光《礼》学发微［J］.山东青年政治学院学报，2018，34（2）.

[23] 龚延明.论宋代皇帝与科举［J］.浙江学刊，2013（3）.

[24] 贡华南.孔孟的"向耻而在"与"成人之道"［J］.齐鲁学刊，1999（1）.

[25] 郭娅.宋代童蒙教育兴盛的原因及意义［J］.湖北大学学报（哲学社会科学版），2003（1）.

[26] 郭燕华，詹世友.存养扩充：孟子道德教化思想之理路［J］.南昌大学学报（人文社会科学版），2006（4）.

[27] 韩树杰.儒家"成人"论：成人教育目的的本土阐释［J］.成人教育，2006（12）.

[28] 韩雪童.论家风家训的个体成人之道［J］.中国德育，2019（15）.

[29] 侯琦.试论中华民族重思想道德教化的优良传统［J］.理论探讨，1997（3）.

[30] 胡发贵.追求德性的升华——儒家"成人"论［J］.学海，2000（4）.

[31] 黄书光.论儒家教化思想的理论特征［J］.社会科学战线，2008（5）.

[32] 黄书光.论中国传统教化的近代解构［J］.浙江大学学报（人文社会科学版），2005（6）.

[33] 黄玉顺.未能成己 焉能成人——论儒家文明的自新与全球文明的共建［J］.甘肃社会科学，2018（3）.

[34] 黄正泉.成人之道——与叶秀山先生商榷［J］.船山学刊，2004（1）.

[35] 贾廷秀.苏格拉底的道德哲学与道德实践［J］.湖北社会科学，2009（2）.

[36] 李存山.秦后第一儒——陆贾［J］.孔子研究，1992（3）.

[37] 李景林，云龙.教化——儒学的精神特质［J］.中国社会科学院研究生院学报，2017（5）.

[38] 李景林.本虚而实——儒家教化理念的立身之所［J］.吉林大学社会科学学报，2004（4）.

[39] 李景林.教化观念与儒学的未来发展［J］.人文杂志，2009（1）.

[40] 李景林 . 儒家的价值实现方式与个体性原则 [J] . 吉林大学社会科学学报，2003（6）.

[41] 李景林 . 儒学心性概念的本体化——周濂溪对于宋明理学的开创之功[J]. 北京师范大学学报(社会科学版)，2004（6）.

[42] 李凭 . 魏晋南北朝时期的移民运动与中华文明的整体升华 [J] . 学习与探索，2007（1）.

[43] 刘周堂 . 汉初儒学演进史略 [J] . 江西社会科学，1998（2）.

[44] 马德邻 . 早期儒家"成人之道"的若干问题 [J] . 国际儒学研究，2007（0）.

[45] 邱久荣 . 魏晋南北朝时期的"大一统"思想 [J] . 中央民族学院学报，1993（4）.

[46] 邱明涛 . 陈亮的英豪人格论 [J] . 苏州教育学院学报，2015，32（6）.

[47] 曲爱香 . 陈亮"成人之道"思想及其现代价值 [J] . 甘肃社会科学，2013（3）.

[48] 鄯爱红 . 试论荀子乐教与成人之道 [J] . 孔子研究，1999（4）.

[49] 邵龙宝 . 董仲舒思想的基本特征及其精华 [J] . 齐鲁学刊，2011（4）.

[50] 邵明 . 唐君毅的"成人之道" [J] . 宜宾学院学报，2014，14（11）.

[51] 邵显侠 . 论董仲舒的"教化成性"说 [J] . 孔子研究，1995（3）.

[52] 沈壮海，李育 . 董仲舒德教方法论探析 [J] . 武汉大学学报（哲学社会科学版），1995（4）.

[53] 石群 . 陈亮人学思想及其借鉴意义 [J] . 安徽工业大学学报（社会科学版），2005（5）.

[54] 石群 . 陈亮事功伦理思想探析 [J] . 浙江学刊，2006（6）.

[55] 王柏中 . 试论传统祭祀的社会功能——以两汉国家祭祀为例 [J] . 社会科学战线，2005（5）.

[56] 王辉 . 论孔子的成人观 [J] . 语文学刊，2007（S1）.

[57] 王杰 . 荀子的人性论及其"成人之道" [J] . 社会科学辑刊，2001（4）.

[58] 王有英 . 中国传统家训中的教化意蕴 [J] . 湖南师范大学教育科学学报，2004（4）.

[59] 肖永明，刘平 . 书院社会教化的实施途径 [J] . 教育评论，2003（3）.

[60] 许家鹏 . 作为人性的一种自我矫治——孝的正当性讨论 [J] . 社会科学辑刊，2006（6）.

[61] 许家星 . 略论儒学的教化之道 [J] . 南昌大学学报（人文社会科学版），2009，40（1）.

[62] 杨国荣 . 儒家的人格学说 [J] . 华东师范大学学报（哲学社会科学版），1998（1）.

[63] 杨建祥 . 船山"研几"之学的哲学品格 [J] . 船山学刊，2007（4）.

[64] 杨谦 . 理想人格与成人之道——孔孟人格论再议 [J] . 道德与文明，2004（4）.

[65] 余治平 . "仁"字之起源与初义 [J] . 河北学刊，2010，30（1）.

[66] 袁传志 . 论《中庸》成人之道理论体系的展开 [J] . 知与行，2019（4）.

[67] 詹世友 . "教化"理论的基本原则论析 [J] . 江西社会科学，1995（10）.

[68] 展明锋，陈勇 . 论王阳明"知行合一"的道德修养学说 [J] . 道德与文明，2002（3）.

[69] 张方玉，徐铁光 . 孔子的成人之道及现代道德教育启迪 [J] . 当代青年研究，2009（1）.

[70] 张焕君 . 论孔子礼学思想中的成人之道与君子养成 [J] . 安徽史学，2012（1）.

[71] 张瑞涛 . 论先秦儒家“成人之道”[J] . 中国石油大学学报（社会科学版），2007（5）.

[72] 张树业 . 冠礼与成人之道——由冠礼释义看儒家哲学的礼义诠释特征 [J] . 南昌大学学报（人文社会科学版），2015，46（4）.

[73] 张锡勤 . 试论儒家的“教化”思想 [J] . 齐鲁学刊，1998（2）.

[74] 张艳君 . 论成人教育与儒学成人论 [J] . 中国成人教育，2003（9）.

[75] 赵敦华 . 孔子的“仁”和苏格拉底的“德性”[J] . 北京大学学报（哲学社会科学版），2003（4）.

[76] 赵明因 .“有教无类”新解 [J] . 河南师范大学学报（哲学社会科学版），1995（4）.

[77] 赵允喜 . 论孔子的成人之道 [J] . 理论界，2004（4）.

[78] 郑大华 . 西学东渐：晚清从封闭走向开放的桥梁 [J] . 河北学刊，2006（6）.

[79] 郑晓江 . 成人之道与为人之学 [J] . 开放时代，1996（3）.

[80] 朱克良 .“教化”含义初探 [J] . 华东师范大学学报（教育科学版），1993（4）.

[81] 朱义禄 . 论儒家的“成人之道”[J] . 孔子研究，1990（4）.

后 记

中华民族有着悠久的物质文明、精神文明，有着丰厚的历史积淀，有着独特的中国精神、治理模式与方式。追溯中国古代社会，中国在社会治理方面有着自身独有的特点，即特别重视道德，重视以德治国、以德导人。西周时期，周公鉴于殷商覆而提出著名论断“皇天无亲，惟德是辅”“敬德保民”“以德配天”等观点以敬告执政者注重自我德性修炼。同时，中国在社会层面注重礼治，注重道德建设。自此，西周和东周在中国古代社会是持续时间最长的王朝，个中原因也有许多方面，但强调为政者德性修养、强调以德治国应该说是一个重要因素。而这期间，尤其是周王朝后期春秋战国时期，社会发生了深刻变化，原来固有的执政理念、礼治社会、宗族社会已悄然发生变化。社会何去何从？人生的价值与意义究竟何在？对此，诸子百家面对着社会变迁、礼崩乐坏、社会动荡及民众的水深火热，思想家们基于个人自我人生经历、阅历及知识水平及自我感悟，在继承前人的基础上纷纷著书立说、聚众讲学且努力阐释与传播着自己的思想与观点。显而易见，在春秋战国时期，在众多学派与思想家中以孔子为代表的儒家继承着周公、周朝的重礼重乐、重德重仁的思想血脉，而使孔子儒学独树一帜，并且孔子以其独有的天才智慧，敏锐地意识到将来的人类社会应有的走向与治理方向。孔子创立了以“仁”为核心价值体系，穷其一生注重讲学、阐释与传播，确实也聚集了社会上一大批精英追随其后。然而遗憾的是孔子生不逢时，他穷其一生拼命去构建一个美好的社会，恢复西周故有社会的愿景终究没有实现，对于他个人个体而言虽有遗憾，但是孔子本人从来没有抱怨，没有气馁，始终不停追求，直至生命最后一刻，这是其独有的人格魅力。而在诸子百家中，也有一支异军突起，即法家，代表人物如韩非、李斯等，法家思想的出现标志着人类社会治理过程的一种新思想、新路径、新模式，这一点尤为体现在秦国的治理上，可以说秦帝国除自身诸多的天时地利因素外，注重法家思想的运用以及注重法的细化落实而最终在战国七雄中异军突起，雄视天下。秦国从西北黄土高坡开始，势如破竹般席卷天下而建立了一个庞大帝国，开创性地建立了一套影响后世社会的制度体系以及在各个领域均作了开创性的制度设置。然而，遗憾的是强大的秦帝国却是一个短命王朝，秦始皇设想的由其始而开万世的愿景，到了他的继承者胡亥也就破灭了，其原因也是多种的，但其中一个重要原因就是西汉著名思想家贾谊在《过秦论》中指出的"仁义不施，攻守之势异也"。

何为仁义？仁义即道德，换句话说，治理国家社会不仅要依靠法律，即便是法律也应该是善法，而不是过分依赖严刑酷法，而且关键是，社会治理仅有法律、法治是不全面、不完整的。这自然就回到这个古老而又常讲常新的话题即道德上来，关于道德，无数哲人都予以思考，其实从社会层面看，道德是一种柔性的制度文化，是一种规范体系，真正的道德应是个体自我道德，是个体自我的道德养成，个体自我道德养成并不仅仅是社会层面道德规范的自我内化。然而究竟什么是道德？道德最高的价值指向应是至善。所谓"善，德之建也"(《国语·晋语》)。应该说，古今圣贤与愚夫愚妇的本心都是至善无恶。所谓"人之初，性本善""涂之人皆可以为禹"，如王阳明所说，"人人皆可为尧舜"。何为善，善即仁义，是仁人爱物，尤其是在处理人与人的关系上，对他人最起码的态度是尊重，要关心关爱他人，而不是伤害他人。现实生活中，确实有恶人甚至有凶残之人，对于这一现象，我们首先要明白，善人多恶人少，其次要明白恶人的存在是有各种原因的。社会或制度应关注人，最大限度从人本身的需要去考虑问题，即"坚持以人为本"。

那么何为道德本质？关于道德本质的含义，学界各种理论观点都有其道理。但道德本质即是自觉自愿更为合适，这显然对于道德、道德养成是最好的阐释。即道德就是个体自我在与他人、社会交往过程表现的自觉与自愿，是发自内心的心甘情愿。如一个有道德的人、一个善良的人，总会时时处处对他人予以尊重与友善，再如一个有道德的人且持有厉行节约观念的人总会在其言其行，尤其是行的过程中坚守节约观念，并细化于其行动中。再如"慎独"既是方法，更是境界，这就是一个有如此境界的人，在任何时候任何地点都不违规逾矩（指个体自我心中之规之矩。）

至此，纵观历史，尤其是王朝的兴衰成败，不禁让我们想到中华民族的血脉赓续，想到当下中华民族的伟大复兴。如何使中国共产党领导的、以马克思主义为指导的国家强盛，使中华民族复兴，值得我们不断思考。而笔者思考的结果便是在强调法治社会的建设的同时，不可疏忽人的道德，尤其是个体自我的道德养成。显然，以共产党员为代表的社会优秀先进分子应该秉持“全心全意为人民服务”的理念。而国家治理层面上提出的“以人民为中心”“江山就是人民，人民就是江山”，不只是口号，而是具有深刻、具体的内涵，首要即关心关爱人民的冷暖疾苦并在制度层面上保障人民应有的权利，拓展问计于民的渠道与空间，同时，社会对于普通民众要保持应有的宽容度，应建立容错纠错的机制，让人始终感受到社会的温暖，而不是积累、激化矛盾，全社会要崇尚人文关怀，人文教化。

谈到这部专著，构思时间较长，框架一直在思考着，因我本人是湖南师范大学伦理学专业硕士、博士毕业，且长期从事道德教育与研究工作。我本人于 2017 年、2019 年，先后获得两个国家社科基金后期资助项目，2017 年的项目《儒家教化论》于 2018 年 12 月在浙江大学出版社出版，2019 年的项目《儒家成人论》于 2021 年 5 月在人民出版社出版。其实，这两个项目，也是两本专著对道德、对中国传统道德做了较为深入的探究，其中也提出了些较新的观点。正是在此基础上，我对道德做了进一步深究，终成《道德养成论》。

写作的过程是非常艰辛的，特别是到最后校稿阶段，我常常是“今夜无眠”，好在我平日注重保健身体，所以在繁重的写作与改稿过程中，拥有较充沛的精力与体力。当然个人的力量还是有限的，在这本专著的写作过程中，我的博士生陆政成自入学时即参与我的研究工作，为这本书部分章节的撰写，前期资料的查询、整理、校对，以及其中的注释查找均付出了艰苦努力。在写作过程中，我的部分在校硕士生也参与了校对、注释等工作。

今年七月本人有幸被聘为教育部人文社会科学重点研究基地湖南师范大学道德文化研究院特聘研究员，因此，这本专著得到了向玉乔院长的大力支持并得到了基地资助。同时，这本专著也得到了湖南师范大学马克思主义学院部分资助，在此深表感谢。

最后，这本专著的出版得到了湖南师范大学出版社的大力支持，特别是受到吴真文社长、邓杰副总编辑，以及总编辑助理刘苏华、责任编辑孙雪姣的真诚帮助，还有不少老师与好友在出版过程中予以了指点与协助，在此一并感谢！

2022 年 9 月于长沙
吴新颖